美国水环境联合会（WEF®）环境工程实用手册系列

净水厂和污水处理厂节能手册

［美］美国水环境联合会　编著

白　宇　阜　崴　宋亚丽　等译

甘一萍　　　　　　　　　审校

中国建筑工业出版社

著作权合同登记图字：01-2010-6103 号

图书在版编目（CIP）数据

净水厂和污水处理厂节能手册/（美）美国水环境联合会编著；
白宇等译. —北京：中国建筑工业出版社，2012.7
美国水环境联合会（WEF®）环境工程实用手册系列
ISBN 978-7-112-14271-2

Ⅰ. ①净⋯ Ⅱ. ①美⋯②白⋯ Ⅲ. ①净水-水厂-节能-技术
手册②污水处理厂-节能-技术手册 Ⅳ. ①TU991.2-62②X505-62

中国版本图书馆 CIP 数据核字（2012）第 084752 号

本书由美国麦格劳－希尔图书出版公司正式授权我社翻译、出版、发行本书中
文简体字版。

责任编辑：石枫华 程素荣
责任设计：董建平
责任校对：张 颖 姜小莲

美国水环境联合会（WEF®）环境工程实用手册系列
净水厂和污水处理厂节能手册
[美] 美国水环境联合会 编著
白 宇 阜 崴 宋亚丽 等译
甘一萍 审校
＊
中国建筑工业出版社出版、发行（北京西郊百万庄）
各地新华书店、建筑书店经销
北京红光制版公司制版
北京圣夫亚美印刷有限公司印刷
＊
开本：787×1092毫米 1/16 印张：13¼ 字数：328千字
2016年6月第一版 2016年6月第一次印刷
定价：**58.00**元
ISBN 978-7-112-14271-2
（22323）

版权所有 翻印必究
如有印装质量问题，可寄本社退换
（邮政编码 100037）

原 著 编 写 组

本书由美国水环境联合会净水厂和污水处理厂节能工作组编写。

Ralph B. "Rusty" Schroedel，Jr（注册工程师，环境工程师，主席）
Peter V. Cavagnaro（注册工程师，环境工程师，副主席）

Raul E. Aviles Jr.（注册工程师、测试工程师，注册工程经理）

David M. Bagley（博士，注册工程师）

Edward Baltutis

Glen R. Behrend（注册工程师）

Joseph Cantawell

Randall C. Chann（注册工程师）

S. Rao Chistopher（注册工程师）

John Chrisstopher（注册工程师）

Stuart Kirkham Cole（博士，注册工程师）

Peter R. Craan（注册工程师）

Alex Ekste（博士，注册工程师）

Richard Finger

Eugenio Glraldo

Matthew J. Gray（注册工程师）

Mark R. Green（博士）

Tom Jenkins

Carl R Johnson（注册工程师，环境工程师）

Dimitri Katehis

Gregory Lampman

Lee A. Lundberg（注册工程师）

Venkatram Mahendraker（博士，注册工程师）

James J. Marx（注册工程师）

Henryk Melcer

Indra N. Mitra（博士，注册工程师）

Kathleen O'Connor（注册工程师）

Sundhanva Paranjape（注册工程师）

Vikram M. Pattarkine（博士）

Marie-Laure Pellegrin（博士）

Beth Petrillo

Mark Revilla（注册工程师）

David R. Rubin

Michael A. Sevener（注册工程师，环境工程师）

Brian D. Stitt

Don Voigt（注册工程师）

Thomas M. Walski（博士，注册工程师，美国水研究工程师）

Roger C. Ward（注册工程师，环境工程师）

James E. Welp

Jianpeng Zhou（博士，注册工程师，环境工程师）

本书由技术实践委员会的市政设计组指导编写。

《净水厂和污水处理厂节能手册》翻译组

翻译人员

前言、附录：白　宇　卢爱国　李　烨

第 1 章：阜　崴　胡　俊　曹相生　白　雪

第 2 章：宋亚丽　卢长松　赵　颖　郜玉楠

第 3 章：张道友　白恒君　谢继荣　张文超

第 4 章：杨岸明　马文瑾　杨　超

第 5 章：李鑫玮　李　烨　许世伟　李魁晓

第 6 章：白　宇　卢爱国　黎　艳　郜玉楠

第 7 章：常　江　孟春霖　石　磊

第 8 章：梁　远　王晓爽　于丽昕　韩晓宇

第 9 章：柏永生　王佳伟　赵　珊　刘　垚

第 10 章：郝二成　张　辉　李　烨　常　菁　张　亮

第 11 章：王佳伟　陈　沉　张静慧　杨岸明

参加审校人：谭乃秦

原 著 前 言

在给水排水设施的设计和运行过程中，耗能与节能日益受到重视。本书旨在帮助市政行业的管理运行和设计人员进行工艺及设备能耗的分析评价，并为如何采用节能降耗的措施提供指导和建议。本书还将讨论节能项目的组织、评价及管理方法。

本书主编 Ralph B. Schroedel，Jr（注册工程师，环境工程师，主席），Peter V. Cavagnaro（注册工程师，环境工程师，副主席）。

各章节编排人员如下：

第 1 章　Peter V. Cavagnaro

第 2 章　Roger C. Ward（注册工程师，环境工程师）

第 3 章　Edward. Baltutis

第 4 章　Thomas M. Walski（博士，美国水研究工程师，注册工程师）

第 5 章　Peter R. Craan（注册工程师）

第 6 章　Sudhanva Paranjape

第 7 章　Brian D. Sitt

第 8 章　Vikram M. Pattarkine（博士）

第 9 章　Tom Jenkins

第 10 章　Eugenio Giraldo

第 11 章　Joseph Cantwell

附录 A　Peter V. Cavagnaro（注册工程师，环境工程师）

附录 B　Peter V. Cavagnaro（注册工程师，环境工程师）

附录 C　Peter V. Cavagnaro（注册工程师，环境工程师）

对本书各章节做出贡献的作者还包括：David Fenster（第 2 章），John Christopher（第 7 章），Dimitri Katehis（第 7 章），Venkatram Mahendraker（博士，注册工程师）（第 8 章），David R. Rubin（第 8 章）。

校核人员除了水环境协会专员及技术实践委员会成员外，还有 Patrick L. Daigle，Tim Dobyns，Christopher Godlove 和 Amy Santos。

作者及审阅人员在工作中还得到了以下组织的帮助：

AECOM，lake forest，California and Sheboygan，Wisconsin

Aqua TEC Inc.，Houston Texas

Bently Systems，Inc.，Watertown，Connecticut

BioChem Tecnology，Inc.，King of Prussia，Pennsylvania

Black & Veatch，Cincinnati，Ohio

Brown and Caldwell，Seattle，Washington

Carollo Engineers，Winter Park，Florida

CDM, Chicago, Illinois And Phoenix, Arizona

CH2MHILL, Chantilly, Virginia, and New York, New York

Clinton Foundation, Washington, DC

County Sanitation Districts of Los Angeles County, Whittier, California

Environmental Dynamics Inc. , Columbia, Missouri

Ekster and Associates, Fremont, California

Emergences Application Engineering Group, Cedarburg, Wisconsin

ERM, Exton, Pennsylvania

ESCOR, Milwaukee, Wisconsin

Focus on Energy, Madison, Wisconsin

Georgia EFD, Atlanta, Georgia

GE Water & Process Technologies, Oakville, Ontario, Canada

Hazen and Sawyer, New York, New York

HDR, Tampa, Florida

HNTB Corporation, Indianapolis, Indiana

Johnson Control, Inc. , Milwaukee, Wisconsin

KCL Technologies, Sparks, Maryland

Malcolm Pirnie, Inc, White Plains, New York

McKim & Creed, Virginia Beach, Virginia

Metcalf & Eddy, Sunrise, Florida

New York State Energy Research and Development Authority (NYSERDA), Albany, New York

O'Brien&Gere Engineers, Syracuse, New York

OTT North America, Suwanee, Georgia

Red Oak Consulting, Fair Lawn, New Jersey

R. W. Beck, Inc. , San Diego, California

Science Applications International Corporation, San Diego, California

Southern Illinois University Edwardsville, Edwardsville, Illinois

Turblex, Inc. , Springfield, Missouri

University Of Wyoming, Laramie, Wyoming

Viola Water North America, Moon Township, Pennsylvania

目　　录

第1章 能 量 效 率

1.1 概述

本手册重点介绍能源及其如何在城市净水厂和污水处理厂的应用。有关净水厂和污水处理厂泵站方面的内容也适用于处理厂之外的原水泵站、特殊服务泵、增压泵以及污水提升泵等。

净水厂和污水处理厂是市政设施中典型的能源消耗大户之一（加利福尼亚州能源委员会，1990），其能耗占市政府能耗的 30%～60%（美国环境保护局，2008），占全国能量消耗的 3%～4%。

在水处理厂运行费用中，能源消耗是一项非常大的费用，要占大型污水处理厂运行维护费用的 15%～30%，在小型污水处理厂要占到 30%～40%。同时由于燃料费用上涨、通货膨胀以及因污水排放标准提高而采用耗能处理工艺等原因，运行水处理设施的能量费用还将继续上涨。

高科技为水处理厂提高能源效率及应用新的节能措施提供了新的机会。节能措施定义如下：通过更新设备、水厂运行或者设备维护等实践手段来降低市政公用事业的运行费用。本手册详尽论述各种节能措施，并将讨论一些设备或工艺在特殊项目方面的节能措施。

本手册包括能量的一些基本概念，并将描述在净水厂及污水处理厂普遍存在的运行及单元工艺中需求能量的技术基础。大量的能源也用于与建筑物及构筑物相关的设备，比如照明、供热及通风等。这些主题已涵盖于节能的参考书目中，部分书目列于本章结尾的"建议阅读"部分。

本手册的主要目的是作为一本初级读本，为净水厂及污水处理厂控制能源消耗及节省能量费用提供有用的建议。同时，也可为管理者、水厂工程师以及高级运行工提供基础知识，以很好地理解能量的概念及高效的利用能量，从而更好地管理能量的消耗和需求。本手册还有助于设计工程师选择能效高的设备及工艺。

每一章都将讨论能源需求的基本原理和概念以及低效能的可能来源。背景信息将有助于在设计新水厂时选择节能设备或为已建工艺选择替代设备。

第1章 能源效率。本章为本手册的总介绍，包括描述能量的形式及来源等基本技术概念。本章也包括能量和气候变化之间关系的讨论。

第2章 公共设施台账记录和激励措施。本章描述公用事业公司如何为其服务付费及公用事业费各部分的详细组成，重点阐述了能源的整体费用并以浅显易懂的方式解释了费率的结构组成。

第3章 电机与变压器。本章讲述电机的种类、电机与负荷相匹配的重要性以及重视使用高效电机。

第 4 章 泵。本章讲述与水泵能力相关的原理，确定水泵所消耗的能量以及影响电耗的因素。

第 5 章 变量控制。本章讲述控制的种类、变频驱动及其应用中的考虑因素以及控制水泵和鼓风机应考虑的因素。

第 6 章 净水厂的能源利用。本章讨论净水厂的耗电设备和系统，比如电机、水泵、膜和紫外消毒系统等。

第 7 章 污水处理厂的能源利用。本章讨论污水处理厂的耗电设备和系统，比如电机、水泵和曝气系统等。

第 8 章 曝气系统。本章讲述如何确定氧的需求，充氧设备的类型，影响设计和氧转移效率的因素，运行中的考虑以及节能。

第 9 章 鼓风机。本章讲述鼓风机对整个污水处理厂电耗的重要性，鼓风机应用中的考虑，容积式风机运行中的因素，离心风机的运行原理及改进等。

第 10 章 污泥处理。本章讲述污泥处理工艺，讨论从污泥厌氧消化系统中获得能源以及在污泥干化和焚烧过程中能量损失的控制。

第 11 章 能源管理。本章讲述控制电力需求的方式，例如，如何通过更好地理解能源消耗、公用事业费率结构以及有效的能量管理来降低成本；强调为了宏观经济而使用可替代能源的方式；也列出了一些例子来说明如何比较初期投资和由于设备效率不同而造成运行费用变化之间的差异。

1.2 管理

净水厂的首要责任是保护公众健康，污水处理厂则是满足污水排放要求。不仅如此，净水厂和污水处理厂的管理还包括建立长期目标，并制订相应的计划来完成这些目标。同时还要制订工作指南、招聘和培训员工，以确保水厂的整体运行水平。

应当设定并执行能源管理目标，制定、监督并执行相应的工作程序。管理委员会应领导、推动和支持节能。

1.2.1 监测

没有数据水厂无法进行管理，因此，应采用监控和数据采集（SCADA）系统监测和报告千瓦和焦耳数（千瓦时）以及一些关键指示参数（对水泵是 J/L，对鼓风机是 J/m^3），目的是提供与生产相对应的能量需求和消耗的测量值。应当检查能量费率表以确定是否采用峰谷分时电价以及当 SCADA 系统按程序输出报告时如何建立"按需"付费。也可以在一些关键设备上安装电力监测仪器以便于管理人员得到信息，从而可以评估运行策略对公用事业费的影响。

1.2.2 资源

通常在净水厂或污水处理厂都有很多现场资源可以利用。这些资源包括提供设备位置、标高及安装细节等基本信息的工程图纸，这些信息内容对于设定大型电机、估定水泵的总压头以及提供曝气鼓风机的相关信息都是很有价值的。单线图便于了解电机的位置和尺寸；水力流程图便于了解水泵的能量需求；建筑装配图为安装的电机、水泵、鼓风机以及其他设备提供正确的名称标识。此外，运行维护手册中包含一些基本的设计数据并且可以提供一些设计意图及控制逻辑方面的信息。

可以利用运行数据为水厂建立水量及负荷的基准线。生化需氧量及氨氮的每日、每月及每年的平均值可以为曝气量的设定提供所需信息。利用这些数据来计算需氧量的相关方法在第 8 章（曝气系统）有阐述。

作为信息资源，运行维护手册应当保持不断更新，从而能够记录一座污水处理厂设计或增加的节能设备。例如，如果在一台水泵上安装了变频驱动（AFDs）作为节能措施，运行维护手册就应当为运行者或管理者提供所需的一些细节信息，使操作者知道如何监测系统的能量利用以及如何正确地操作变频驱动（AFDs）装置来减少能量消耗。水泵系统效率在不同运行条件下的数据应当以曲线和图表的形式在手册中体现，并直接与计量表、监控器及计算机上的信息互相联系。运行维护手册应对设计做出解释说明并提供基本的设计标准。运行维护手册还应对运行人员或咨询单位提出和进行的运行改善方案等内容提出及时更新措施。

包括电、燃料、气体及化学药剂等在内的一些能量消耗账单及其他记录应当提供给水厂管理查阅使用，使员工知道哪些是影响能量费用、能耗水平及成本的因素。主要操作人员应当知道总电表及分表的位置并知道如何读表。设备制造商的网页上一般都包括这些电表的技术数据。

美国环境保护局已经出版了污水处理厂节能的相关内容（参见本章末的"建议阅读"部分）。在其建立的可持续水和污水处理设施网站（http：//www.epa.gov/waterinfrastructure/bettermamagement_energy.html）上也提供了有用的节能信息。一些州立机构，比如纽约州能源研究和开发署（NYSERDA）、加利福尼亚州能源委员会（CEC）以及威斯康星州的"关注能源"等机构也提供基于多年实践经验的权威的、有价值的信息。此外，也可通过浏览各地公用事业部门的网站以了解相关资源及可利用的基金。

一些专业机构，比如美国水环境联合会（WEF）、水环境研究基金会、美国自来水厂协会、水研究基金会以及能源工程师协会等都有净水厂和污水处理厂节能的相关信息资源。诸如月报、杂志、期刊以及会刊等也都是丰富的信息资源。

附录 A 列出了与能源相关的协会和组织。

1.3　能量和功率

"能量"一词有不同表述。本手册按照物理学的概念将能量定义为能够做功的能力或容量。

能量有许多不同类型。这些不同类型的能量可以分为势能和动能两大类。动能由移动的物体拥有。势能储存或包含在燃油、高位水箱或水库中。势能在释放时可以转化为动能。能量可以由一种形式转化为另一种形式。能量的通常形式有化学能、电能、机械能、热能、辐射能及核能等。化石燃料通过燃烧（化学能）转化成蒸汽（热能）的形式被大众所熟悉。

用于净水和污水处理设施最普遍的能量形式是电能。天然气也常作为锅炉燃料来供暖和提供工艺用热。可以用于水厂的其他形式的能量有燃油、丙烷以及蒸汽。

功率是做功的速率。它是做功的速度或者能量消耗的速度。在公制单位中功率的基本单位是瓦特，它表示每秒产生 1 焦耳（J/s）的能量。在英制单位中，常用马力（1hp＝550ft-lb/s）和单位时间英国热单位（Btu/h）来表示功率。要注意瓦特和马力看上去不像速率单位，但实际上它们是。所有的功率单位都以单位时间所做的功来表示。

　　发动机或引擎的大小并不是按所做功的总量来定义，而是按其做功的速率来定义。电动机的功率通常以千瓦（马力）来计量，锅炉的功率以瓦特（Btu/h 或锅炉马力＝33520Btu/h）来计量，空调的功率也是以瓦特（Btu/h 或冷却吨数＝12000Btu/h）来计量。

　　使用功率乘以使用时间代表总能耗，以焦耳（J）或千焦（kJ）来表示。能耗用作电耗时通常以焦耳〔千瓦时（kWh）〕来计量，用作燃料消耗时以千焦〔英国热单位（Btu）〕来计量。

$$能量(J) = 功率(kW) \times 时间(h)$$
$$能量(hp\text{-}h) = 功率(hp) \times 时间(h)$$
$$能量(Btu) = 功率(Btu/h) \times 时间(h)$$
$$能量(ft\text{-}lb) = 功率(ft\text{-}lb/s) \times 时间(s)$$

能量的不同形式和单位转换表   表 1-1

单位	功		热		电	
	Ft-lb	kg-m	Btu	kcal	Hp-h	kWh
ft-lb	1	0.1383	1.286×10^{-3}	3.241×10^{-4}	5.050×10^{-7}	3.766×10^{-7}
kg-m	7.231	1	9.302×10^{-3}	2.343×10^{-3}	3.654×10^{-6}	2.724×10^{-6}
Btu	777.9	107.5	1	0.2520	3.927×10^{-4}	2.928×10^{-4}
kcal	3086	426.8	3.968	1	1.558×10^{-3}	1.162×10^{-3}
hp-h	1.986×10^{6}	2.737×10^{5}	2547	641.7	1	0.7457
kWh	2.665×10^{6}	3.671×10^{5}	3415	860.5	1.341	1

　　注：$kWh \times 2.78 \times 10^{-7} = 1J$。

　　在标准温度〔15.56℃（60℉）〕和压力〔101.56kPa（14.73psia）〕下测定，天然气的热值大约为 $37000kJ/m^3$（1000Btu/cuft），其典型的计费单位为 $2.8m^3$（100cuft）、$28m^3$（1000cuft 或 10 大卡）、105000kJ（100000Btu，或被称为大卡）或百万英国热单位（MMBTU）。

　　燃油的热值为 3.9×10^4 kJ/L（140000Btu/gal），其消耗值按升（加仑）来计量。表 1-1 提供的能量转换系数可将由一种方式测定的能耗转换成其他不同的单位。此外，附录 B 提供了本手册用到的公制单位和英制单位的换算关系。

1.4 气候变化

1.4.1 水环境联盟的气候变化决议

　　水环境联盟理事会（2006）责成其委员会确定并宣传有助于减少污水处理厂排放温室气体（GHG）的相关信息。在同一个决议中，水环境联盟要求城市污水处理机构要成为社会上降低和减轻气候变化的倡导者。

　　在污水处理及污泥处理处置的过程中，城市污水处理设施会加剧温室气体排放。本节将简要描述温室气体的组成，列出其排放源的例子，并讨论温室气体和碳足迹的关系。读者还会获得如何计算温室气体排放量的一些相关信息。

1.4.2 温室气体概述

温室气体聚集大气中的热量。一些温室气体的排放属于自然发生，而其他一些则是人类活动的结果。由于人类活动造成的温室气体排放源包括二氧化碳（CO_2）、甲烷（CH_4）、氧化亚氮（N_2O）以及氟化物气体等（参见美国环境保护局的气候变化与温室气体网站 http：//www.epa.gov/climatechange/emissions/index.html♯proj）。

燃烧化石燃料可造成二氧化碳进入大气。二氧化碳可被植物吸收后去除（或隔离）。二氧化碳占全球温室气体排放量的 77%（世界资源研究院，2006）。甲烷产生于有机废物的降解，比如产生于城市固体废物填埋场、农业生产、家禽养殖、采矿或碳基燃料的利用等。甲烷占全球温室气体排放量的 14%。氧化亚氮产生于化石燃料的燃烧以及某些农业和工业的生产活动，其占全球温室气体排放量的 8%。氟化物气体属于合成气体，产生于工业生产过程，其占全球温室气体排放量的 1%。

温室气体聚集大气中热量的能力是变化的（世界资源研究院，2006）。每一种气体都有可能使全球变暖，这种潜能是指相对于二氧化碳聚集热量的潜能。因此，通常都是以相当于二氧化碳的排放量或二氧化碳当量（CO_2e）的形式来描述温室气体排放量。在特定边界和特定时间段内产生的，以二氧化碳当量计量的温室气体总量被称为碳足迹。

1.4.3 温室气体排放源

尽管不能一一列举，本部分还是要重点讲述温室气体的各种排放源。净水厂和污水处理厂属于用电大户，且大部分用电来自碳基燃料。发电厂排放的二氧化碳和氧化亚氮导致净水厂和污水处理厂的碳足迹增加。

在污水生物处理过程中，有机物氧化为 CO_2 和 H_2O，这也会造成 CO_2 排放。温室气体的其他来源包括运行备用发电机消耗的燃油以及用来运送污泥的卡车消耗的油料。固体废物的处置也带来与之相关的温室气体排放。

有稳定塘或污泥贮存塘的污水处理厂会因有机废物的降解而排放二氧化碳，也可能排放甲烷。这些都会导致污水处理厂碳足迹的增加。同样，在污泥厌氧消化过程中产生的副产物也会造成温室气体排放，直接产物有 CH_4 和 CO_2。产生的沼气在火炬点燃或锅炉中燃烧时会产生 CO_2 和 N_2O，沼气燃烧用于驱动涡轮机或内燃机来发电或拖动水泵或鼓风机时，也会产生 CO_2 和 N_2O。

污水深度处理需要相对较多的能量，这些能量大部分在化学药剂投加中产生，比如用于化学除磷、去除难降解有机物以及脱盐等。在污水的生物脱氮过程中会形成并排放氧化亚氮。由于氧化亚氮的二氧化碳当量很大，因此这一问题备受关注。膜处理工艺应用于净水厂和污水处理厂很可能会增加水厂的能量强度。为了计算碳足迹，需要考虑在生产和输送这些化学物质过程中所需要的能耗总量。

污水处理厂水泵和鼓风机的运行需要相当大的电耗，在净水厂也占能耗的大部分。节省水泵和鼓风机的电耗，可以大大降低供电部门的发电量，从而可以减少温室气体的排放。对净水厂和污水处理厂中必须要照明的设施，采用最先进的节能照明可以降低能耗。同样的原理可以用于用天然气、电力或丙烷供热的设备。

1.4.4 温室气体排放量的计算

温室气体排放量的计算超出了本手册内容的范围。尽管如此，下面的内容还是能给读者提供一些信息来源，便于进行温室气体排放量的计算。

通常，可以参考联合国政府间气候变化专业委员会（IPCC）制定的国家指南来进行温室气体排放量的计算。IPCC的指南只计算甲烷和氧化亚氮的排放量，并不计算二氧化碳的排放量。

Monteith等人（2005）用加拿大16座污水处理厂的实际数据进行评价，提出一种专门针对污水处理行业的温室气体排放量计算程序，并应用到加拿大所有省份的污水处理厂。在北美，污水处理主要采用好氧工艺，因此几位作者得出结论：城市污水处理厂排放的温室气体主要是二氧化碳。

其他信息可以从"温室气体条约创议"网站（http：//www. ghgprotocol. org/）上获得，该机构于2008年由世界可持续发展商业委员会和世界资源研究院联合组成。温室气体条约作为一种计算工具，被广泛应用于国际上对温室气体的了解、定量和管理。

另一个基于企业级别的温室气体计算的方法是在美国环境保护局的气候领导网站上（http：//www. epa. gov/climate-leaders）。该体系在美国应用广泛，它为美国26个地区分配了不同的排放系数，像邮政编码一样将其绘制于每一个地区的地图上。

还有一个信息来源是美国环境保护局的清洁能源网站（http：//www. epa. gov/cleanenergy/energy-resources/refs. html）。该网站提供了大量的计算工具，以汽车、石油、树木以及住宅等的数量来说明温室气体减排。

电厂在用电高峰时运行，其运行效率最低。关于电厂避峰运行时排放量计算的相关信息可以从"清洁和绿色计算者"网站（http：//www. cleanerandgreener. org/resources/calculators. htm）上获得。（清洁和绿色是美国威斯康星州麦迪逊市莱昂纳多研究院的一项计划）。

1.5 节能措施的确定

一项节能措施既要减少耗能量，也要减少为所用能量支付的费用，同时还要维持合理的可靠性以满足排放要求。需要注意有一种可能，减少的耗能量并不一定可以按比例降低为能量费用。如，高峰用电费占电费的很大一部分时，节能措施可能不会影响电费。运行人员应当检查电费账单上显示的费率或者设法获得一份电价费率表，当地公用事业部门的网站上通常有这些数据。读者可以参阅第2章的内容以获得进一步的解释。

确定节能措施的一些简单步骤如下：

（1）了解并熟悉电力公司所采用的能源计费程序。

（2）分析公用事业费账单并要求获得污水处理厂的每日各时段千瓦和千瓦时数据表。检查高峰用电趋势并寻找节能机会，通过改变可选运行计划表来减少用电需求，比如在用电低谷时启动带大功率电动机的设备。要辨别与无功功率和功率因数相关的电费。

（3）检查整个污水处理厂的历史能耗数据（最好要有36个月以上的数据，至少也要有24个月以上的数据来进行分析），还要检查任何一台可以单独计量设备的能耗数据。

（4）列出所有重要的耗能设备。以功率最大的设备开始，然后列出基于该设备运行总时间的系数。性能测试可对分析功耗和设备效率提供有用的信息。美国能源工业技术规划部有一个"水泵系统评估工具"软件（http：//www1. eere. energy. gov/industry/best-practices/software. html＃psat），可用该软件来评价原水泵和水处理泵。同样，耗能设备还应当考虑大型屋顶嵌入式供热、通风和空调（HVAC）设备。

（5）定义现有的过程控制程序。

（6）分析收集到的数据，确定最有可能改进的设备。研究设备并确定潜在的节能措施。

最有效的方法是把寻找节能措施的着眼点放在那些能量消耗最大的设备、设施上去，从而可以挖掘节能的最大潜力。大多数情况下，曝气系统是最大的耗能单元（一般占总能耗的 50% 左右），其次是水泵提升系统。在有些污水处理厂，其他系统会消耗很大比例的能量。一些节能措施，比如采用高效电机等，在节能方面备受关注。下面列出一些需要考虑的节能措施：

（1）对污水处理厂主要电动设备的电路连接和开关、母线及变压器等每年应至少检查 1 次，从而可以采取一些简单的纠正措施，防止设备发生一些严重问题或出现大量的功率损耗。

（2）电动机应当尽可能接近额定电压来运行，因为任何与铭牌上额定数值的偏离都会影响电动机的效率。一般来说，建议电机的线路压降不超过线路电压的 5%。

基准评价是指将污水处理厂的总能耗与已经公布的其他污水处理厂典型的电耗、燃料及化学药剂用量相比较。一个简单但有效的判断方法是确定处理水量的单位能耗，可以用焦耳/立方米（J/m^3）或千瓦时/百万加仑[$kWh/(mil \cdot gal)$]来表示。表 1-1 总结了美国西部污水处理厂的典型能耗。如表中所示，稳定塘、滴滤池以及生物转盘（RBC）是最节能的污水处理工艺，而活性污泥法及氧化沟工艺的能耗则较高。图 1-1 假定各污水处理厂有进水泵、初沉池及污泥厌氧消化（氧化沟工艺除外），没有出水泵，也没有热电联供。

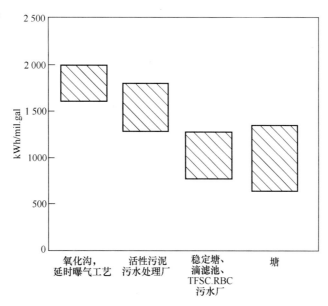

图 1-1　不同类型污水处理厂的典型单位能耗　[$kWh/(mil \cdot gal)$] $\times 951.1 = J/m^3$]
（TFSC=滴滤固体接触，RBC=生物转盘）

2007 年 10 月，美国环境保护局的"能量之星"计划最早提出了针对污水处理厂的在线评价基准（参考美国环境保护局的能量之星基金管理网站 http：//www. energy-star. gov/istar/pmpam/）。2008 年 1 月，又建立了针对净水厂的类似评价基准。这些评价基准建立在对调查数据和模型的统计和分析基础上。之所以应用模型，是想根据水厂规模、处理工艺（如果可用）和位置这些参数对评价基准进行评估。

　　本手册的 1997 年版本列出了 4 个表格用于指导计算污水处理厂能耗。该版本将污水处理厂电耗评估按 4 种工艺来分类：滴滤池、活性污泥法、有消化的深度处理工艺和无消化的深度处理工艺。污水处理厂可用这些表格来建立基准条件并且不断填充那些确定为有益的数据。因此，在本手册的附录 C 仍保留并列出这些表格。在每个表格的最上面增加一行流量的国际单位。每一座污水处理厂实际使用的能源各不相同，因此这些表格中的能源用途也应相应调整。应根据现场特定条件及处理工艺的不同做出调整，比如除臭、中间提升泵房、高纯氧制备、生物脱氮除磷、强化脱氮除磷、膜处理工艺、紫外消毒、回用水泵房、重力带式浓缩或转鼓浓缩、离心脱水等不同工艺。在每一个表格的底部增加有助于修订紫外线消毒和重力带式浓缩的相关信息。其他工艺消耗的电力受许多因素的影响，应当从设备供货商及工程师那里获得相关信息，以建立正确的能量强度水平。

　　计量和验证是指证明与节能措施相关的节能量。计量和验证需要通过测量或其他手段建立初始标准，并能指导后续的计量及其他计算。计量和验证的策略在国际节能效果计量与验证规程（能效评估组织，2007）中有所描述。这些策略尽管简单易懂，但仍然需要一些解释，本手册就提供这些解释。美国能源部要求全国的能源项目都要进行计量和验证（美国能源部，2000）。

　　基准计量是指对现有能耗费用及运行数据进行分析，以对当前能耗水平、峰值能耗、现有净水厂和污水处理厂的运行费用、工艺或系统等进行确定。基准计量应在执行节能措施前进行，从而才可以对每项节能措施的积极作用进行测量。

　　全厂范围的基准计量是通过分析基于进厂总电表的历史能耗费用需完成的。有热电联供的水厂必须记住将热电联供的能耗计量包括在内。如果有发电机用来满足用电高峰而运行，其能耗也必须计量在内。许多水厂采用太阳能光伏发电，其能耗也必须考虑进去。

　　单一设备的计量基准通过记录其一定时间段内每时、每天及每周的数据变化来完成。数据记录应当由那些对安装传感器和数据分析有经验和资格的技术员来完成。附录 D 提供了电压、电流和功率之间关系的相关信息。

　　一些改进措施所带来的能量节约可能不会得到现场监测的证明，可以采用基于工业领域应用的现场测量和经验法则来进行数学计算（模拟）以确定是前节能还是后节能。为了比较改进结果，常采用后计量的方式。

　　当进行能量研究、建立能量基准以及进行后计量时，现场测量非常有必要。能量输入计量的正确方法受许多现场条件的变化因素影响。现场测量需要特有的设备、知识、经验以及根据位置、电力供应和设备类型而采取的安全程序等。例如，照明和电源插座一般以 120V 电压供电，运行工艺设备的电动机一般以 480V 三相交流电供电，而有些水厂则采用 208V 三相电，有些设备以 4160V 的电压供电。任何人不得擅自操作电力设备，除非其有一定经验或经过培训，并且采用适当的个人防护设施后才可以进行。

1.6 节能措施的排序及执行

节能措施的正确排序对成功实施节能计划非常重要。节能计划的目标是在对水厂效能保持合理可靠度的情况下减少能耗和成本。其他需要考虑的因素包括执行计划所需要的管理时间、运行维护成本的增加和减少、回收这些成本所需要的时间以及一项特定节能措施在预期时间内达到其设定节能目标的可能性等。

节能措施可按其费用及执行的难易程度分为三类：第一类费用低且相对易于完成；第二类费用适度且需要一些技术分析；第三类费用高且需要进行现场测量和工程分析来完成。这些类别的实际花费会随着污水处理厂的处理规模及资金来源的不同而变化。

第一类节能措施包括在日常运行中根据需要采取一些变化，并能产生较高的效益。通常，完成这些节能措施所需要的基金来自现有污水处理厂的费用预算。这些节能措施一般应当尽早执行。

第二类节能措施需要员工评价、部分工程图纸或说明、承包商的帮助、人工和材料的采购预算明细。这一类节能措施在固定偿还期的基础上很容易对比并优先安排。固定偿还期可以用完成节能措施所需要的费用除以节能措施所带来的年净节能费用（现有系统减少的运行维护费用减去采用节能措施所新增的运行维护费用）来计算。需要最短偿还期的节能措施通常被优先采用。

最后一类节能措施需要本单位的工程技术人员和（或）外聘的咨询工程师进行评价。评价和执行可能会采用分项预算。主要的结构性修复、自控系统、主要设备的更新以及与处理工艺相关的变化等都属于这一类节能措施。在考虑资金的时效性基础上进行经济分析，需要对比可替代高成本的节能措施并验证其执行情况。

1.7 案例研究

1.7.1 加州能源委员会

加州能源委员会的能源效率计划为帮助净水厂和污水处理厂提高能源效率而提供技术援助和低息贷款。该委员会的合作伙伴计划也为新水厂的节能设计提供支持。最近的项目包括安装高效电机、变频驱动装置、高效水泵、更新曝气头、热电联供、更换变频驱动装置、溶解氧过程控制、更换鼓风机以及设置缺氧和厌氧选择池等。

在降低峰值负荷计划中（加州能源委员会，2004），净水厂和污水处理厂减少了52MW的能量需求，相应减少了近500万美元的费用。能源委员会在以下4个方面给予其资金补助（峰值用电每减少1kW补助250～300美元）：分布式发电、提高能源效率、甩负荷及消减负荷。分布式发电项目的案例包括用沼气来更新内燃机热电联供系统、安装沼气驱动的微型涡轮机以及更换为以包括沼气在内的混合燃料驱动的设备。提高能源效率的项目案例包括以污泥和餐厨垃圾混合消化、采用新的曝气鼓风机、溶解氧控制、采用监控和数据采集（SCADA）系统、热量回收、采用新电机和新水泵、泵站的非高峰期调蓄和泵送以及应用太阳能曝气设备等。

1.7.2 格洛弗斯维尔—约翰斯敦（Gloversville—Johnstown）联合污水处理厂

纽约州的格洛弗斯维尔市和约翰斯敦市在约翰斯敦共同运行一座污水处理厂（Ostapczuk，2007）。该厂于1972年投入运行，并于1992年进行了升级改造。其最大处理能力为 5.22 万 m^3/d，日平均水量为 2.27 万 m^3/d。该厂服务于 26 家工业用户。考虑到工业用户的收益减少而导致价格上涨，该厂启动了一项计划来降低能源费用。在纽约州能源研究和开发署（NYSERDA）的帮助下，该厂于 2000 年对鼓风曝气系统进行了改进，并于 2002 年对厌氧消化系统也进行了改进。在 2005 年进行的一项能源评估活动后，又安装了双膜式沼气罐、改进了消化池的搅拌系统和沼气净化设备、采用污泥和酸乳联合消化。于 2000 年对曝气系统进行的改进包括更新曝气头、采用一台新鼓风机以及溶解氧自控设备等。

第 2 章　公共设施台账记录和激励措施

2.1　概述

了解公共设施台账如何计算以及公共设施仪表如何读取有助于降低公共设施的费用。尽管过高的管理费用会激励人们去寻找降低污水处理厂设施花费的方法以及实施节能的措施。但公共设施费率结构不会直接影响能源的效率或者能源利用。解读费率结构是如何应用到当前的账单中，以及弄清楚其他可行的收费结构可以提供很多节省成本的方式。除了标准的大工业电价外，还有其他各种各样的电费比率计划和专门性合同。这些计划通常由电费消耗量、供应商规模和政府管理的污水处理厂等公共设施位置共同决定的。设计专门性的等级和合同是为了合理分配电力负载和对其他公共设施服务区域对象管理的需要。此外，水厂可在联邦或州政府的授权下，通过减少收费或提供退费来鼓励用户实行节能或负载转移。

宽松的公共设施管理方式给了那些大客户使用物美价廉的外地供应商的机会。像电信公司、天然气公司都已经采用了外地供应商通过当地供应商的输送干管提供服务的方式。同样地，从全局考虑，1992 年的"能源政策法案"开放了通过外地供应商供电的各个渠道。在局部地区的实施，我们称其为零售推进，对于每个州来说，实施的条例必须得到各州公共设施管理委员会的通过。电力的零售推进不是广泛有效的。在这一章中，从全局考察分析了公共设施花费的各个类型和其成本节约的相关因素，以及可影响恰当比率或合同选择的关键因素。

2.2　成本节约方法

2.2.1　制定合理的收费标准

对于一个工厂而言，电力服务行业可能有许多不同的收费标准。收费中包括高峰电价和不同时段或者季节性的电价比例。惩罚和奖励也可能不是与仅基于消费获得的单一平均比率较好地相匹配。除此之外，对于备用服务台账，也可能不是与建造、运行、维护保养现场备用发电设施的全周期成本较好地相匹配。一个平均的消耗比例收费表或许对于变电站更加合理，因为电力负荷不能任意控制。电力公共设施的实际工作情况决定了最合理收费方法从而显著节约成本。

2.2.2　安装高效变压器

电力公共设施运行成本包括现场变压器的费用（例如：将公共设施转输电压从 4160V 或更高降到 480V）。寿命周期节省成本通过采购和维护保养这些变压器来获得，如果采用的是高效率变压器，则对其精心地维护保养就显得更为重要。

2.2.3　消减高峰需求并转移负荷

如果收费标准中包括高峰时段的所需的费用或者消耗等级，那么就能补偿由于应对高峰需求或者消耗等级而对于构建、操作运行、维护保养电厂所发生的费用。除此之外，例如污泥处置工艺，通过尽量在电费低谷时段运行，可明显节省能源费用。（这种方式被称为"转移负荷"）

2.2.4 改进功率因数

一些供电部门的收费标准中，规定了对功率因数低于 0.85 的用户采取惩罚措施，而对功率因数高于 0.98 则予以奖励。基于上述原因，工厂为提高功率因数所安装的总补偿电容器组和专门为大功率电机安装的专用补偿电容器，在它们的总寿命周期内，会达到回收投资，节省费用的目的。

2.2.5 安装高效电机

在水泵和鼓风机上安装能连续运转高效电机，能更多地补偿相关负荷的能源消耗及所需的费用。使用高效电机应进行培训和反复实习，因为高效电机启动时的瞬间高能耗可能超过目前电路设备的保护容量。（例如断路器和保险）

2.3 电力

2.3.1 台账记录

电力设施的记录台账有很多格式，这些格式主要取决于被注明地址公共设施的经济目标和行政关注度的情况。用于家庭的电费发票只包括消费费用、能源价格和税费。而污水处理厂用的是公用设施用电发票，其发票包括复杂的费率结构和分类。虽然市政公用项目希望其费率能和工业项目区分开来，但是，他们和工业项目费率还是基本相似。一般对于所有工业客户的月度发票内容包括详细的费用分类：客户、能源或者消费、需求、功率因数奖惩额、燃料费用调整和税率（注：大部分州和地方是免除市政污水处理厂税率）。除此之外，有很多其他费用和附加费可能被加入台账或者从中删除。能源和需求等级可以在使用范围内有具体定义。

1. 客户

客户管理费是公共事业在服务于客户过程中一种结构性补偿的经费。（例如抄表费、填写和邮寄账单的费用、汇总费用等）。在污水处理厂，客户管理费远低于能源和需求管理费。具体来说，它们一般低于每月 100 美元，但是如果使用比较先进成熟的仪表会提高客户管理费。

2. 能源

在计费期间，能源消耗费用是通过实际使用效率来计算的，即测算方式是以 kWh 或者 MJ 为单位的。目前，公共事业服务公司的运行管理费用包括发电和供电的费用以及利润。

在能源使用的高峰时段采用提高能源价格的方式调节其使用量，而在能源使用的低谷时段采用较低的能源价格鼓励用户使用。这种方式可以使现有设施产能计划和最大使用率达到一种平衡。夏季最热的时候，当空调使用率达到最高时，在美国许多地方都出现了能源的使用高峰时段。在这个很短的高峰时段，公共服务设施单位必须通过各种途经让尽可能多的客户所需要的能源得到保障。通过小型天然气高效发电机和从市场上购买能源可满足生产能源的需求。这些内容在随后的需求费用讨论中还将会被提及。

能源使用通过电表计量，电表同时记录电压和电流来计量供给或者消耗电能的多少的。老的机电计量方法非常不方便，就像难读的钟表形式的拨盘，而现在的计量方法采用数字读数，简单明了。

3. 能耗

能耗的概念是最大功率图中在超过平均能源消耗量的连续 15min 或者更长时间的计量周期内，公共设施最大电力需求过程中使用的所有电机和其他用电设备的总功率之和。它代表的是在 15min 的高峰时段内正在运行或者处于开启状态的每台电机和每个用电设备在功率图中的平均总数。

需求是通过电表来计量的，即在需求时段内所有能源的总和。电表记录过程像一个连续不断的动态数值，在这个记录时段内，包括第 1min 到最后 1min 的每分钟能源使用情况。如第 1 章中所示，功率＝能量/时间，功率消耗通过千瓦时和兆焦等方式来计量。电表实际上是在计量周期中计算千瓦时（兆焦）的使用总和。例如：电表在 15min 的时间内计量数据为 2000MJ（550kWh），即表示每小时需要电能 2200kW（550kWh/0.25h）。机电测量仪表有一个棘齿装置，当每一个高峰出现时，它就进入一个槽口，使指针指向新的需求值。无论机械还是数值记录方式，电力公共设施服务单位都是以读取每个月的电能使用台账来建立下一月的需求值的。

在高峰需求时段，来源于所有设备运行的功率图包含着大型设备启动时的瞬时高峰功率。瞬时功率时间很短，无论它多大也对台账需求总量影响不大。

虽然在没有电表计量的情况下确定每一时刻的能源需求很困难，但是通过了解设备的实际运行和设备的使用功率图等信息不难知道最大能源需求量（见第 11 章）。除此之外，知道当前高峰需求在电费中的影响和大的负载是如何产生影响的也非常重要。电力设施仪表可以由易读出实际需求和消耗数值的设备组成，功率因数能使操作员明确的知道电感负载的变化以及其产生的需求和消耗影响。

能耗管理费包括提供电力服务的设施重新恢复功能的费用或者固定设施的成本费用。建设发电厂、输电线缆、变压器等贷款和线路恢复费用等都来自需求费用。电力企业必须知道电力系统在用电高峰时的最大负载，并考虑保留一定的安全系数和未来发展的电力负荷需求。电机装机容量成本是一个固定成本。根据公共设施定价原则，其必须合理的分配到每一个客户。需求管理费对于每个客户来说都是有个固定费用部分，这个费用是对最大能耗需求所对应的公共设施的电缆、变压器、装机容量等设施上进行平摊的结果。

各种不同等级的需求通过重新定义高峰时段、低谷时段和平峰时段来实现。需求管理费也要考虑季节变化。然而更多的费用主要由各个月的台账来确定。一些公共设施公司通过棘轮设备调查过去 10 月～12 月的最大需求，并且作是否大于当前月需求的比较。例如，在之前的 12 月有 85％大于最大需求。一般情况下，能耗管理将保存高峰需求发生后的连续 12 个月的客户台账。

需求管理费的另一方面是合同费用。经常在电力服务企业和大的客户之间有最低收费合同。例如为一个污水处理厂提供初次服务。作为新的污水处理厂一般考虑为该地区远期服务，所以建设得比较偏远并且需要全新的电力服务。这时，电力提供商在考虑远期服务的基础上不得不建设新的传输线路和变压器等设施。如果设施规模较小，通常的能耗管理费将不需要客户帮助电力提供商偿还债务。但是电力提供商要求新建设施方和他们签订一个合同，同意支付最低费用以确保得到必要的电力服务。多余的资金帮助电力提供商偿还投资这条线路所支付的贷款。

4. 功率因数调整

在交流电路中，功率因数是有功功率和视在功率的比值。有效功率以瞬时功率以 kW 计量，视在功率的瞬时功率以 kVA 计量，kVA 为电压和电流的乘积。

$$功率因数＝有功功率/视在功率＝kW/kVA$$

输送到污水处理厂的视在功率一般要超过有功功率。这是因为变压器和电机等某些常见电感设备的使用造成的。视在功率和有功功率有所不同。视在功率中的无功功率是用于电路内电场与磁场的交换，并用来在电气设备中建立和维持磁场的电功率。它不对外做功，而是转变为其他形式的能量。电磁感应引起了电流或电压随时间周期性交替变化。（见图 2-1 功率矢量关系图）功率因数角的余弦值称为功率因数。

$$功率因数＝cos\varPhi＝kW/(kW^2＋kVAR^2)^{1/2} \tag{2-1}$$

这个公式用于电力提供商在只知道功率和无功功率数据时使用。

由于功率因数的问题，电力供应商必须以视在功率为基础配置传输电缆和变压器。而实际上电力供应商只能收取能源费用中有功功率的费用。因此，电力提供商就必须提供更多的资金弥补为了满足低功率因数的客户所需要的超大电力设备的投资。

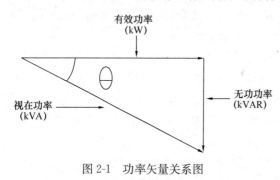

图 2-1　功率矢量关系图

电力提供商运用各种手段来补偿由于低功率因数所多增加的投资。如果功率因数不能满足某一个值（例如 0.85），就要受到处罚。当然，功率因数超过 0.86 也会得到奖励。另外，比较简单的方法就是通过视在功率而不是有功功率来衡量需求费用。如果通过视在功率来进行需求管理，那么管理就要包括需求和低功率两方面的内容。

功率因数一般通过自动电容器控制柜来采集，主要采集电动机电容器、大型汽车起重机和同步电动机等设备的功率因数参数。详细内容见第 3 章的同步电动机。

功率因数一般分别通过有功功率表、视在功率表或者直接功率因数表来计算。当然，也有用多功能表来计算的。

2.3.2　其他杂费和附加费

1. 燃料费用调整

为了应对燃料价格的浮动变化，电力提供商对燃料有一个相对独立的管理。允许他们通过燃料成本调整管理在每个月基础上调整他们的实际燃料成本，并同时进行连续的能源费用公示。

2. 管理费

管理费的费用比率是通过政策或者立法调整的，是为了弥补由于分摊燃料成本或者通过立法授权以及其他行为所造成的成本不足。

3. 国家和地方税收

国家和地方税收是政府的一个税收来源，这些收入主要用于需求和能源方面的投资资金。大部分市政项目是免除国家和当地税赋的。

4. 输电电压

当用电客户利用自己的设备自费把高压电变为低压电时，可以对其能耗、能源，或者总费用上进行优惠。这样可以减少电力提供商的资金投入。这种优惠可以是一个固定的比例，也可根据不同的服务电压有不同的优惠比例。

5. 保障性服务

许多大型市政污水处理厂为了保证安全，都采用双路供电。当主供电线路失灵时，备用供电线路才被启用。即使用不上备用服务费用也要用于在备用线路上。

另外，许多热电联动或者独立电力提供商经常利用市政供电线路作为工厂设备正常运转的备用电源。如果客户的电力设施被迫或者按计划停电时，一些电力提供商有权使用市政电力公司的备用电源提供服务。这就会有一定比例的需求费用应用到通过市政电力公司提供服务的项目上。

6. 临时供电

这个概念是提供一个电费价格的激励政策（税收优惠政策），针对的是本身拥有场内电力设备，在短时间内可以停止或者减少电力供应的污水处理厂。供电没有固定比例和可中断比例，并且允许电力提供商把有限的电能灵活转换分配给其他客户。

2.3.3　其他比例结构

1. 平均需求率

一个电力提供商应该对某一特定时段内的功率或者马力消耗的百分比单价建立一个平均需求率。当然这些是建立在恒定的计量不影响成本效率的基础上的。室外的路灯经常作为每月每个灯具平均管理费的衡量标准，因为我们可以知道灯具的功率和每月或者每季度它的关闭时间。例如：一个 100 坎德拉（1000 流明）的路灯每月的管理费为 50 美元。每月灯具管理的浮动费用要和市政电力公司或者其他权威机构提供的灯具关闭时间数据浮动保持一致。

2. 能量平均使用率

能量平均使用率是用来对电力服务或者其他服务项目所发生的总成本中直接可变成本进行测算的一种方法。这个平均使用率是反应每度电能源消费量的费用水平，而不是全部能源消耗量。

2.3.4　鼓励负荷转移和调峰

在美国东南部地区，每天由于调峰和负载转移产生的潜在利益使其成为电力公司计划安排中的重要工作。（表 2-1）这种比例关系表现为不同的时间对应的价格不同。这样可以鼓励电力公司的客户改变在高峰时段的能源消耗。时间分配表如下：

冬季高峰时段：星期一到星期五每天的上午 7:00～10:00，下午的 18:00～21:00。包括感恩节、圣诞节和新年。

夏季高峰时段：星期一～星期五每天的下午 13:00～18:00。包括纪念日、独立日和劳动节。

冬季平峰时段：星期一～星期五每天的 10:00～18:00，下午的 18:00～21:00。包括感恩节、圣诞节和新年。

夏季平峰时段：星期一～星期五每天的 11:00～13:00，下午的 18:00～20:00。包括纪念日、独立日和劳动节。

峰谷时段：全年除了高峰和平峰时段的其他所有时间。

这个时间分配表给消费者提供了一个信息。特别是在夏季能源消耗高峰时段，可以尽量安排自己的耗能设备避开能源消耗高峰和平峰时段，工业企业也可以通过利用厂内发电设备来避开能源消耗高峰时段，节省成本。

2.3.5　电力服务选择

各类电力服务能不能够真正发挥其作用，主要依赖于地方公共市政设施的建设运行维护情况。如果公共设施企业没有规范的服务安排章程，那将是间歇性的服务。一般情况下，公共设施服务商提供给具有管理自身能源消耗能力的工业企业较低的价格。

间歇性服务是指在短时间内，当电力提供商有需要时可以立刻终止给客户的电力服务。通过低额定频率中继设备来控制自动断电的方式也是可行的。

一个标准的合同应该包括电力提供商每年或者每个月不能多于多少次的中断电力服务的内容，并且每次中断时间不能超过 30min 或者 1h。这样的合同内容不但会给消费者一定的优惠折扣，而且也给电力提供商更加灵活的操作空间，优化它的机电设备的使用情况。这种情况下，污水处理厂就需要有配备厂内发电机。

审减服务是指在通过电力提供商质询后，有少部分的污水处理厂的由于设计的电容量过大将被消减。

基本供电的价格结构　　　　　　　　　　　　表 2-1

多时段　　不同周期	冬季居民消费水平（$/kWh）	夏季居民消费水平（$/kWh）
峰值	0.05454	0.12351
平峰值	0.04046	0.08839
谷值	0.0359	0.0577

冬季：11 月 1 日至第二年 3 月 31 日

夏季：7 月 1 日至 10 月 31 日

2.3.6　新能源

通过长期合同的方式，可以直接购买固定比例的新能源（风能、太阳能等）进行利用的计划将成为现实。传统能源的价格在不断的上涨，这个固定比例的新能源将节省工厂的运行成本，减少污水处理厂的碳排放。在污水处理厂里通过厌氧消化产生的沼气（CH_4）也是一种可替代的新能源。和热电联供发电机一样，它也可以为建筑物和厌氧消化过程提供热量。另外，沼气的利用也减少了污水处理厂的 CO_2 排放量，降低了电力成本。作为新能源，当它和市政电力并网后，在公共新能源使用计划中将占有很高的比例。

2.3.7　热电联供企业

运行热电联供企业的这些客户需要很多相关的合作合同。一般应包括以下内容：

（1）并网协议；

（2）备用电源协议；

（3）标准运行协议。

并网协议给予了热电联供企业运行热电联供设施与公共电力系统并网的权利。并网运行是通过联合并联增加电网的供电能力。这是为了供给或者弥补污水处理厂的电力需求和消耗。在这个协议中，公共电力提供商要尽量阻止由于热电联供装置输出电能时对电网和用户所产生的干扰。这个协议中还规定了热电联供提供商有权进行并网操作，同时规定了公共电力提供商有权处置各种对于热电联供供应商的要求。当然，一些公共电力提供商并不愿意和热电联供企业并网，因为他们担心会对电网产生不利的影响。

备用电力协议中，给予公共电力提供商保留一部分电力容量服务于由于热电联供装置并网失败或者离线造成的污水处理厂电力不足而不能正常运行的情况。标准运行协议明确了保证公共电网完好性的详细运行参数。这个协议也可以包括有关如何维护控制电厂和如何注意联合系统的设备保护等条款。

2.4 电力台账模板

表2-2～表2-5提供了美国4个不同地区的污水处理厂2007年以来的电力收费台账。

按需求和峰值计算的电费账单（美国东南部地区）　　　　表2-2

收费项目	使用量	单位	价格（$）	收取费用（$）
消费者				23.75
需求	3146.4	kW	5.7	17934.48
消耗	324000	kWh（峰值）	0.05454	17670.9
	439200	kWh（平峰值）	0.04046	17770.04
	1123200	kWh（谷值）	0.0359	40367.8
合计				93767.03
平均成本（$/kWh）				0.049

按功率因数计算的电费账单（美国中西部地区）　　　　表2-3

收费项目	使用量	单位	价格（$）	收取费用（$）
消耗	3460800	kWh	0.02769	95832.21
需求	6307	kW	10.91	68824.99
功率因数	97%			(5759.01)
合计				158898.19
平均成本（$/kWh）				0.0459

按高峰期间消耗和需求计算的电费账单（美国东北部地区）　　　　表2-4

收费项目	使用量	单位	价格（$）	收取费用（$）
消耗	140800	kWh（峰值）	0.0446	6279.68
	121600	kWh（肩值）	0.0356	4328.96
	104000	kWh（谷值）	0.0218	2267.2
	366400	kW	0.0938	34371.62
需求	654.2	kWh（峰值）	12.36	8051.44
	1276.8	kWh（平峰值）	4.416	2659.76
杂项				1199.91

续表

收费项目	使用量	单位	价格（$）	收取费用（$）
消费税			0.0875	5171.96
合计				64280.11
平均成本（$/kWh）				0.175

按风力发电计算的电费账单（美国西北部地区）　　　表 2-5

收费项目	使用量	单位	价格（$）	收取费用（$）
能量	4881600	kWh	0.046955	229215.53
消耗	13480	kVA	3.14	42327.20
无效功率	2736000	kVARh	0.00	0.00
电保护计划	4881600	kWh	0.00105	5125.68
调整电力成本	4881600	kWh	0.00	0.00
风能产品	4881600	kWh	(0.00959)	(4681.45)
地方税收			0.067	18223.13
合计				290210.09
平均成本（$/kWh）				0.059

从这 4 个电力台账收费表基本上已经比较全面的反映了美国用电的比率和结构情况，在需求、能量和客户管理费这些基本情况上看每个地区是大致相似的。

2.5　天然气台账

在天然气使用的观念里，其需求、能源消耗和客户管理费等方面的比例是相近的。另外，在能源使用的高峰日和高峰季节里，它们应用的浮动比例也是基本相同的。

在利用天然气这种能源时，其使用的测算单位是以百计的立方英尺数（cuft × 0.02832＝m³），其当量热值以百万位单位的英制热单位计量（1.055GJ）：

1 千卡＝10^5 英制热量单位

10^6 英制热量单位＝10 千卡

1000cuft 大约等于 10^6 Btu 或者 1dekatherm

0.03m³ 甲烷热值大约是 1055kJ，3m³ 的天然气的热值大约是 1therm。

最近，有一种趋势，把天然气本身、中途输送管道和地方细部分配管道等管理费分开计算。这种管理费用分配结构是不合理的，将导致管理分散、独立提供天然气供给的供应商实行价格优惠的越来越多。其实，把天然气产品送到用户的地方气体输送支线，其所有权和运营权是国有的。除此上述费用外，管理费用还包括天然气价格结算、气体压缩储存和传输过程中的泄漏等费用。

2.5.1　比例结构

天然气服务的决定性因素各个地方有所不同，也取决于当地市场工业企业的发展规划。以下简要介绍工业企业的不同情况。

1. 分散式公共服务

由于放宽管理，在一些州形成了市场竞争，当地垄断性的天然气供应商有了竞争者。

在这种没有"核心"的条件下，消费者会经常在购买天然气或者其他经济燃料之间选择。在"无核心"的市场中，天然气业务分散了，因此天然气的购买、运输、结算和存储等业务都可分开管理和收费。

2. 输送

在美国的一些州把天然气服务区分为2种，一种是传统的包括采购、输送和供给的服务，另一种是只有天然气的输送服务。

3. 管道直连

第三种天然气供给方式在一些地区也存在，即通过能源管制委员会协调，实现利用管道直连的方式解决各州之间工业的能源需求，它是跨过地方分公司来直接实现能源供给服务的。

天然气服务费用和输送服务费用构成与前面讨论过的电力设施的类似：

（1）需求量是按照合同所定的供应标准，这个标准是根据系统达到最高峰值那天用户曾经的最大用量确定的，也可以协议一个最高值，然后再根据实际运行情况最终修正到合适的值。需求量也可以通过每月峰值或者评定系统提供服务浮动平均峰值来确定。

（2）需求费用是一个固定的费用，它是应用在系统计量或者之前合同中注明的需求上的。

（3）能源供给或者生产能力的多少在实际天然气传输和分配过程中是不断变化的。

（4）在天然气服务企业中，对于大的客户来说间歇性供应是有明确限制的。一般来说中断的情况是由于负载集中增加而引发的。供应的间歇比例是通过协议来确定的。

2.5.2 等级分类

各个公共服务事业都有等级分类，针对不同实际情况，来提供不同的等级服务。普通级别的服务是对一定比例的小客户的，在许多乡村可能是不存在这项服务的。工业用电的级别具有更多的周期性，每年的每个月都需要一个最低消耗量。同时，电力公司在某些时候有停电的权力。比较大的客户愿意使用工业用电级别，特别是在夏季，能省很多成本。但是当需要降低能源消耗量或者是切换到备用燃料时必然会频繁停电。另外，在一些州天然气的供给等级不明确，这时就要对天然气的输送和供给制定具体有效的合同。

天然气输送协议界定了天然气公司输送服务范围是把产品从州界送到客户指定的交付地点。这个协议规定服务等级应与热电联动传输的服务等级相同，但是成本不能超过电力公司的蒸汽锅炉发电机的运行成本。这个成本的比例结构由每月的天然气使用量以及连续12月的浮动量平均值两部分组成，并且实时计量单个客户的最高需求量。

天然气公司为了吸引全年都要使用天然气的客户，明确了输送程序。天然气公司和客户签订的合同与商品合同相似，就是客户同意以某一特定价格在某一特定时间段内购买特定数量的天然气。节省成本对于大客户来说十分重要。但是，事先确定天然气的价格、数量和应用时间有一定的风险，应多权衡各种因素后确定。

一般通过大的工业企业等购买方或者天然气经纪人来实现把天然气从气田输送到地方分公司。一旦输送线路和使用者的使用需求被确定，地方天然气公司将协助完成最终的天然气交付使用。

地方天然气公司一般同意以一个固定的天然气费用和每月固定的管理费从主干线转输到相连的客户。天然气公司接受客户在每个月的第五天提交下个月的具体天然气使用量。

在这种模式下，天然气的购买量可以一直减到 0。另外，在合同当中还会规定每月天然气的最低使用量。当超过合同规定的使用量时需要以工业用气等级缴纳管理费。

为了阐述如何对天然气的供给和输送量进行台账计价计量，表 2-6 列举了一个天然气供给到城界的独立账单。表 2-7 列举了一个在 2008 年把天然气从城界输送到美国中西部以北的某个污水处理厂的使用账单。

天然气供应账单　　　　　　　　　　　　　　　　　　　表 2-6

收费项目	使用量	单位	价格（$）	收取费用（$）
供应	15886.45	10^6 Btu	9.44	149968.09
平衡和指定	15886.45	10^6 Btu	0.05	794.32
合计				150762.41

天然气输送账单　　　　　　　　　　　　　　　　　　　表 2-7

收费项目	使用量	单位	价格（$）	收取费用（$）
客户费用	大			673.17
分配利润	158864.5	克卡	0.0343	5449.05
需求	8110.00	克卡	0.1475	1196.23
合计				7318.45

注：天然气供应和输送的总平均成本每单位是 0.995 $。

2.5.3　季节性优惠政策

天然气的价格根据供给和需求的市场条件不同而不断变化。在冬季，对天然气的需求量大，价格最高。在夏季则价格最低。不幸的是，污水处理厂就是在冬季需要大量天然气能源的，这是因为污水处理厂的厂房需要供暖，污水处理过程中的污泥处理在较冷的几个月里也处于供暖需求的高峰期。一些污水处理厂在夏季是会出现高峰电力需求，可以试着利用夏季低价格的天然气（或者利用厂区内产生的消化沼气）通过燃气发动机去驱动电动机、泵或者鼓风机。如果这种方法是利用天然气作为高峰电源补充或提供主要能源，那么我们可以在一年之中通过从天然气公司获得有效的峰谷价格，来建立一个更稳定的运行模式。一座拥有厌氧消化系统的污水处理厂在最冷的月份里，如果在有限的使用时间内获得除了天然气以外的其他高效能源是非常困难的，那么它可以通过系统产生的消化沼气来提供所需的天然气。在一些实例中，污水处理厂在满足需求的同时获得最优惠的运行价格的最好方法是，考虑污水处理厂气体利用模式，并与燃气公司的代表最少每 5 年讨论一次相关问题。

2.5.4　热消耗计量

我们知道每个应用单元的热值常常是通过气体体积的使用量来计量的。对于天然气来说，热值可以通过燃气供应公司来获得，它通常的范围是 37000～40000kJ/m³（1000～1080Btu/cuft）。液化石油气的热值也能通过煤气供应商获得，通常是 2.6×10^7 kJ/m³（92000Btu/gal）。

由于气体是一种可压缩流体，在不知道压力的情况下，我们往往认为它并没有充满已知的体积。一般天然气是通过不同的压力被输送，计算时压缩体积必须被转换成在标准大气压和温度下的体积。还应该注意，在确定为腐蚀性气体时，气体中的含水率和硫化氢浓度对于热值计算也是很重要的。

对于可中断服务的天然气用户来说，备用燃料是必需的。对于设备来说锅炉安装了气体、液体两用燃料燃烧器将可以满足相关需求。对于像小型取暖器这样的设备，使用液化石油气和天然气的，需要配备不同的燃烧器孔，而使用燃油的需要配备不同的燃烧器或加热器。因此，当给一些不能运行两用燃料系统的小单元提供服务时，部分采用连续性的服务是很重要的。

2.5.5 公用事业运价和服务的选择

找出关于电、天然气使用率结构的是最好的方法是通过与地方公用事业运营商接触，并了解他们的需求：

（1）通过对利用率表进行比较，可以根据工业客户的需要和他们的特殊要求获得费用计划。

（2）复制收费表并对合同进行简单的审核和分析。

在某些情况下，平均负载较高的客户可以获得较低的运费。在其他情况下，一些能源消费模式拥有相当自由度的客户可以签订专门的供应合同。例如：一些可以中断或减少能量传送的客户，可以有资格享受特殊运费。在准备与电力公司的代表进行初步磋商时，应该通过研究和图表分析污水处理厂连续 12 个月的能量负荷和需求，充分了解提供的各种运价和服务选项的潜在利益。

第3章 电机与变压器

3.1 电机效率设计要求

据美国水环境联合会估计，典型污水处理厂90％的电能消耗用于电机。电能消耗的持续增加导致对高效率电机及电气设备的需求，美国及国际上的许多组织纷纷表示应修改现有标准或者制定新的标准。美国政府已经通过美国环境保护局、能源部及其他一些机构发行了许多关于高效电机设计的手册或指导书。

为了说明效率的成本，美国环境保护局通过估算得出，发动机10年运行的费用是其最初购买时价格的50倍。这就是说一个价值2000美元的发动机，如果运行超过10年，能耗费用将超过100000美元的电能价值。基于这一事实以及能源消耗费用持续上升的原因，运营商及工程师应优先考虑电机运行周期内的使用费用而不是购买价格。

运营商及工程师面对的第二个问题是设计初期最大载荷的要求，实际上通常设计的最大载荷只能在未来的某个时间才能达到，甚至永远达不到这一载荷量。因此应该考虑所安装的设备载荷与实际运行期的有效匹配。

在污水处理厂使用着各种类型的电机，既有小功率电机，也有大功率电机。本章将重点阐述这些明显影响能耗的电机。

3.1.1 电机系统

微处理器的发展以及其应用地点从控制室向终端设备的转变渐渐改变了电机的整体设计。电机系统所包括的多种原件采用无缝对接的方式组合在了一起。电机甚至包括了用于通讯的微处理器、控制系统、内置电机监测传感器以及电机运行状态诊断软件。"机电仪一体化"就是用来形容这种与以往不同的设备功能被融合到一起的现象。如今机械、电气、电子元件以及软件等不同领域之间的界限越来越模糊了，这些运用于电机设计的技术让我们对这一词汇有了更进一步的了解。本节重点阐述机械与电气方面的设计。

3.1.2 普通电机的构成

电机设计已经有多年的历史，每台电机均包括最基本的部分（参见图3-1 图3-2 及图3-3）。电机每一部分设计的进步以及不同部分的优化配合使得新型高效电机不断出现。

图3-1 电机（保德公司产品）

电枢或转子是电机中转动部分，通过磁场的改变，转子实现转动。定子及磁场是电机的不动部分，产生交变磁场。电机轴承是电能转换为机械能的最初连接，电机通过轴承输出转矩。空气间隙是指定子与转子之间的空隙。提高电机能效意味着优化电机每一部分的设计及制造。进一步阐述详见3.7的内容（电

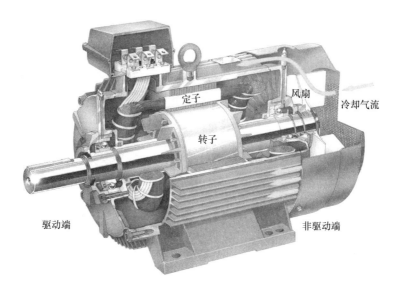

图 3-2　交流电机剖视图

图 3-3　直流电机（包括齿轮）剖面图（LEESON Electric-A Regol-Beloit 公司赠）

1—轴承；2—终端—轴端；3—电刷；4—绝缘绕组；5—电刷支撑；6—整流器；7—机壳；
8—电枢/转子；9—终端—基座

机能效标准）。

3.2　电机特性测量

施加在电机上的电源特性与电机运行之间的对应曲线为电机特性曲线，这一曲线可以根据电源的特性估计电机可承载荷、电机效率以及电机电气的整体特性。电机特性曲线的测量是重要的工作，通常由受过专业培训的技术人员完成。

3.2.1　电压

出于诊断测量的目的，三相电压应测量电机接线盒内（图 3-4）负荷侧的三相接线端子（L_1，L_2 和 L_3）的电压。L_1 与 L_2，L_1 和 L_3 以及 L_2 和 L_3 之间的压差应小于 1%，计算公式如式（3-1）所示。

$$不平衡度(\%) = (平均最大偏差 / 三相平均值) \times 100\% \tag{3-1}$$

如不平衡度超过 1%，不平衡电流值及电机运行温度将很高。通常电机控制故障及电源特性的问题导致电机三相不平衡。测量三相电压是否平衡是电机预防性维护的一部分。

通常电机只能运行在一个很窄的电压范围，一般情况下电机可以在铭牌额定值的 10% 内运行。ANSI（美国国家标准学会），IEEE（美国电气和电子工程师协会）以及 NEMA（美国国家电气制造业学会）联合推出的 C84.1（NEMA，2006）标准定义了电压波动的等级。此外电机制造商提供的参考说明应保证能指导电机正确运行。

3.2.2　电流

三相电机的每一相（L_1，L_2 及 L_3）通过的电流值（单位为 A）应基本相等。当任意两相电流不平衡，电机将会出现过热以及效率降低的问题。因此，在电机运行温度正常，负载正常的情况下也应测量电机电流。计算电机电流不平衡度的公式与计算电压不平衡度的公式相同。负载增大，电机运行的电流可允许不平衡度越小，当电机满载时，三相电流最大允许不平衡度为 5%。

通常采用某些故障检修的方式判断电源电压或电流是否平衡。（此外，操作及记录所有电气测量数据是很重要的工作，通常由受过专业培训的技术人员完成。）首先，记录最初接线方式下电压与电流值。接下来，改变电机接线盒内电机负荷侧三相接线位置，测量并且记录电压与电流值。改变接线位置时，必须确保三相接线位置均发生改变，如两相接线互换，电机将会反转。改变电机接线位置共有 3 种方式，因此需要记录下 3 种不同接线位置时电压与电流值。在图 3-5 的示例中，黑色电源线电流始终为 19A。这一数据可说明问题是由电机或电源线导致。如较高的电流总是出现在同一相电源，说明问题在电机与电源之间，通常是电机启动器接触不良或接线松动等简单故障造成的。否则，就需要电机生产厂家解决故障。

3.2.3　功率因数

测量功率因数的最简单和最准确的方法是使用功率因数表。电机功率因数是指电机有功功率（单位为 W）与视在功率（单位为 VA）的比值，图 3-6 采用功率三角形说明了这三者之间的关系。测量电机功率因数最简单准确的方法是采用功率因数表。

通常采用千伏安（kVAR）反应产生磁场力的那部分能量所消耗的功，这部分功产生的磁场力驱动电机旋转，这部分功不能用功率表直接测量。利用功率、电压表及电流表测量的数据，可直接计算出电机有功功率及视在功率，然后通过计算得出电机的功率因数。可以这么说，消耗的功率包括有功功率及无功功率。

3.2.4　阻抗及绝缘

电流从高电位流向低电位，电流的大小由两点之间的阻抗决定。电的良导体电阻小，有利于传输电能，且电能损失小；绝缘体限制电流流动，绝缘体可以在导体周围形成高阻值屏蔽，限制电流只能沿导体提供的路径流动。但是，如果运行时间较长，导体绝缘层可能出现破损，导致漏电。电机及绕组绝缘应定期采用兆欧表进行检测，防止电机出现大的突发故障，采用兆欧表可测量出绝缘体的绝缘阻值。（检测过程中需严格遵守并执行相关

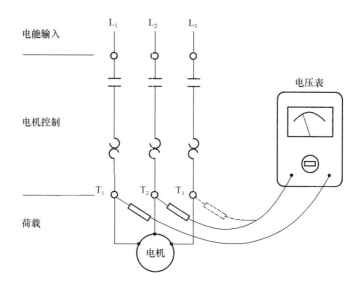

图 3-4 三相电压测量

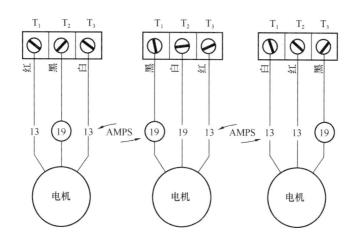

图 3-5 负载不平衡测量（T 表示电机启动端）

的安全措施）检测前必须断电，兆欧表内置检测电源。在兆欧表表笔接电机接线端子之前，需进行验电。如图 3-7 所示必须对每相绕组进行检测。一台新电机必须记录最初阻值，使用一段时间后，阻值将会逐渐下降，可通过数据绘制出下降趋势图表。当电机绕组绝缘阻值下降到一定值时，需要对绕组重新浸漆烘干保证

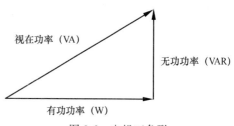

图 3-6 电机三角形

绝缘值。有些电机制造商将 $2\mathrm{M}\Omega/\mathrm{hp}$ 作为电机最小允许阻值，低于这一值的电机必须进行维修。对于小型电机可采用相对较高的比例作为判断标准。电机检测以及电机绝缘检测通常在电机接线盒内进行，在电机发生绝缘破坏之前，必须增加电机的检测次数，对于大型电机可考虑采用在线兆欧表进行即时检测。

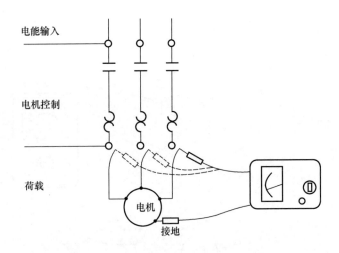

图 3-7　使用兆欧表进行电机绝缘遥测

3.2.5　功率

电机实测功率是指电机工作在满载或轻载等不同情况下，电机瞬时的功率（实际耗电量）。电机功率可以采用功率表直接测量，通常单位为"kW"或"W"。知道了电机的实际功率就可以对整个系统的效率进行评估，将电机实测功率值与电机功率曲线进行比较就可判断电机是否处于过载或轻载运行。过载可能是由于电机选型、电机、驱动系统或驱动元件出现问题，这些问题必须马上得到重视。一般来说，电机工作在额定满负荷情况下，电机效率最高。

3.2.6　转差率

转差率是指实际转速与同步转速的差别，公式如式（3-2）所示：

$$转差率(slip) = N_s - N \tag{3-2}$$

式中　N_s——同步转速，r/min；

　　　N——实际转速，r/min。

通过电机运行特性曲线（包括电流、转差率以及输入功率等）可以对电机负荷进行估算。图 3-8 为 7.5kW（鼠笼电机）传统特性曲线。从图中可以看出，电机只是在很窄的区间内电流与输出功率成比例——满负荷的 70%～110%，因此，前期过高估算电机负荷可能导致电机处于轻载状态。但是转差率基本与整个负荷曲线成比例，因此在任何一个负荷点都可以通过计算得出转差率的值。如果知道某点的效率，负载也可以通过输入功率进行计算。通过转差率及效率计算电机负载将在下一节详细阐述。通过测量转差率对电机负荷进行估算是比较精确的方法，而且这一方法简单易行。

在电机满负荷与不同负荷下，电机转差率与负荷成比例。鼠笼电机转差率变动范围较小，通常小于 3%。可以采用频闪转速仪测量电机转速，这种仪器测量较准确通常误差仅为 0.1%，甚至更小。1% 的转速误差将会导致转差率测量时出现 30% 的误差，除此之外，相对较大的误差会导致电机制造商在铭牌标注上的转差率出现误差，根据 NEMA（美国国家电气制造业学会）指定的标准，转差率标注出现的误差应该低于 20%。

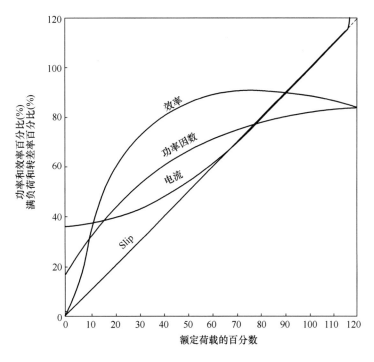

图 3-8 7.5kW 电机特性曲线

3.3 运行功率

电机标注的功率通常是电机所能输出的最大功率,功率的单位为瓦特(W)或马力(hp)。电机运行的实际功率通常只是按比例输出的部分功率。举例来说,一台 70kW(100hp)电机运行功率为 60kW(80hp),那么电机输出功率为 60kW(80hp)。一般情况下工程师在选型初期选择电机会在实际运行负荷的基础上增加 10%~20%。通常电机功率标注采用千瓦替代瓦特。

额定功率是指电机输出功率,也被称作轴功率。电机输入功率通常大于输出功率。例如,一台 75kW(100hp)电机输出 75kW(100hp)的功率可能会消耗 80kW(110hp)的电能。因为通常电机选型会增加 10%,这时候的效率仅仅为 90% 左右,电机额定功率通常作为电机的标准值用于计算过程中。

一台 75kW(100hp)电机用于 110kW(150hp)功率的水泵很可能造成故障。电机使用系数是制造商在电机铭牌上标注的参数,是指超出铭牌额定功率后还不发生故障的功率数,即为电机的过载能力。如果安装电机的工作负载超出电机铭牌标注的额定功率是非常不明智的。使用系数用于保护电机的,如轴承发生故障时。使用系数通常标注在电机铭牌上,指的是超出电机额定功率的比例,例如,1.15 或 115%,这是最常见的使用系数。当荷载偶尔超过电机额定值时,使用系数此时可看做为安全系数。

3.4 电机类型

电机可分为直流电机和交流电机,交流电机又可分为单相交流电机和三相交流电机。此外,根据电压等级不同,电机也分为多个类型。小的单相交流电机通常工作电压为

27

110V 交流电。污水处理厂的大型电机通常为三相电机，一般电压等级为 480V，这一类型的电机通常应用在工厂，而高压大型电机通常应用在大功率场合。

无论电机的类型和尺寸，所有的三相电机的工作原理相同：即定子和转子之间磁场与电流之间的电磁作用驱动电机轴转动，定子或转子产生的磁场作用相同。尽管原理相同，但交流电机有着不同的类型，不同的特性曲线，适用于不同的场所。

3.4.1 三相电机

三相鼠笼电机具有高效、低维修率的特点，因此应用最为广泛。三相鼠笼电机的效率和许多因数有关，包括供电质量、电机尺寸、设计、机电整体特性以及负载，其中操作人员根据使用及维护手册的说明降低机电整体特性和负载对效率的影响。在最初的设计过程，电机运行应该设计成比较实际的高效运行系统，对比每年的运行费用以及维修费用，这种设计是合理、经济的选择。

三相电机有三种不同的类型，分别具有不同的转子及运行特性。这三种电机分别是三相鼠笼电机、绕线转子电机以及三相同步电机，但无论哪种电机，其功率计算公式相同，见式（3-3）：

$$P = V \times I \times \sqrt{3} \times PF \tag{3-3}$$

式中　P——功率，W；

　　　V——线电压，V；

　　　I——平均线电流；

　　PF——功率因数。

1. 鼠笼电机

在工业领域，应用范围最广的电机是鼠笼电机，它可以应用在不同功率需求及同步转速的情况下。通常电压可直接施加在定子或一次绕组上；转子或二次绕组由铝条或铜条组成，在金属条的末端由导电环连接，安装成为鼠笼形状。定子由封闭的绕组形成，没有外部连接，由于没有活动的电气连接，因此使用可靠。

在正常范围内的负载下，鼠笼电机转速基本恒定。电机转速由电源频率、极对数及转差率决定。电机同步转速与电源频率产生电磁场变化速度相同，同步转速与电源频率及电机极对数有关，公式如式（3-4）所示。

$$N_s = \frac{120f}{P} \tag{3-4}$$

式中　N_s——同步转速，r/m；

　　　f——频率（60Hz）；

　　　P——极对数。

同步转速通常为 900r/min、1200r/min、1800r/min、3600r/min。因为电机要输出扭矩，因此电机实际转速通常小于同步转速，两者之间的差别称为转差率，转差率与输出扭矩成比例，通常满载情况下，转差率小于 3%。

根据 NEMA（美国国家电气制造业学会）的分类，基于电机扭矩、转差率以及启动特性，鼠笼电机的设计有四种类型。A 类设计类型要求低扭矩、低转差率以及正常的启动电流；B 类设计与 A 类相似，但要求较低的电流；C 类设计输出扭矩大于 A、B 类设计，但在额定转速下不能满负荷运行；D 类设计启动扭矩大但转差率高。

2. 绕线转子电机

与鼠笼电机不同，绕线转子电机二次绕组为自由端，通过电刷及相关电气连接与滑环导通。通过改变外部电阻可以控制电机转速，没有外部电阻，该电机与鼠笼电机性质基本相似。电机运行过程中，电能消耗在外部电阻上，电机效率基本与转速变化成比例。绕线转子电机通常应用在启动转矩较大且间歇启动的情况下，例如启动机或升降机上。

3. 三相同步电机

同步电机，直流电压及电流施加在转子上，因此与定子产生的磁场变化相同使转子的转动速度保持同步。但是电机只能在同步转速下产生扭矩，此外，不具备鼠笼电机的可选择的启动特性。在工业领域，同步电机通常为大型电机，功率在 75kW 或更大。

与电磁感应电机不同，同步电机的功率因数与负载及尺寸无关，而是由操作人员控制，通过调整直流电，功率因数可以改变为超前、滞后或相同。因此，同步电机可以用来调整感应电机的功率因数。

3.4.2 单相电机

单相电是指三相供电系统中的一相，而在美国很少采用单相电。因为需要通过变压器进行降压后供电，成本较高，所以单相电源通常供应给民用或农场使用。与三相电机不同，单相电机不能实现自启动，通常必须配有辅助绕组。由于存在转换设备以及产生旋转磁场的电容等附加设备，单相电机电流比三相电流复杂。与三相电机相比，单相电机价格高、效率低、可靠性差且使用寿命短。但是，在需要小功率的工作场合，采用三相电机的费用远高于增加绕组及电机控制系统的费用，此外单相电机的特性使其对供电方式要求低，因此单相电机在许多场合可方便使用。单相电机有许多类型，包括屏蔽极式电动机、分相感应电动机、电容式（单相）电动机、推斥启动式感应电动机以及推斥感应电动机。常用的电容式单相电动机包括电容器启动单相电动机、电容器启动/运行单相电动机、电容运转单相电动机。

尽管单相电动机不适合应用于绝大多数场合，但是在一些偏远的小型施工地点，单相电机可能是唯一适合的电机。采用单相电机能耗费用较高且电机寿命较短，但在一些特殊场合，只能选择单相电动机。在这种情况下，设计人员应该采用一些质量较高的电机从而减少维修。在一些小功率需求的场合，适用性是选择单相电动机的主要原因，所选单相电机应具备启动电流小的特点，而且选用单相电机在整个能耗中所占比例小。此外使用单相电动机可以采用换相器或变频驱动，因此尽管效率低，但是仍有其适用范围。

3.4.3 直流电机

直流电机的优点是可精确控制，因此，通常用于自动系统中作为控制器。直流电机也用于一些需要精确控制的设备，例如起重机、升降机及电梯等。此外，直流电机应用于以电池作为电源的移动设备以及轨道设备。在污水处理厂，大型直流电机通常作为活性污泥泵，一般采用滑动变阻器或可变电压控制。直流电的产生及输送相对困难，因此直流电机电源通常由整流器提供。

3.5 电机运行条件

3.5.1 效率

电机效率是指电机输入与输出的比例，效率反应电机电能与机械能转换能力，通常以百分比的形式表示，见式（3-5）、式（3-6）：

$$电机效率 = (P_m/P_e) \times 100\%$$ （3-5）

$$P_0 = P_e - P_L$$ （3-6）

式中　P_m——电机输出功率，W；

　　　P_e——电机输入功率，W；

　　　P_L——功率损失，W。

功率损失是输入功率的一部分，转换为热能或其他形式的无用功。这部分通常由摩擦、风阻、定转子电阻损失、磁芯损失（磁滞及漩涡电流）及杂散电流等。

3.5.2　测试程序

在美国，美国电气和电子工程师协会（IEEE）推出的检测标准 IEEE-112（IEEE，2004）用来检测电机效率，这一内容随后章节将进一步阐述。电机制造商应注意，以美国标准为基准的电机效率与参照其他国际上的标准生产的电机会生产出不同水准的电机。

3.6　电机与负载的匹配

电机选型的首要目标是电机具有足够的动能驱动负载，并且满足预期的负载变化。其次，应考虑电机效率及经济性。

通常对于电机来说，随着电机功率的增加效率也增加。对于一台给定电机在不同负荷下，效率通常不变。但是，大多数电机在满载情况下，效率会稍微高一点；负荷降至满载1/2时，效率也会有所下降。对于功率大于 0.75kW（1HP）的电机载荷降至满载 1/2 时，效率会降低 5%。同样，电机功率因数随着电机容量增加而提高，但是随着负载降低功率因数下降很明显。对于功率大于 0.75kW（1HP）的电机载荷降至满载 1/2 时，功率因数较满载时会降低 25%。

对于给定电机的功率及转速，负载从满载降至 50%，功率因数降低 10%～15%，甚至更多。功率因数较低，电能消耗费用较高，因此在污水处理厂电机功率与负荷的匹配会取得非常好的效果。电机效率与功率因数的变化与电机的负载、辅助设备（电机罩、冷却风扇等）、转速以及制造商等因数有关。

在整个设备系统中，当发现电机功率与负载有明显的不匹配时，更换合适电机可能是最经济的选择，但这一方法并不是适合所有的情况。例如，一台 15kW（20HP）、1200r/m 的高效水泵电机运行在半载的情况下，经测试 7.5kW（10hp）电机即可满足水泵的运行，那么更换为 7.5kW（10hp）电机运行节省的能耗费用较使用原电机可能更为经济。

3.7　电机效率标准

根据先前的定义，电机效率为电机输出功率与输入功率的比例，通常用百分比的形式表示。关于高效电机，目前在美国及国际上已经有了不同的标准。本节将主要阐述美国最初使用的标准。

就不同因数而言，例如高质量材料、精确的机械部分及制造、精确空气隙及工差，高质量轴承，绕组中高含铜量等，不同工作状态下的电机，高效的标准也不同。较高的价格也使电机制造商能够提供良好的承诺保证，因为这些因数的改进，将进一步提高能效转换、绝缘及轴承寿命、低发热、低振动等。

接下来内容引自一些从事电机能效转换研究的机构。近几年，关于电机能效转换这一领域的兴趣及研究成果持续升温，因此，读者可参阅这些机构最新的研究成果，本节也将提到许多不同的标准，但是由于篇幅有限，未能将这些标准全部列举。

3.7.1　1992年能源政策法案

电机消耗的能源占整个能源消耗很大的比例，国会授予美国能源部制定电机最小效率标准的权利，国会于1992年颁布了1992年能源政策法案。该法案致力于减少美国能源的消耗，该法案关于电机的部分于1997年10月24日生效。但是，该法案未直接导致电机设计的大幅改进，同时该法案不针对现已存在的电机。（该法案详见 http：//www.epa.gov/radiation/yucca/enpa92.html ）

3.7.2　能源部——能效及环保新能源计划

美国能源部发展能效及环保新能源计划是国家能源政策及特殊能源目标的一个衔接，该计划提到了能效及能源选择。这一计划是不断升温的研究热点，许多检测及教育机构将目光投向这一领域，目的是减少能源消耗。此外，由政府及企业合作的能源部电机研究项目设计方案力图减少一定时期内电机能耗（例如夏季能源消耗）。

3.7.3　美国环境保护局

美国环境保护局持续地推出计划及支持文件推进使用高效电机，其中几项直接针对净水厂及污水处理厂。美国环境保护署估计每年净水厂及污水处理厂消耗的能源费用为40亿美元，目前力图通过发展高效设备减少这部分支出。

3.7.4　能源公司

一些能源公司已经建立了非营利的机构致力于能效研究。例如，北卡罗来纳罗利市的AE公司（Advanced Energy），就是这样一家非营利机构，该组织由北卡罗来纳政府及多家机构共同组成，大量的电机研究方案由该机构实施并取得效果。

3.7.5　国际电机标准

除美国之外，国际上也存在许多关于电机能效的标准，都是对原有标准进行了重新修订。与本书的标准不同，这些标准也提供了合理的高效电机的设计原则，其中一些关于高效电机设计的方法与NEMA标准的高效电机有所不同（详见7.6.1关于NEMA高效电机计划说明）。因此，电机工程师应详细检查这些不同是否符合要求的设计标准。

3.7.6　美国国家电气制造业学会

美国国家电气制造业学会高效电机计划

能源部起草制定的电机最低效率在一定时期是合理的，但是实际的工业需要更为高效的电机。2001年，NEMA推出了MG-1标准，该标准定义了高效电机。2006年又对该标准进行了更新（NEMA和ANSI，2006）。这一标准较EPAct对电机制定的标准更为专业、严格，NEMA定义高效电机的参数应高于NEMA给定的参数。MG-1-2006标准中查表12-12，表12-13即为NEMA发布的电机能效参数。本手册中，表3-1，表3-2列出了关于高效电机这一标准。

"NEMA 电机效率标准"适用于绕组式电机（600V 及以下）效率表　　表 3-1

（该标准再版由 NEMA 审核）

马力	开式电机					
	2 级		4 极		6 极	
	正常效率	最小效率	正常效率	最小效率	正常效率	最小效率
1	77.0	74.0	85.5	82.5	82.5	80.0
1.5	84.0	81.5	86.5	84.0	86.5	84.0
2	85.5	82.5	86.5	84.0	87.5	85.5
3	85.5	82.5	89.5	87.5	88.5	86.5
5	86.5	84.0	89.5	87.5	89.5	87.5
7.5	88.5	86.5	91.0	89.5	90.2	88.5
10	89.5	87.5	91.7	90.2	91.7	90.2
15	90.2	88.5	93.0	91.7	91.7	90.2
20	91.0	89.5	93.0	91.7	92.4	91.0
25	91.7	90.2	93.6	92.4	93.0	91.7
30	91.7	90.2	94.1	93.0	93.6	92.4
40	92.4	91.0	94.1	93.0	94.1	93.0
50	93.0	91.7	94.5	93.6	94.1	93.0
60	93.6	92.4	95.0	94.1	94.5	93.6
75	93.6	92.4	95.0	94.1	94.5	93.6
100	93.6	92.4	95.4	94.5	95.0	94.1
125	94.1	93.0	95.4	94.5	95.0	94.1
150	94.1	93.0	95.8	95.0	95.4	94.5
200	95.0	94.1	95.8	95.0	95.4	94.5
250	95.0	94.1	95.8	95.0	95.4	94.5
300	95.4	94.5	95.8	95.0	95.4	94.5
350	95.4	94.5	95.8	95.0	95.4	94.5
400	95.8	95.0	95.8	95.0	95.8	95.0
450	95.8	95.0	96.2	95.4	96.2	95.4
500	95.8	95.0	96.2	95.4	96.2	95.4

马力	闭式电机					
	2 级		4 极		6 极	
	正常效率	最小效率	正常效率	最小效率	正常效率	最小效率
1	77.0	74.0	85.5	82.5	82.5	80.0
1.5	84.0	81.5	86.5	84.0	87.5	85.5
2	85.5	82.5	86.5	84.0	88.5	86.5
3	86.5	84.0	89.5	87.5	89.5	87.5
5	88.5	86.5	89.5	87.5	89.5	87.5
7.5	89.5	87.5	91.7	90.2	91.0	89.5
10	90.2	88.5	91.7	90.2	91.0	89.5
15	91.0	89.5	92.4	91.0	91.7	90.2
20	91.0	89.5	93.0	91.7	91.7	90.2
25	91.7	90.2	93.6	92.4	93.0	91.7
30	91.7	90.2	93.6	92.4	93.0	91.7
40	92.4	91.0	94.1	93.0	94.1	93.0
50	93.0	91.7	94.5	93.6	94.1	93.0
60	93.6	92.4	95.0	94.1	94.5	93.6
75	93.6	92.4	95.4	94.5	94.5	93.6
100	94.1	93.0	95.4	94.5	95.0	94.1
125	95.0	94.1	95.4	94.5	95.0	94.1
150	95.0	94.1	95.8	95.0	95.8	95.0
200	95.4	94.5	96.2	95.4	95.8	95.0
250	95.8	95.0	96.2	95.4	95.8	95.0
300	95.8	95.0	96.2	95.4	95.8	95.0
350	95.8	95.0	96.2	95.4	95.8	95.0
400	95.8	95.0	96.2	95.4	95.8	95.0
450	95.8	95.0	96.2	95.4	95.8	95.0
500	95.8	95.0	96.2	95.4	95.8	95.0

"NEMA 电机效率标准"适用于模绕线圈式电机（5kV 及以下）效率表　　表 3-2
（该标准再版由 NEMA 审核）

开式电机					
2 级		4 极		6 极	
马力	正常效率	最小效率	正常效率	最小效率	正常效率	最小效率
250	94.5	93.6	95.0	94.1	95.0	94.1
300	94.5	93.6	95.0	94.1	95.0	94.1
350	94.5	93.6	95.0	94.1	95.0	94.1
400	94.5	93.6	95.0	94.1	95.0	94.1
450	94.5	93.6	95.0	94.1	95.0	94.1
500	94.5	93.6	95.0	94.1	95.0	94.1

闭式电机					
2 级		4 极		6 极	
马力	正常效率	最小效率	正常效率	最小效率	正常效率	最小效率
250	95.0	94.1	95.0	94.1	95.0	94.1
300	95.0	94.1	95.0	94.1	95.0	94.1
350	95.0	94.1	95.0	94.1	95.0	94.1
400	95.0	94.1	95.0	94.1	95.0	94.1
450	95.0	94.1	95.0	94.1	95.0	94.1
500	95.0	94.1	95.0	94.1	95.0	94.1

就能效而言，根据这一标准，电机运行效率必须等于或高于电机满载效率。满载效率采用马力表示，包括类型、速度等，高效电机必须大于标准规定参数。

1992 年能源政策法案要求电机制造商在美国销售的电机必须满足这一标准。按照 NEMA 设计标准 A 和 B 覆盖了 1200HP（900kW）电机、T 形框架、单级速度、底座、持续功率、多相电机、鼠笼电机等，这一设计标准电机运行在 230V 或 460V 电源，开放或闭合的外壳，运行速度 1200r/min、1800r/min、3600r/min。

3.7.7　美国电气和电子工程师协会

电机能效测试标准

NEMA 制定的 MG-1 认可 IEEE112（IEEE，2004）标准中关于电机效率测试标准作为基准。IEEE112 定义 5 种电机效率测试方式。每种方法基于不同的侧重点，例如，准确性、成本、简洁性等，因此各有其不同优势。NEMA 参考 IEEE112 标准 B，这种测试方法采用测力计测量一定负载下电机输出功率。不同国家采用的不同方式检测结果可能稍有不同。NEMA 认可的 IEEE 设计标准 A 和 B 的适用电机功率为 10～500hp（7～370kW），效率测试以 IEEE112 标准作为基准。

3.7.8　能效协会

能效协会是一个非营利组织，会员包括一些电力企业。这一组织认可 NEMA 制定的 200hp（150kW）以上电机的设计标准的部分条款。

并不是说 NEMA 制定的标准是电机效率的唯一标准，一些企业不是 NEMA 的成员，因此可以不执行这一标准。他们采用其他电机效能标准。通常，联邦机构要求采用 NEMA 指定的标准。

3.7.9 电机专家

电机专家 4.0 是由能源部开发的电机分析及电机系统能效分析软件。该软件包括了美国市场上 12000 种电机数据，以及公制电机的信息数据。该软件由行业专家、工厂能源调度人员、顾问工程师联合开发。该软件可以判断电机是否低效或过负荷，可以计算能量使用情况，以及判断采用何种模式的电机是经济的选择。这款免费软件可在能源部网站下载（http://www.eere.energy.gov/industry/bestpractices/software.html），但是，读者应该注意该软件已有了数次更新，请下载最新版本用于实际的设计参考。

3.7.10 电机管理

电能能耗的管理不仅仅是选择合适的电机，还包括合理的操作及维修，从而维持电机的高效。对于电机故障的预防性维修有利于电机的高效使用。制定一个合理的电机管理程序，其中包括天气状况、电机更换、电机维修等必要的投资。电机管理还包括动态的成本跟踪管理及维修后电机状况监测。能源部及一些机构（如上文提到的 AE 公司）都可提供相关电机管理计划。

3.7.11 电机数据记录

电机数据记录中应包括电机详细的技术说明，通常电机铭牌中应包括如下参数：电机制造商、型号、序列号、输入输出功率比、电压、相数、额定电流、转速、使用等级。电机制造商应该提供电机不同载荷下电机的效率及功率因数，同时提供运行周期的维护要求及更换备件清单和要求。

可参考的较好管理经验如下：

（1）如要求的数据不在电机资料文件中，应要求电机制造商提供。

（2）电机安装前应记录铭牌信息，同时与设计说明进行对比。运行一段时间后，电机铭牌可能因为油漆、刮擦、浸油、浸水、气候等因素，导致无法看清楚。因此，应在安装之前记录电机铭牌信息。

3.7.12 电机故障

理论上讲，鼠笼电机（在设计参数下运行）应该不会出现故障。唯一存在磨损的只有电机罩。此外，选择合适的轴承，其运行时间也是相当长；提供电机必要的维修保养，电机磁通量不会造成磨损；电流也不会造成线路磨损。因此，电机应该不会出现故障。当然这一理论仅适用于鼠笼式电机，对于其他类型的电机，电刷及滑环存在磨损，这些磨损导致电机损坏。

导致电机故障的主要原因是疏忽，例如不清洁散热罩，导致电机过热；错误的润滑（润滑过多或不足），导致轴承损坏，如果因此造成转子碰到电机定子会造成整个电机损坏；不合适得皮带张紧力，会造成轴承及电机损坏；电机过载保护及其他保护设备失效，会导致电机过载；受热及与过多润滑油的化学反应会造成电机绝缘的破坏；对于电机驱动的机械部分维修保养的疏忽，也会导致过载、过热等，最终造成电机故障；不采用适当的防锈，防腐及防污染措施，同样也会导致电机故障；令人吃惊的是，在污水处理厂由于人为疏忽，在清洗过程中，电机常常因为进水出现故障；电机控制回路通常容易疏忽，除非出现故障，例如由于接线松动导致过流、缺相，从而导致电机过热。这些仅仅是部分导致电机故障的例子（参考 WPCF，1984），而不是全部。好的轴承设计寿命通常为 100000h（或持续工作 11.4 年），造成轴承故障的主要原因就是润滑问题。

可参考的较好管理经验如下：

（1）定期由专业技术人员进行润滑保养，确保润滑效果。

（2）所有的电机轴承孔应有排油孔排出多余的油脂，如排油孔堵塞，多余的油脂可能造成轴承高温以及导致故障，多余的油脂也可能进入电机腔体，覆盖电机绕组，导致过热。

（3）接下来的项目应定期检查，确保轴承寿命：内外润滑油脂堆积情况、污染造成的压力、电机温度（特别是轴承末端）、轴承校准、轴承运行情况、噪声及振动。同时检查电机驱动机械部分的振动、噪声、温度及其他不正常的条件；对这一部分也应进行定期的清洁及润滑确保电机寿命。

（4）电机的运行操作直接影响电机的运行成本及工作的可靠性，应检查电机电压、电流及对地绝缘，如何进行这些检测在接下来的内容中详细阐述。电机控制部分也应仔细检查，电机启动时，操作人员应仔细观察启动情况，对于破损的电器元件及电气连接部分应予以更换。应采用温度传感器及摄像探头检测能量耗散，确保连接紧固；每年，控制柜的连接应进行紧固。

1. 电机维修

任何电机故障随之要带来一系列的决定，首先判断故障原因，接着选择合理的维修方式。

在决定更换电机之前，应该需要核对能效设计准则。可能会发现新的电机高于原来的能效设计要求。

2. 选择电机维修手段

所有的电机维修手段并不是相等的，将一台损坏的电机恢复至最初状态不是每个维修公司都能做到的。差的维修很可能导致效率差的电机，会影响整个工厂的能效水平。在决定进行专业维修之前，应考虑如下几条：

（1）判断电机状态是否需要维修。

（2）判断电机操作是否安全正确。

（3）查看维修过程中的记录是否完备。

（4）确定维修是否具备相应的知识。

（5）确定维修点是否采用电机所需的合适的导线及元件。

（6）检查检测设备。

（7）检查维修公司是否具备相应的维修资质及专业维修工具。

（8）判断维修公司是否属于专业维修，且属于电气维修联合会指定公司。

（9）是否出具维修质量保证。

3.7.13　变压器

变压器通过电磁感应的原理将电能从原边传输至副边。在净水厂或污水处理厂变压器用来升压或降压。本节将重点阐述大型变压器在整个能效转换过程中的影响。变压器与电机有许多相似之处，例如都是通过绕组进行电磁转换，图 3-9 为变压器的原理图。

与电机相同，变压器的效率与绕组、导线含铜率、空间分布、材料选择等有关。变压

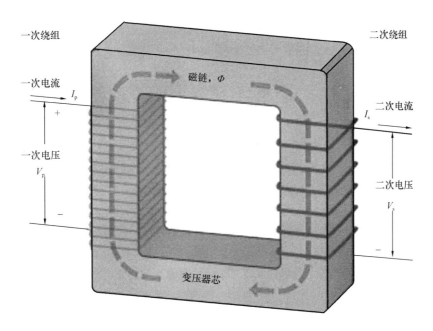

图 3-9　变压器原理图

器是一种具有较长使用历史的设备，通常效率在 95%～96.7% 之间，但仍有提升的空间。节约能源的需求导致必须出台新的变压器标准。变压器的损失由几个方面组成，发生在绕组中的损耗是其中一部分，通常称为"铜损"，涡流导致的损耗，称为"铁损"。变压器的损耗随着负载的变化相应变化，分别称为"满载损耗"和"空载损耗"。绕组的阻值决定有载荷时的损耗，而磁滞和涡流损失占整个损耗的 99%。空载损耗的存在，意味着空载变压器作为一个能源供应设备具有损耗，因此发展低损耗变压器具有很大的潜力。

NEMA 推出的 TP-1 标准针对中压和低压变压器（NEMA，2002）。这一标准指出变压器效率应该在 97.9%～99.0% 之间。初步分析显示，采用 TP-1 标准，原有变压器损耗降低了 20%～40%。采用 NEMA TP-1 标准变压器每年可能减少 0.5%～3.0% 的能耗。与采用 NEMA 高效电机一样，工程师及设备使用方需要从变压器使用寿命周期考虑节约能源。综上所述，采用高效变压器具有巨大的好处。

第 4 章 泵

水泵是污水收集和配水系统中主要能耗单元。大部分水泵系统效率的特征由设计和制作决定，但许多操作运行及维护工作可用来提高水泵的工作效率或恢复系统的初始效率。然而，不可能通过简单的观察就发现一台水泵是否在节能状态下工作。低效率运行的水泵通常仅浪费能源和钱，不会发出难闻的气味、刺耳的声音、产生烟雾以及不会使客户的地下室污水横流。在泵曲线上的计算、区域测量、分析以及研究数据记录用来确定泵是否在高效工作和评价所采用的节能措施。因为确定泵低效率的原因需要极大的努力，提高泵效率常常被忽略。本章集中表述污水与给水泵站使用的几种类型，对于污泥，人们更有可能使用容积泵。

4.1 泵原理

在污水收集系统中泵用来将水提升至水不能利用重力流动的系统中的高点，或长距离输水通过平坦地区。因为同样流量的压力管比重力管小得多，有时即使重力流是可行的，但利用泵和压力管则更为经济。另外，大多数污水处理厂采用泵从下水道提升污水，使污水能够利用重力通过污水处理厂。

在配水系统中，泵用于给系统加压和输水至高压力区。泵从地表或地下输送原水至水处理厂，关于水和污水泵以及泵的节能有大量的报道。（见本章结尾的"推荐读物"部分）

泵的能耗不仅与水泵相关，而且与其安装系统的水力特征相关。一台水泵在流量 $2700m^3/d$（500gpm）、水头 18m（60ft）条件下效率为 70%，除非水泵的吸入端与出水端的水力条件与水泵相匹配，否则其不能在 18m（60ft）水头、效率 70% 下排水 $2700m^3/d$（500gpm）。即使水泵实际排水量更大、水头更高，但与最佳工况的任何的偏离将意味着水泵的低效工作。

为了确定实际的出水量、水头和泵的效率，必须了解两种曲线：泵特性曲线和系统扬程曲线。这些曲线用于确定系统的操作点——流量、扬程及效率。

4.1.1 泵特性曲线

从泵制造商获得的特性曲线反映了新水泵的特性，与安装无关。泵特性曲线绘制了扬程、效率、功率、净正吸入压头和与吸入压头相对应的出水压头等特性，图 4-1（a）给出了典型的扬程—效率曲线。该曲线是单泵在固定转速和固定叶轮大小的条件下得到的。一台固定的泵可与一系列不同尺寸的叶轮配套，制造商提供的泵特性曲线给出了一类不同尺寸叶轮的曲线，正如图 4-2 所示。

对节能最重要的泵特性曲线是扬程特性和效率特性曲线。

泵特性曲线有两个重要的点：最佳效率点（BEP）和最佳工作点。最佳效率点在下面部分介绍。为了理解最佳工作点，必须理解系统扬程曲线，所以在讨论系统扬程曲线后介绍最佳工作点。

4.1.2 最佳效率点

泵的最佳效率点是与泵最大效率相关的点。例如在图 4-1（a）中，最佳工况点的流量为 5500m³/d（1000gpm）、扬程为 30.5m（100ft）。这台泵的额定流量和扬程就在最佳效率点（或最佳效率点附近）。最佳效率点仅仅与泵和电机的特征有关。

4.1.3 系统扬程曲线

在特定环境泵的工作性能由当时特定点的水力条件决定。对于水泵和污水泵，影响泵性能的因素有：

（1）泵叶轮轴线与泵吸入端水位（或压力）的差值。

（2）泵出水在水面或水面下时（或无压力排出，流量从满流变为非满流的高度）泵出水端水位。对给水系统，就是泵出水的高位水池的水位。对于污水处理系统，就是当水从满流重新变为非满流的检查井或水池的水位。

（3）进水管和出水管道的水头损失，与流量、管道直径和粗糙度相关。

（4）出水进入同一管渠的其他水泵（不管它们在同一个泵站或其他的泵站）以及在给水系统用户的位置及用水量的影响。

系统扬程曲线用以描述泵流量与所需扬程的关系。因为水箱中的液位、

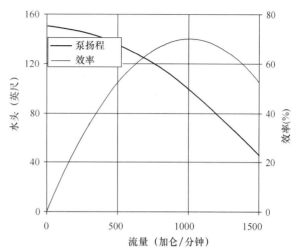

（a）

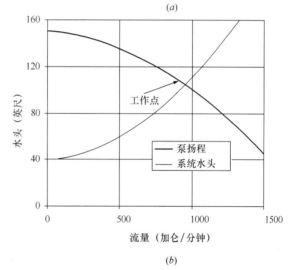

（b）

图 4-1 曲型泵特征曲线

设置的阀门、用户的用水量及其他水泵的运行随时间而改变，实际上没有单一的扬程曲线，通常是一组系统扬程曲线。例如，水箱液位的升高或降低，其他泵的运行与停止（或调速泵转速的改变），阀门开启度的调节或关闭以及管道粗糙度和沉积物随时间的改变等。

当水箱液位保持不变和有相同出水管的其他水泵状态不变时，系统扬程曲线可用单一曲线表示。因为管道摩擦阻力所造成的水头损失随出水量而增加，扬程曲线通常向上倾斜。系统扬程是从吸水池到出水池的抬升高度和需要克服的摩擦损失水头之和，如下式：

$$h = h_l + h_f \qquad (4-1)$$

式中　h——系统扬程，m（ft）；

　　　h_l——吸入和出水点的抬升高度，m（ft）；

　　　h_f——吸入和出水点之间的摩擦损失，m（ft）。

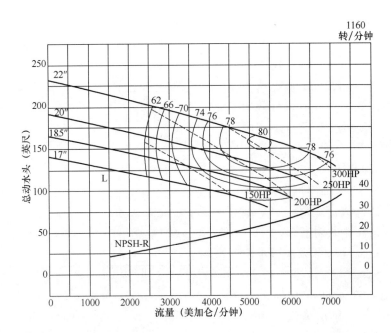

图 4-2 不同叶轮直径对应的泵特性曲线 （ft×0.3048＝m；gpm×［6.308×10^{-5}］）＝m^3/s

抬升高度可以通过现场测量或在工程图纸上确定。对于简单的管路，摩擦阻力损失可通过海曾—威廉姆斯公式、达西-韦史巴赫公式、曼宁公式等确定。对于复杂的管路，特别是几个泵站在同一排水管线的情况，各种不同环境的摩擦损失需要通过计算机水力模型来预测。在现场，系统扬程曲线的点可通过连接在泵进出口的压力表或传感器确定，也可通过进出口的差压计确定。更多关于系统扬程曲线的信息科参考 Ormsbee and Walski (1989)。

图 4-3 给出了典型的系统扬程曲线。在给水配水系统和污水压力管泵提升系统中，式 （4-1） 中的抬升高度损失占主要地位，而相对平坦地区长距离压力管系统中，式 （4-1） 中的摩擦水头损失则占主要地位。水头损失计算公式具有非线性的特征，对于小流量系统，系统水头曲线相对平坦。随着流量增大到管道的最大流量，曲线斜率逐渐增加。

区分不同极端状态的系统水头曲线对节能方案的确定是有帮助的。一种极端的情况是平缓的水头曲线 （图 4-3 的曲线 A），这种情况典型的是大口径短管系统，例如污水处理厂的进水泵站或处理规模相当大的系统。另一种极端的情况是斜率较大的系统水头曲线 （图 4-3 的曲线 B），这种情况的特征是长的压力管道、高流速、高摩擦损失、抬升高度低或为零，典型的是平坦地区的加压泵站。大多数系统扬程曲线介于这两种极端情况之间。对于两种极端情况，节能措施存在极大的不同：

（1）对于曲线 A，提高泵前液位可节能 （对曲线 B，几乎没有效果）；

（2）对于曲线 B，刮擦清洗排水管道是有效的 （清洗对曲线 A 可能无效）。

多台泵排入同一个压力管线时，系统扬程曲线变化很大。系统扬程曲线与是否有多台泵在同一个压力管道内运行相关，如果采用调速泵，与泵低速或高速运转有关 （图 4-4）。在雨季或其他的峰值时期，大多数泵同时开启，单台泵需要的出水扬程要高于低流量非峰值时期的扬程。泵的效率和能耗取决于系统扬程曲线。而系统扬程曲线是由某时刻的水泵工作台数、相应的扬程和泵的特性决定的。

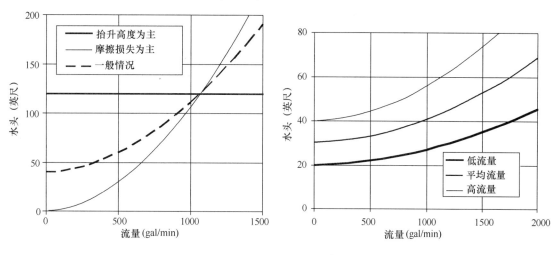

图 4-3　系统水头损失曲线举例　　　　　图 4-4　系统扬程曲线的可能变化

4.1.4　工作点

工作点与泵实际的流量和扬程相关。它是唯一既满足泵特性又满足系统特性的点。在图形上，工作点是泵特性曲线与系统扬程曲线的交点。工作点与泵和泵所在系统的水力特征有关。工作点如图 4-1（b）所示。

4.1.5　最佳效率点与工作点的关系

最理想的情况，工作点与最佳效率点 BEP 接近。由于系统扬程曲线不断变化，这种情况不可能一直出现。但通过合理的选泵和操作，工作点可合理地接近 BEP。

当 BEP 与实际工作点相差较远时，有必要调查其原因。造成泵不在其特性曲线上运行的原因很多，管道中有空气、清理不当、轴承磨损，甚至不正确的叶轮尺寸和转速都是可能的原因。然而，一般泵都在或接近特性曲线工作。

如果一台泵在特性曲线上运行，但在 BEP 左边（低流量侧），泵的流量低于最佳状态。泵运行阻力高于其能承受的阻力。造成这种情况的原因很多，例如：排水管线尺寸小、某种堵塞（例如阀门的部分关闭）、在进出水管线内结壳、出水水箱液位比预期高（或进水水箱液位低），或由于其他运行的泵出水排入同一管渠导致管线水头损失比预期的高。

如果泵在 BEP 右边（高流量侧）的特性曲线上运行，因为泵运行的水头损失低于预期值，所以泵的出水流量比预期值高。造成这种情况的原因主要有：出水管线尺寸过大、进水和出水管线比预期清洗的干净、出水水箱液位低（进水水箱液位高）或由于其他泵的运行导致出水管线的水头损失低于预期值。

泵工作点偏离 BEP 的幅度反映了泵与其所在系统水力条件不匹配的程度。究其原因可能有：选泵不正确、泵安装后操作条件的改变或仅仅是由于设计时泵的运行条件过于宽泛。

4.2　能量原理

能量是指可做功产生的能力。泵将某种形势的能量（机械能，电能）转换为水的动能与势能，所需的能量是单位时间做功的水质量乘以动水头（距离）。常用来定义水能的公式如式（4-2）所示。

$$p_w = KQh \tag{4-2}$$

式中　p_w——水能，kW（hp）；

Q——流量，m^3/s（cfs，gpm，mgd）；

h——泵扬程，m（ft）；

K——单位换算系数，取 9.8，单位为 kW、m^3/s、m，取 1.1×10^{-4}，单位为 kW、m^3/d、m，取 0.113，单位为 hp、cfs、ft，取 2.53×10^{-4}，单位为 hp、gpm、ft，取 0.175，单位为 hp、mgd、ft。

4.2.1　泵效率

对于水泵，高效节能的关键是消耗最少的电能或其他能源产生水能。水泵产生的能量与输入的电能的比率被称为水泵的总效率，也称为电力到水的效率。总效率必须考虑水泵、驱动或传动、能量来源（电动机或发动机）等的效率。

泵的机械效率是泵产生的水能与输入泵轴的机械能的比值。直接驱动的电机效率公式如式（4-3）所示：

$$e_p = \frac{KQh}{p_m} = \frac{水的能量}{电机能量} \tag{4-3}$$

式中　e_p——泵的效率；

Q——流量；

h——泵扬程；

p_m——电机的输出能量，kW（hp）

需要注意的是，电机的评价是使用输出能源而不是输入能源。因此，75 kW 的电机应该能输送 75kW 的能量至传动装置或输送到直接驱动的水泵。

电机或其他传动机械的效率不是 100% 的，电机的效率可通过式（4-4）计算：

$$e_m = \frac{p_m}{p_e} = \frac{电机功率}{输入功率} \tag{4-4}$$

式中　e_m——电机效率；

p_e——电能（电机输入能量），kW（hp）。

其他有关驱动（如变频驱动［VFDs］）的效率必须考虑，计算公式如式（4-5）所示：

$$e_d = \frac{p_p}{p_m} \tag{4-5}$$

式中　e_d——传动效率；

p_p——泵输入能量（或传动装置输出能量），kW（hp）。

泵和电机的综合效率指先前所述的由输入电能转变为水能的效率或总效率，是泵效率、传动效率和电机效率的乘积，如式（4-6）所示：

$$e_{ww} = e_m \times e_d \times e_p \qquad (4\text{-}6)$$

式中 e_{ww}——由输入电能转变为水能的效率（总效率）

效率实际上是介于 0 与 1 之间的一个数值，一般采用百分比表示（也就是采用 80％ 而不是 0.80）。在本章后面出现的公式中，效率采用小数的形式。

当制造商测试泵时，一般控制泵的机械功率，测试获得的流量与效率曲线为泵的效率曲线。由于现场测量泵输入的电机功率比较困难，所以现场测试一般测量泵的总效率。

例如，一台泵利用 4.0MJ（1.1kWh）的电能在 10min 内将 2200m³/d（400gpm）的水提升 17m（55ft）的扬程。为了确定泵和电机的总效率，水能（water power）的计算过程如下：

$$Q(\text{cfs}) = \frac{400\text{gmp}}{448\text{gpm/cfs}} = 0.89\text{cfs} = 0.025\text{m}^3/\text{s}$$

$$\text{hp(water)} = [(62.4\text{lb/cuft})(0.891\text{cfs})(55\text{ft})]/(550\text{ft}-\text{lb/sec}-\text{hp}) = 5.56\text{hp} = 4.1\text{ kW}$$

电能（马力）计算过程如下：

$$\text{hp(electric)} = (1.1\text{kWh} \times 60\text{min/hr})/(0.746\text{ kW/hp})/(10\text{min}) = 8.85\text{hp} = 6.59\text{ kW}$$

$$e_{ww} = 5.56/8.85 = 0.63, \text{或} 63\%$$

4.2.2 能耗

一定时期的能耗是水能（water power）乘以时间除以总效率：

$$E = \text{hp(water)} \times 0.746\text{ kW/hp} \times t/e_{ww} \qquad (4\text{-}7)$$

式中 E——能耗，kWh；

t——使用时间，h。

实际或预期能耗乘以能源价格即为能耗的费用，如式（4-8）所示：

$$C = \frac{E \times P}{100} \qquad (4\text{-}8)$$

式中 C——在时间 t 内消耗能源的费用；

P——能源的价格，美分/kWh。

将式（4-7）中的 E 代入，可得

$$c = \frac{[p(\text{水})\text{kW} \times t/e_{ww}] \times P}{100} \qquad (4\text{-}9)$$

将式（4-2）的马力（水）代入，

$$C = KQHPt/e_{ww} \qquad (4\text{-}10)$$

如果 K 与能耗单位马力对应，式（4-10）需要乘以 0.745。如果能源的价格随时间变化（例如当日的能源价格），能源的费用需要分别计算每段时期的费用，然后相加。

用泵运行一年的小时数代入 t 即可得每年泵的能耗。一年或任意的时间段中，泵站所有泵的能耗和能源费用相加可得能耗的总费用。

某给水处理厂的原水泵平均提升水量 1.1m³/s（37cfs）（24mgd），扬程 12m（40ft），泵的总效率是 60％，全年工作 8760h，能源价格为 8 美分/kWh，预期的全年能耗费用为：

年费用＝9.8(1.1m³/s)(12m)(8cents/kWh)(8760h)/(0.60×100)＝151000 美元/年

4.2.3　多工作点

大多数情况下使用平均流量、扬程、效率计算能耗费用的方法不够精确，应该计算每个工作点的能耗然后相加。如果有在时间周期内（T）一台泵或泵站的一组泵的工作点数据，则能耗费用计算如式（4-11）、式（4-12）所示。

$$C = 0.01P \sum_{i=1}^{n} p_i t_i / e_{\text{wwi}} \qquad (4\text{-}11)$$

$$\sum_{i=1}^{n} t_i = T \qquad (4\text{-}12)$$

式中　i——工作点的次序；

$\quad\quad n$——工作点的总数；

$\quad\quad p_i$——第 i 个工作点的功率，kW；

$\quad\quad t_i$——第 i 个工作点持续的时间；

$\quad\quad e_{\text{wwi}}$——第 i 个工作点的效率。

例如，泵站在任何时间可运行 0 台、1 台、2 台、3 台独立的泵。表 4-1 的第一列给出了泵站在一年的运行过程。能源费用按 9.2 美分/kWh 的能源价格计算。

按四舍五入近似估计，泵站平均提升流量为 $0.69\text{m}^3/\text{s}$（1100gpm），平均扬程为 14m（46ft）及效率为 61%，使用式（4-2）和式（4-11）计算：

年费用 = 2.53×10^{-4}（1100）（46）（9.2）（8760）（0.745）/61 = 12586～12600 美元

泵站能耗费用示例　　　　　　　　　　　　　　　　　表 4-1

泵的运行数量	Q_i（gpm）	h_i（ft）	t_i（h）	e_i（%）	p_i（kW）	费用（美元）
0	0	0	240	/		
1	900	45	6260	62	12	7091
2	1700	48	2120	61	25	4918
3	2500	55	140	57	45	586
合计						12594

注：$1\text{gpm} = 5.54\text{m}^3/\text{d}$，$1\text{ft} = 0.305\text{m}$。

4.2.4　泵系统效率的测量

虽然对泵站效率进行现场检查能发现哪台泵的效率低，确定哪个地方可以节能，但在实际应用中却很少这么做。这是因为水泵电机的功率测量比较困难，所以通常测量泵的总效率（电力到水的效率）。效率是能量输出与输入的比值，可以通过测量流量、扬程及输入能量来计算。使用一个流量计和二个压力表即可完成。输入电能的计算如式（4-13）所示：

$$e_{\text{ww}} = \frac{KQh}{p_e} \qquad (4\text{-}13)$$

式中　Q——流量；

$\quad\quad h$——扬程；

$\quad\quad p_e$——输入的能量。

输入的能量可以通过电表直接测量，知道电压和相位角将电表读数转换为电能，也可以通过计算获得，累计测量起点电能表的电能除以时间。有些设备带有显示输入、输出能量的电子显示屏。

例如，泵站处理水量为 4370m³/d，进口和出口压力分别是 69kPa（10psi）和 427kPa（62psi）（h=120ft=36.5m，消耗电能为 27kW。泵的总效率为

$$e_{ww} = \frac{KQh}{p_e} = \frac{1.1 \times 10^{-4} \times 4370m^3/d \, 36.5m}{27kW} = 0.65 = 65\%$$

4.2.5　需量电费

能耗费用不仅仅是对泵站征收的费用。通常，对某些时段的峰值用电也收取额外费用。这些费用通常称为需量电费（demand charge）或容量电费（capacity charge），其反映了供电公司为了满足泵的峰值用电量而提高其供电能力的费用。不同的公司收费不同。有的公司根据前一个月最大的 15min 耗电量，有的根据前 1 年最大的 1min 耗电量。有些情况，根据电厂峰值供电量时泵站的耗电量而定。

因为上述原因，操作员应避免泵在电费较高的时段运行，甚至可以停泵一段时间。然而，操作员无法完全控制泵的峰值流量。对于污水处理设施，通常在雨季水量大的一天确定需量电费，对于自来水厂，通常在热而干燥或出现大火的一天设定需量电费。让操作人员了解需量电耗的影响是非常重要的，只有这样，他们才不会由于无意操作使将峰值耗电量高于实际所需的值。在第 2 章"公共设施台账记录和激励措施"中，将更详细地介绍能源价格。

4.3　节能降耗

查看本章前面公式（4-1）的能源公式，了解影响能耗和费用的因素，对降低能耗费用是有益的。总能耗的公式如下：

$$能耗 = K \frac{Qhp}{e_p e_d e_{me}} \tag{4-14}$$

式中 K 是与系统有关的常数（查看公式（4-2）关于其他参数的定义）。控制任一参数（流量、扬程、价格和三种效率）可增加或降低能耗费用。下面部分将介绍和讨论提高这些参数的措施。

一般来说，在实施能源使用/费用节约措施前，最好利用长期的水力模拟模型和能耗费用计算方法模拟节能结果。模拟能够鉴别对节能措施影响不利的因素，而且能够估计预期节约的费用。

当对系统不同的设计和操作方案对比时，不应简单对比短时期内效率或费用，相反对比长时间（例如，至少 1d）范围内的能耗费用是非常重要的。除了对比总费用外，通常根据单位提升水量的能耗费用（美元/百万加仑提升水量），对于用水和污水产生量随季节变化较大的情况，通常需要对比不同季节内的能耗费用。

4.4　出　水

减小泵的出水量是降低能耗费用的最直接方式。通过降低流量所节约的能耗与降低的流量成正比，有时甚至更大。最小化流量而实现节能的途径有很多，例如，在污水处理系统中，减小循环水量、减小渗入或流入收集系统水量，在给水系统，减小泄漏的水量。

泵站使用固定转速泵排水至检查井或高位水箱，最常用的减小流量的方法是减小泵实

际工作的时间，而不是减小泵的瞬时流量，但泵一直在工作。这也意味着管线上的单台泵的节能应与其流量减小量成正比。

对于使用变速泵的泵站，泵站流量的减小表现为流量与水头的下降，但很少能减少泵运行的时间。根据泵的效率曲线，流量的降低虽然可能会降低泵的效率，但减少流量是主要的节能措施。

在给水系统中，系统的探测泄漏和补漏能够降低泵提升的水量。节约的能源与减少的泄漏量大致成正比。根据具体的情况，泄漏探测可能是节能措施的主要部分。

另一个节能措施是水泵提升的水不进入高压力区域，相反，应该通过减压阀进入低压力区域。尽管有些系统通常不按照这种方式运行，但随着时间的推移，情况会发生改变，特别是在丘陵地区。系统合理布局，水泵不需要排水至高压力区域，仅在需要时水流回至低压力区，节能效果直接与水从顶部流向较低区域的水量相关。

4.5　扬程

如果水泵与电机的效率变化不大的话，降低水泵扬程与降低的能耗成正比。扬程是为了提升水和克服摩擦阻力损失，所以降低提升高度或减小摩擦损失可以减小扬程。

4.5.1　水泵扬程的测量

水泵扬程最佳的测量方法是利用压差计。将压差计一端放入水泵吸入端，另一端迅速放入出水端。为了达到最高的精度，压差计的量程应比泵的静扬程稍大一些。应该从表的读数中加上或减去泵前后速度头的变化。在大多数情况下，泵前后速度头的变化与压头的变化相比，可以忽略。

如果没有压差计，可以在泵的吸入端和出水端分别安装压力表。在特定情况下，吸入端压力表需要使用复合式真空压力表。如果出水端压力表高于/低于进水端压力表，应该从泵的扬程中加上/减去二者的高度差。对于潜水泵，不需要测量吸入端压力（即大气压），泵的扬程即出水端的压力，即扬程加上压力表安装位置与吸入端液面高度差。

距离泵较近位置的管道上安装压力表比较困难，通常测量进口与出口压力的压力表安装在较远的位置。在这种情况下，必须估算测定扬程与泵实际扬程中管道、设备等的水头损失，如果动扬程变化，从吸入端测定扬程中减去动扬程（出水端测量扬程加上动扬程）。与泵的扬程相比，泵站的损失通常很小。

4.5.2　系统扬程

对于排入压力干管的单个泵站，很难减小出水扬程。但使用变速泵控制流量，在多联泵工作的场合最大限度地减少运行水泵的数量能够降低摩擦损失带来的扬程损失，这对于长的管线尤为重要。

对于多个泵排入同一压力管道，确保泵的均匀匹配是非常重要的。否则，1 台或 2 台高扬程的泵会提高压力管道的压力，会阻碍甚至会因过高的压力"关闭"低扬程的泵（全闭压头是泵的特性曲线与纵轴相交的点，此处出水量为零）。所有的出水井高程有所不同，因此确保排水水力梯度管线的比较必须基于相同的基准点（海平面），是非常重要的，不能简单地根据扬程或压力做比较。这是恒速泵会遇到的，但变速泵也会遇到同样的问题。

分析多台泵的压力干管，最好运行带有压力干管系统的计算机水力模型，考察在高、低及平均情况下泵的操作点。例如，变速泵在低流量时转速和效率非常低，模拟的结果显示，最好关闭水泵，直到出水井液位升高。在其他泵高流量的情况下，有些泵可能根本不出水。

例如，假设 4 个泵站同时向一条压力干管供水，计算它们各自的出水扬程和是否工作状态良好。表 4-2 的前四列给出了泵站的数据，最后两列为平均进水井液位之和及合适的泵扬程。在每个泵站内，所有的泵都是相同的。

在这个例子中，泵站 3 与其他泵站匹配得较差。该泵站有独占压力干管容量的趋势，如果压力干管容量偏小，可能会造成其他泵站在低效范围运转。如果压力干管容量足够大及该泵站为变速驱动，例子中的组合方式是可以接受的。但最好避免出现这种方式。

在给水配水系统中，泵的扬程取决于进水水池与出水水池的液位差或进水管线与出水管线的压力差。水池必须保持合适的液位，用于均衡压力，应付紧急情况及消防需求，但水池波动不应使液位过低，液位过低（水量过少）的一个附带的好处是，水泵在某段时间内出水的扬程较低。

泵站能耗费用示例　　　　　　　　　　　　　　　　表 4-2

泵站	平均进水高程 m[b]	泵最佳效率[a]点扬程 （m）	全闭压头 （m）	最佳效率点压力干管扬程 （m）	停泵压力干管扬程 （m）
1	159	14	18	172	177
2	154	17	23	171	177
3	152	24	34	177	186
4	149	20	26	169	17

[a] 最佳效率点。

[b] ft×0.3048＝m。

在没有设置出水储水池和变速泵的封闭配水系统中，降低变速泵的（压力）设定点可降低泵的扬程。在降低设定点前，建议使用水力模型模拟系统中的压力如何响应，以确保每一个点都能接受到足够的压力。

有时在夜间降低压力设定点，这样做有利于减小这段时间的泄漏。如果进水井液位升高，污水泵工作的扬程会降低，改善的效果一般很微小，必须通过长时间运行评价。假如根据短时间电能输出就做出判断，就必然会降低系统的安全系数。

4.5.3 摩擦

由于液体的流动，摩擦损失时不可避免的，但摩擦损失太大会增加能耗。摩擦损失会增加的情况包括：

（1）压力干管的容量不够；

（2）压力干管粗糙度太大；

（3）垃圾碎片或部分关闭的阀门导致压力干管的堵塞。

4.5.4 水头损失的确定

沿程损失可通过海曾-威廉公式、曼宁公式、达西-魏斯巴赫公式确定；阀门、弯头、设备的损失为局部损失，可通过水利手册或制造商提供的文献计算。能耗的摩擦损失是上面所诉的两种损失之和。对于长的管线，局部损失与沿程损失相比通常忽略不计，但在污水处理厂，较短管线的局部损失可能非常重要。

海曾-威廉公式描述如下：

$$h = (K'L/D^{4.87})(Q/C)^{1.85} \tag{4-15}$$

式中　h——水头损失，m（ft）；

　　　L——管道的长度 m（ft）；

　　　D——直径 m（ft，in.）；

　　　Q——流量，L/min（gpm）；

　　　C——海曾-威廉公式系数；

　　　K'——D，L 单位为 m，Q 的单位为 m^3/s 时，为 10.7；D，L 单位为 ft，Q 的单位
　　　　　　为 cfs 时，为 7.41；D，L 单位为 ft，Q 单位为 gpm 时，为 10.4。

海曾-威廉公式系数指示管道的输送能力（光滑度），在 30～140 之间变化。对于新的、光滑的管道，取 140；对结垢、的老旧管道，取 30。设计中通常选 100，这样可能会使泵的扬程高于实际需要的扬程，使泵在低效率下运行。

阀门和配件的损失很小，可以转换为直管的长度。用转换的长度加上实际的直管长度估算综合水头损失。例如，0.15m（6in）的直管上安装相同直径为的管件，管件的损失相当于一段长度为 0.9m（3ft）的直管的损失，使用直管水头损失公式计算管件的损失时，需要将管长加上 0.9m（3ft）。常用阀门和管件的管长当量转换值可以从许多书籍、手册和其他参考资料（如美国土木工程师学会 ［1992］；Jones 等 ［2008］；Walshi ［1984］；和 Walski 等 ［2003］）。

检查正常运行时管道的流速可以快速确定管道流量是否充足。为了保证冲刷作用，废水处理管道流速应大于 0.6m/s（2ft/sec）；为了避免过大的水头损失，流速应低于 1.5m/s（5ft/sec）。峰值流量时，流速应低于 3m/s（10ft/sec）。如果流速超过了上面的数值，压力干管可能太小。开始以偏低的流量来设计管道容量，后续更多的用户并入管道，因此必须增加管道容量。

其他的问题是单独的泵相对压力干管太大，下面的例子讲述该问题。管道长 600m（2000ft），直径 150mm（6in），海曾-威廉系数为 100，平均流量为 550m^3/d（100gpm），预期的峰值流量为 2200m^3/d（400gpm）（小的损失忽略不计）。首先，确定系统的扬程曲线，假定平均提升高度为 6m（20ft）。然后，确定 2 台不同的恒速泵（A 和 B）的平均工作点，如图 4-5 所示。接下来，确定每台泵在一年里工作的时间百分比或工作的小时。最后，如果每台泵全效率为 60%，能源价格为 8 美分/kWh，确定每台泵的能耗费用。

将 $D=150$mm（6in），$L=610$m（2000ft），$C=100$ 代入海曾-威廉公式可得到系统的水头损失，再加上 6m 的提升高度即为系统的水头损失，如下式所示：

$$h = [10.4(2000)/6^{4.87}](Q/100)^{1.85} + 20 = 0.000675Q^{1.85} + 20$$

图 4-5 给出了根据上式计算的系统扬程曲线。

从图 4-5 可以看出，对于泵 A，操作点为流量 1100m^3/d（200gpm）、扬程 12m（38ft）的点。对于泵 B，操作点为流量 2200m^3/d（400gpm）、扬程 20m（64ft）的点。因为泵 A 平均流量为 500m^3/d（100gpm），而泵 B 有 25% 的时间或每年 2190h 在运行。

每台泵每年的能耗费用计算如下：

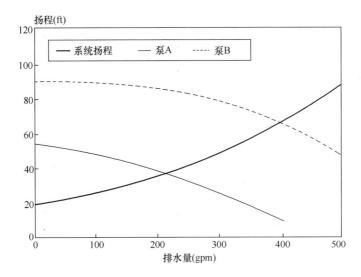

图 4-5 泵的比较(ft×0.3048＝m；gpm×[6.308×10⁻⁵]＝m³/s)

$$Cost(A)=[(2.53\times10^{-4})(200gpm)(38ft)(0.745)(4380h/a)(\$0.08/kWh)]/0.6$$
$$=\$837/a$$

$$Cost(B)=[(2.53\times10^{-4})(400gpm)(64ft)(0.745)(2190hr/a)(\$0.08/kWh)]/0.6$$
$$=\$1409/a$$

前面举的例子说明，即使每个泵的效率、能源的价格、每年总排水量相同，水泵较低的摩擦损失会节省大量的能源。导致这种情况的原因是当泵 B 运行时，管道的流速是泵 A 运行的 2 倍。泵 A 的流量较小，但运行时的流速[0.7m/s(2.3ft/s)]足够。如果考虑不经常发生的峰值流量，希望设施具有较大的抗峰处理能力，最好另外增加平行泵，例如使用泵 A 而不是泵 B。

4.5.5 低流量

泵的规格满足远期流量的增长，但在运行初期，流量远远低于设计规模，因此泵站在大多数时间不是满负荷运行，在这种情况也可实行节能。用户可以磨削叶轮，或替换为小尺寸的叶轮，原来的叶轮供流量增加时使用，通过这些措施可降低费用。如果不是流量太小以至于导致损失的效率太低或主管道的流速不能达到冲刷流速，小规格叶轮费用可在几年内回收。另外，在非高峰时期使用稳压泵也可实现节能。

4.5.6 管道限制规定

除了输送要求流体的压力干管规格太小外，过大的水头损失也可导致流量某种形式的降低。因此，最好记录泵站出水压力。如果压力突然增加，阀门可能被人部分关闭或大的物体可能进入了排水管道。进水水头突然下降的原因可能是阀门的部分关闭或异物卡入了泵的吸入侧管道。

如果出水水头随时间逐渐增加或进水水头随时间逐渐下降，那么，管道的沉积、剥落、腐蚀或空气堵塞等最可能造成出水水头的增加和（或）出水流量的降低。空气堵塞的问题的解决措施有检查空气释放阀或沿压力干管在高点安装阀门。解决沉积或结垢的最佳措施是除锈、清理管线。

清洗压力干管可提升管道输送能力，系统水头曲线向右偏移，提高了排水量，降低了扬程，总体来说实现了节能。但这种情况也有例外，例如，如果泵按过水能力低的管道设计，而实际排水量要高很多，下面的例子阐述了这个问题。

泵排入的压力管线长 3.2km（2mile），海曾-威廉系数为 80，直径 200mm（8in）。通过除锈清理管线后，海曾-威廉系数增加到 110。提升水头相对于克服摩擦损失水头可以忽略。图 4-6 给出了泵扬程和电力到水效率曲线。绘制系统扬程曲线，确定清洗前和清洗后管线的操作点，如果泵平均流量为 820m³/d（150gpm），确定每年每台泵运行的小时数；如果能源的价格是 7 美分/kWh，确定每个操作点每年的能源成本。

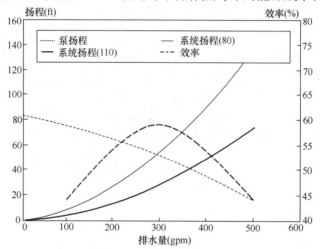

图 4-6　C-因子变化　（ft×0.3048＝m；gpm×［6.308×10⁻⁵］＝m³/s）

使用海曾-威廉公式确定系统曲线如下：

$$h = [(10.4)(10560/8^{4.87})](Q/C)^{1.85}$$

当 $C＝80$，公式简化为：

$$h = 0.00132(Q/C)^{1.85}$$

当 $C＝100$，公式简化为：

$$h = 0.000734(Q/C)^{1.85}$$

系统扬程曲线在图 4-6 中绘制，从图中可以看出，当 $C＝80$，操作点位置流量为 1635m³/d（300gpm），扬程为 15m（50ft），全效率为 60%；当 $C＝80$，操作点位置流量为 1962m³/d（360gpm），扬程为 12m（40ft），效率为 55%。

因为一年中平均流量为 817m³/d（150gpm），每台泵每天至少工作的时间如下：

$$对于 C＝80 \qquad t＝(150/300)(8760)＝4380h$$
$$对于 C＝110 \qquad t＝(150/360)(8760)＝3650h$$

每年的能耗费用计算如下：

每年的费用＝(2.53×10⁻⁴)(300)(50)(0.745)(4380)(7/100)/0.6 美元/年＝1445 美元/年
每年的费用＝(2.53×10⁻⁴)(300)(50)(0.745)(4380)(7/100)/0.6 美元/年＝1261 美元/年

从上面的例子可以看出，通过清洁管道节省能源费用为 184 美元/年。由于泵设计的扬程较大，造成泵效率的下降，节约能源的效果不是很大。相反，效率为 55%、$C＝80$，年能耗费用为 1580 美元/年，而在泵的最大效率 60%、$C＝110$ 时，年能耗费用为 1159 美元/年。通过清洁管道，每年节能费用为 421 美元/年，节能相当可观。因此，当估算通过清洗管道的节能效益时，应该检查实际运行的工作点。

4.6 能源的价格

节能对大多数设备的最终目的是节省资金。当能源的价格随时间是固定的时，节省的钱与节省的能源成正比。然而，供电公司了解能源的价值不是固定的，在用电的峰值时间，电能价格更高。与自来水不同，不可能储存能源供峰值时间使用。因此，许多供电公司的价格表反映了不同能源价值与时间（季节或天）的关系。能源价格在这本手册其他地方详细的描述。总体来说，在能源使用高峰时间，能源的价格较高，在非高峰时间运行的水泵通常价格存在折扣。

在污水处理方面，进入泵站的污水必须进行提升，因此，利用随时间变化而不同的能源价格节能的潜力很小。在给水配水泵站，可利用每天能源价格节能，在分高峰用电时间充满高位水池，以便在峰值价格时间，最大程度降低水泵的能耗。

利用能源价格的程度取决于储水池的有效容积、在峰值价格时间水池允许的最低液位。节约的能量可通过长期水力分析结合能耗计算确定。给水系统包含很多压力区域，输水至高压力区的能耗较高，所以，充满最高压力区域水池是很重要的。而且使用非峰值价格能源给该区水池供水节能潜力更大。由于能源价格在不断上涨，在能耗分析中，应该反映将来减去通货膨胀后的能源趋势。因此，降低能耗使用在资本投资中将更具吸引力。

4.7 泵的效率

从泵的曲线可以看出，曲线上存在最佳流量点，每台离心泵应该在该点运行。尽管不能保证泵在该点运行，但该点称为最佳效率点。一台水泵运行的点是水泵扬程曲线与系统扬程曲线的交点。水泵内效率损失的原因是湍流、摩擦以及泵内的循环。一台水泵的效率不是固定的，随泵的流量变化，如图 4-7 所示。

图 4-7 (a) 给出的两台泵的扬程曲线本质上相同，其供水的系统扬程曲线也相同。因此，它们的操作点相同。然而，每台泵的效率曲线不同。当单台泵运行时，操作点的流量为 2180m³/d（400gpm），扬程为 15.2m（50ft）。泵 1 运行的效率为 70%，而泵 2 则

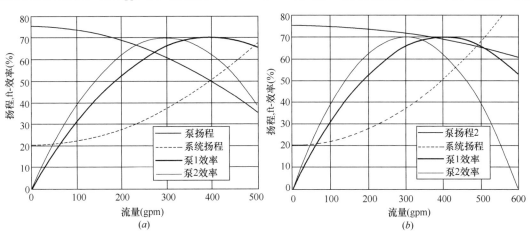

图 4-7 水泵扬程效率和特征曲线及系统扬程曲线

为 62%。

表图 4-7（b）给出的 2 台泵同时运行的情况，泵站的全效率点处流量为 2670m³/d（490gpm），扬程为 18.9m（62ft）（1335m³/d（245gpm）每台泵）。在这种情况下，两台泵中泵 A 运行的效率为 60%，而泵 B 为 68%。因此，不仅了解单台泵运行时的操作点重要，而且多台泵运行（如果多台泵频繁启停）时的操作点和泵的效率同样重要。

4.8　传动效率

变速驱动也会导致泵的效率低下，较老的变速驱动如涡流耦合器、液力耦合器、优先电压控制、滑环调速驱动，即使仅能在小范围内降低转速，但效率低下。现代的 VFDs 即使显著地降低速度，效率却更高。然而，即使最好的 VFDs 仍导致某种程度的低效率。可以通过运行的 VFD 散发的热来理解能耗的损失。

VFD 的效率受许多因素影响，如电机的规格、负荷、相对下调幅度（实际转速与全速的比率）。很难发现损失的效率与下调幅度的关系。设备制造商一般仅给出在全转速的效率，对评价在不同速度下 VFD 的运行并不重要。一般调低转速，传动效率下降。这些数据应该从厂家获得，便于公平地评价变速泵。

与变速泵相关的其他因素如下：

（1）变速泵可能导致流速低，固体物质可能会在管道内沉积。

（2）变速驱动在泵系统中增加了额外的组件，需要维护，可能出现故障；因此，如果 VFD 出现故障，确保绕过 VFD 的能力。

（3）泵在额定流量以上运行可能会增加齿轮磨损。

（4）由于变速泵可以在降低转速后启动或者停泵，使水泵的瞬时电流冲击减小，但突然停电时就无此优势了，所以停电是变频调速水泵最坏的情况了。

（5）一般来说最好关泵而不是在低速下运行。

计算显示出的变速泵的优越性是通过比较变速泵和节流控制阀（效率低）。对于水和污水系统，应该在变速泵工作和变速泵关之间比较。

变速驱动在第 5 章有更详细的讨论。水力资源协会（新泽西州帕西潘尼）和欧洲泵制造业协会（比利时布鲁塞尔）2004 年出版了《变速泵：成功应用手册》，给出了变速泵使用的附加准则。

4.9　电机效率

与水泵效率和传动效率不同，电机效率不随流量大幅波动，除非负荷远低于设计负荷，否则电机效率不会下降。电机效率包括"标准"、"高"、"很高"一系列的效率。分析电机一个寿命周期的成本，可以确定使用高或很高效率电机是否经济。大多数情况，当电机在大部分时间都处于运行中（例如不是单单一个紧急/火警泵用泵），那么肯定"高"或"很高"效率电机是合理的（关于电机更多的细节请查看第 3 章）。

4.10　寿命周期成本计算

泵和管道不应该简单地选择初始费用最低的，而应根据整个寿命周期成本进行选择。管道的尺寸和用泵输送水的能耗是可以经过比较而选择的。综合考虑泵、管道的初始费用和能耗现值可得最低的周期费用，一般选择该费用。泵寿命周期成本在水力协会 2001 年的出版物，《泵寿命周期成本：水泵系统寿命周期成本分析手册》中有详细描述。

使用前面介绍的公式可计算每年的能耗费用，每年的费用乘以现值因子可得这些费用的现值：

$$\frac{P}{A} = \frac{(1+i)^N - 1}{i(1+i)^N} \tag{4-16}$$

式中　P/A——现值因子；

　　　i——十进制表示的利率；

　　　N——年限（对水泵设施通常为 10～20 年）。

单一压力/管线选型时，可用简单的电子数据表分析费用。图 4-8 给出预期流量为 $2179\mathrm{m^3/d}$（1000gmp）的结果。小口径的管道的建设成本低，但能耗费用高。大口径管道能耗费用低，但建设成本高。在这个例子中，直径为 200mm（8in.）或 250mm（10in.）管道都具有最佳的寿命周期成本。对于更复杂的压力干管和配水系统，通常需要使用水力模型确定操作点和能耗费用。

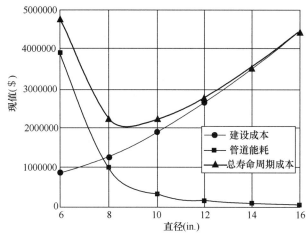

图 4-8　根据寿命周期成本确定管道直径

4.11　运行和维护

泵需要例行检查，确保没有堵塞，密封没有太大泄漏，电机没有过热，振动不是太大，轴承润滑良好。还应例行检查叶轮的磨损与凹陷、套管磨损、口环磨损、叶轮偏心率等。采用合适的维护、对准、维修及磨损和凹陷部件的替换等措施，泵可以达到或接近原始设计等级。

重要的是操作人员查看监视控制系统和数据采集的信息。例如，如果两台相同的泵在超前和滞后间切换，泵 1 的排水量远大于泵 2，可能会出现堵塞、部分关闭阀门或泵 2 损坏叶轮等情况。这些仅能通过操作人员积极地查看运行信息发现，而不是简单地等待报警。良好的维护能使泵在或接近原始的设计效率等级，正确的控制设置能使泵工作更高效。

最佳的运行维护管理实践课参考下面资料：

（1）美国水工业协会（AWWA）（Denver，Colorado）编著的《管网操作员培训：泵和电机》

（2）第 8 章　废水和污泥泵：《城镇污水处理厂运行管理手册》，美国水环境联合会（WEF's）2007 版。

4.12　流量计的校准验证

实地准确地测量流量具有困难。测量流量的技术有很多，每年有新的设备投入市场（见 U. S. EPA［1981］或 Walski［1984］）。传感器或仪表在插入废水中时，有可能被物质覆盖，因此会降低流量测量装置的精度。这就意味着固定的维护和例行的校准是必要的。在美国水环境联合会 2006 版的《废水处理设施自动化》中有进一步的介绍。

流量的定义是在固定时间里通过一个过水断面的体积，流量计校准验证最可行的方法是测量一段时间内某种容器内体积的变化。在泵站的出水井可做验证，被称为下降测试（drawdown test）。在美国供水协会 2003 年手册《全封闭管道内流量计传输时间》中有进一步的讨论。为完成测试，必须测量出水井的规划面积（减去大的物体），精确测量水位的变化（用水位尺或压力传感器）。误差的主要来源是试验期间出水井的进水量。如果该流量很小，可忽略；如果流量很大，可堵住进水一段时间。如果流量仍很大，可测量一点时间关泵的流量，加上泵的排水量可估计流入量。

例如，出水井测量尺寸为 3m×3m（10ft×20ft），设备和柱占地大约为 0.7m³（8 sq ft），关泵时估算的流入量为 223m³/d（2.6L/s 或 41gpm）。当一台 2200m³/d（400gpm）水泵运行时，在 10 分钟试验中，水位下降接近 0.67m（2.25ft）。泵的排水量计算如下：

排水量＝变化的体积/时间＋流入量

$(0.7m)[(3m×6m)-0.7m^2]×1000/(10min×60s/min)+2.6L/s=20L/s+2.6L/s=22.6L/s(364gpm)$

表 4-3 列举了泵系统节能的最佳管理措施。

泵系统节能的最佳管理措施　　　　　　　　　　　　表 4-3

项　目	说　明
需要积极查看浪费的能源	泵不会告诉操作者它在浪费能源
根据寿命周期成本选泵	能耗费用在泵的寿命周期中通常单独是最大的成本，不要简单地根据购买成本选泵。
降低泵的流量	自来水系统考虑节能和减小泄漏；污水处理系统考虑渗漏和减小进水量。
正确维护泵	良好的维护可避免效率的下降，必要时进行清洁度检查和更换密封环，检查叶轮的损坏，改正气蚀问题的原因。
没有水箱或进水井系统的变速泵	需要根据寿命周期成本评价。变速驱动效率不高，特别是转速调低时。
当选泵时，应考虑泵的组合	有些泵单独运行是高效的，但当与其他泵联合运行时，效率很差。
考虑高效和优质效率的电机	通过寿命周期成本的节约确定是否合适。
关泵比调低泵转速更节能	在一些系统，在所有的时间泵都需要运行，通常，进水井液位的波动是允许的。
现场检查泵效率	周期地测试泵效率。通过操作点最小流量和扬程检查，确保泵的效率与泵的初始曲线一致。

项　目	说　明
分析能耗和压力主管道间的平衡	大管径的压力主管水头损失小，只要流速足够，其寿命周期成本较低。
协商能源税	有时大用户能协商到一个较好的能源税。
计算应该使用的能源或费用	一些计算机模型具有确定这些值的功能，很容易和实际的能耗或费用比较。
监控泵站能源账单	查找浪费能源的趋势。
低流量的给水系统考虑使用液压气动式水箱	水箱有时能节能，特别对于校园或度假胜地，这些地区流量大部分时间为 0。
不向减压阀供水	考察整个系统确定何时流体提升进入高压力区，跌落进入低压力区。
定期考察泵站的能源情况	选泵正确，但给水系统可能改变（例如增加新水箱），或废水系统变化（例如，新泵站接入了压力主管道）。使用水力模型检查升级后系统的运行情况。水泵可能需要更换。
与全天的能源费用相关，在供电系统非峰值时间，最大化泵使用	在非峰值时间尽量在高位水箱储存多的水或能源

第5章 可 变 控 制

5.1 概述

在水和污水处理设施中，常采用一些方法来控制泵、鼓风机及其他动力设施的输出功率。本章讨论了不同控制方法的进展状况，同时也探讨了每种方法的利弊。这些控制方法包括直接控制驱动器（电动机或发动机）、控制驱动器与被驱动装置之间的速度或压力以及控制被驱动装置本身。控制方法本身需要一些装置（效率可能不高），这点必须给予考虑。可变或可调控制器由于各种原因被使用，但不会在所有情况下都能提高整个系统的效率。本章还讨论了调速驱动（ASD）技术，同时简单描述了不同的方法，以及从水和污水处理节能角度评述了不同方法的利弊。预期的节能效果在一些应用中未能显现，这是因为没有考虑到水和污水处理设施中应用最为普遍的 ASD 技术相关联的损失，包括安装和运行维护。例如，在这些设施中应用最为普遍的变频驱动器（VFDs），大约是 95%～97% 的效率，而电机效率一般降低至满载效率的 75% 以下（见第 3 章，电机和转换器，电机对能量效率贡献的附加说明）。另外，供应给电机的电力质量可以同时影响它的效率和额定功率（美国能源部，工业技术项目，2006）。

可调控制通常用于提供连续的、不间断的输出功率，它既随输入功率变化，也受系统或运行人员主动调整而变化。对于污水处理厂的主要污水泵来说，保证流量稳定比单泵突然启停造成对系统冲击要好得多。然而，在使用多个泵的较大的污水处理厂，在基本负荷下采用定速泵及一个随流量变化情况调整的可变控制泵，效率可能更高（关于泵运行的详细讨论可参考第 4 章 泵）。值得注意的是，VFDs 需要具体问题具体分析，在此基础上计算确定实际的节能量。计算应包括生命周期成本分析，因为节能量可能受多个系统因子影响。

根据美国太平洋天然气和电力公司（旧金山，加利福尼亚州）（2003）所做的一项能耗研究，每项设备都应进行详细分析，以检验污水处理厂应用变速驱动（VSD）技术的效能。该研究报告结论如下。

通过 VFDs 可以显著节能：一个加装了变频器的运行在低于全速状态下的泵电动机，与运行在相同周期定速状态下的电机相比，能够显著地降低能量消耗。以 25hp 电机每天运行 23h（2h，100% 速度；8h，75% 速度；8h，67% 速度；5h，50% 速度）为例，变频驱动可以降低 45% 的能耗。在 0.10 美元/kWh 的价格下，每年可以节省 5374 美元。效能的变化依赖于系统变量如泵型号、负荷曲线、静水头和摩擦量，因此根据这些变量计算系统效能，从而确定变频器的使用方式是非常重要的。

由于很多市政污水处理厂白天的流量变化很大，所以建立典型日的 1h 步长的实际流量曲线（加仑/分钟（gal/min）或 10^6 加仑/天（10^6 gal/d））非常重要。当这个曲线可与泵或鼓风机系统压头/流量曲线重叠，并假设通过采用单速电机和节流阀来获得所需的小时流量，可以得到基准能耗。利用泵或鼓风机的小时流量效率可以进一步确定泵和鼓风机的每日的时间加权基准能耗。基准能耗与采用变速驱动来获得所需小时流量的能耗就可以相互比较。对于各种泵或鼓风机以及典型的夏季和冬季日间流量和雨季流量，这种分析方法可以反复使用。

在新建或扩建污水处理厂的设计中，泵或鼓风机的型号、负载量和数量的选择是复杂的。为达到满足流量变化的灵活性，可以将最大流量分成几部分，分别使用多套设备，其中一套或多套设备安装变频器。变频器的另一个作用是用于泵或鼓风机的变水头控制。但是，在需要克服较大的静水头的情况下，变频器也许不会很有效，因为即使速度只减少很小的量，也会导致流量和压力发生减小过多。

5.2 变量控制的类型

5.2.1 间接控制

泵的输出量可以根据需求进行小幅度的自动调节。例如，泵井水位变化时，离心泵的输出量会相应变化。泵的排出量将随着进水水位的升高而增加。同样道理，泵的排出量将随着进水水位的降低而减少。尽管这可能无法完全满足操作者的控制想法和程度，但在泵站的设计过程中必须考虑。

5.2.2 驱动器控制

1. 电动机

电动机可以通过不同方式进行直接控制。直流电动机很少用于净水厂和污水处理厂，因此不在这里讨论。交流电动机最为常用，可以用电子装置控制（常见电动机的详细内容请参见第3章）。本章将讨论当前一些有效的技术。近年来，变频器因为其高效、可靠、价格合理而成为首选。因此，本章将重点讨论变频器。

2. 发动机

发动机通过改变燃料供给从而进行简单控制：供给越多的燃料，就会产生越多的能量。尽管在净水厂和污水处理厂可以使用内燃机作为泵的动力源，但当作出相关的决定时，必须要考虑其他方面的因素（比如，排放要求、维护要求等）。发动机燃料可以是汽油、柴油、沼气或天然气。根据额定值不同，可以采用水或空气冷却。在污水处理厂使用沼气可以实现节能。沼气由大约 65%～70% 的甲烷组成，热值在 20.5 到 26MJ/m³（550 到 700Btu/cu ft）（Karassik 等，2008）。

5.2.3 电机控制

1. 调速驱动器或变速驱动器

异步电机是净水厂和污水处理厂以及其他工业应用中最为常用和有效的电动机类型。控制异步电机速度的最有效方式是根据下面的电机同步转速公式改变电源频率：

$$S = 120f/p \tag{5-1}$$

式中　S——电机同步转速，r/min；

　　　f——频率，Hz；

　　　p——电机极数。

变频驱动器的设计可利用异步电机运转的特有原理，通过变化电压和频率而不改变额定压频比来实现（即保持恒定的伏特/赫兹比）。单速电机突然启动的方式，会使电机承受高扭矩和 10 倍满载电流的电流冲击。相反，变频器可平稳启动，逐渐提升电机的运行速度，这就减轻了作用在电机上的机械应力和电流冲击，减少维护费用，延长电机寿命。变频驱动器可实现对污水提升、配水、曝气及化学药品投加等的精确控制。变频驱动器还催生了其他一些技术，最为常用的是耦联交流异步电机的脉冲宽度调制（PWM）变频技术。变频驱动器对大多数三相异步电动机起作用，因此已有的使用节流装置的泵和鼓风机可以进行相应改造。当使用已有电机进行改造应用时一定要非常注意，因为已有电机的逆变器可能不是额定负载或者电机绝缘不好。另外，一定要考虑泵的运行速度和周围环境温度、通风情况（室内），因为低速运行会降低全封闭扇冷式（TEFC）异步电机的冷却效率。尽管一些较新的变频器设计对电机逆变器负载不做要求，但设计者应经常和变频器销售商、电机供应商一起校验电机的兼容性。

2. 变频驱动器

变频驱动控制器是一种固态电子能量转换设备。通常，首先利用整流桥将交流电输入功率转换为直流电中间功率。接着，利用逆变开关电路将直流电中间功率转换为准正弦交流电功率。整流器通常是三相二极管桥式整流，但可控硅整流电路同样也有应用。这类驱动器电路通常使用绝缘栅双极晶体管（IGBTs）。驱动器通常具备低压（＜2kV）或中压（2.0～6.6kV）的特征（参见图 5-1，一个典型的逆变器系统）。以一个典型的北美污水处理厂来说，低压通常小于 600V AC（伏特交流电），480V AC 为正常配电；对于中压配电，典型范围是 2300 到 4160V AC。美国国家消防协会（昆西，马萨诸塞州）（2008）出版的《国家电气法规》（条款 328.1）中规定，中压为 2kV 或更高。

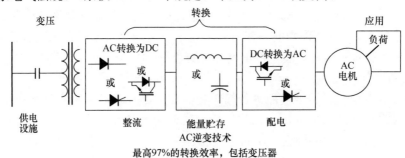

图 5-1　典型的逆变器系统（由日本东芝公司提供）

（1）低压驱动器

低压驱动器通常用于低至中功率范围。低压驱动器与中压驱动器的准确分类随用户的选择而变化，可以是 373kW（500hp）或更高。

（2）中压驱动器

对于需要数兆瓦级电机的大型工业负载来说，对中压交流驱动器的选择在不断增长。除了供给必需的功率外，中压变频驱动器比低压驱动器的功率损失更小，电机和电源间的电缆截面也更小。这些特点可以获得整体驱动效率的提升和更低的系统损耗。尽管中压驱动器优点很多，但与更为常用的低压驱动器比，二者还是很类似的。在传统定制工程的安装费用上，中压驱动器可与低压驱动器竞争（由于电流要求的降低，中压驱动器仅需要很细的电缆）。随着高额定电压（1.7 到 6.5kV）功率半导体技术的出现（即 IGBTs 和对称门极换流晶闸管［SGCTs］），中压驱动器由于其在能耗上的降低而具有价格竞争力，并开始被广泛接受。中压驱动器在为大型风机、泵、压缩机供给动力等中压驱动器的典型应用案例中，节能情况相当显著。

在一些应用案例中，新型中压驱动器较低的费用可使用户享受 1 年以内的回报（Bartos，2000）。随着功率半导体转换器的发展，新型设备如 IGBTs 和 SGCTs 改进了包装，增强了可靠性，降低了驱动器的整体费用。

（3）标量与矢量控制

脉宽调制（PWM）的逆变器分为两种：标量和矢量。

1）标量

最常见的逆变器形式称为 V/Hz 型，其提供的输出频率与输出电压成比例。这种控制形式通过设置输入频率为 6Hz 或 10%的最大速度（60Hz），提供 1%到 3%的速度调节（Karassik 等，2008）。控制算法是典型的微机算法。根据生产商使用的特定控制算法不同，使用脉宽调制技术的交流驱动器的性能水平不同。V/Hz 控制是为鼓风机和水泵等用途提供变频驱动的基本控制方法。另外，该控制方法还以合理的代价提供平滑的速度提升和启动扭矩。V/Hz 控制中最简单的形式，可以实现从外部电源获取速度参考指令，并改变供给电机的电压和频率。通过维持不变的 V/Hz 比，驱动器可以控制连接电机的速度。

2）矢量

当需要更精确的速度控制时，可以使用矢量驱动器，通过转速计或编码器反馈获得低至 0.01%的速度调节量，以及不通过反馈（无传感器）获得 0.5%的调节量。矢量驱动器分别计算磁化电流和转矩电流，与标量变频器相比是一项改进。两种电流值表征为相位矢量并结合起来生成驱动相矢量，然后可分解成输出级的驱动分量。这些计算在驱动器的微机中完成。交流驱动器矢量控制目前有 3 种基本形式：无传感器矢量控制，磁链矢量控制和磁场定向控制。无传感器矢量控制可以提供更好的速度调节和产生高启动转矩的能力。磁链矢量控制利用动态响应提供更精确的速度和转矩控制。磁场定向控制可为交流电机提供最好的速度和转矩调节。矢量控制驱动器可为交流电机提供类似直流电机的性能，可与典型的直流应用实现良好匹配。磁链矢量控制驱动的基本原理之一是模拟直流电机产生的转矩（零速满转矩）。磁链矢量控制驱动器出现以前，必须要有转差（30 到 50r/min），转差是同步转速和转子转速之间的差（电机运行的其他细节详见电机一章）。转差也随电机负荷而增加。转差率是一个无因次数，定义为：（Fink，Beaty 1987）

$$S = N_S - N/N_S \tag{5-2}$$

式中　S——转差；

　　　N_S——同步转速；

　　　N——电机的实际速度。

通过磁链矢量控制，驱动器使电机产生零速转矩（Threvatan，2006）。

尽管一些制造商已经开发出了不需要反馈的无传感器矢量驱动器，但是矢量驱动器通常还是要求反馈，比如用转速计来测定轴转速。对于在水和污水泵站的应用，由于在速度调节时不能保证进一步的精度，无传感器矢量控制就足够了。在净水和污水处理厂的应用中，无传感器矢量控制器是最优选的驱动器。这种驱动器可用于多种用途，比如计量泵，以及以下情形：投加化学药品；污泥回流泵；剩余污泥泵；加热、通风、空气调节（HVAC）风扇和热水循环泵；污泥浓缩脱水离心分离机速度控制，用于维持螺旋送料器和离心机转鼓之间的转速差。无传感器磁链矢量控制器相比标准 PWM 的优势之一，是在必要时可提供更高的启动转矩（Threvatan，2006）。

同样值得注意的是，微处理器技术正在令除了最小型号以外的标量驱动器被迅速淘汰。低能耗的处理功率使很多制造商难以去开发和维护分体式的装置。

矢量驱动器应用耦合电流矢量的电机数学模型，使测定和控制实际电机转速成为可能。电流矢量由磁矢量（水平）和转矩产生矢量（垂直）组成。为实现电流连续控制，必须要补偿电压位移角度（功率因数）和转子的时间常数（磁和温度）。这些都是随不同负载需求和温度变化的动态条件。本质上，矢量控制对励磁电流和转矩电流进行分开控制，类似于直流驱动器中，励磁电流与电枢电流分开的情况。更多关于矢量驱动器控制的细节见《Variable Speed Drive Fundamentals》（Phillips，1999）一书。

3）电机兼容性

为解决由谐波引起的绕组发热，应用变频器时电机通常会降低 5%～10% 额定值运行。最初，是标准的交流电机应用于变频驱动器。大多数电机制造商可以提供特定的"逆变器"电机，和变频器应用相适应。当用于变频用途时，逆变器电机可改善性能和提升可靠性。这些特殊电机采用绝缘设计，可以耐受由变频器波形附加的陡波前沿电压，并且可以在逆变电源上运行更为平滑和更易冷却。

很多新型电机有一个 F 级（155℃）绝缘系统，而老式电机可能只有一个 B 级（130℃）。大多数逆变器电机有一个在 180℃ 下运行的 H 级系统。如前所述，一些驱动器制造商现在开始提供不需要使用逆变器电机的产品。另外，符合美国国家电气制造商协会出版的《Specification for Motors and Generators》（Rosslyn，Virginia）（2007）多数新型电机，也满足逆变器电机的规格要求。（电机类型和其各种节能应用请参考第 3 章）。

在一些应用案例中，特别是那些使用 4 级或 6 级电机的案例，因泵和鼓风机的需要而额外增加短时负载，可以通过"超速"运行电机来实现（也就是说，在超过 60Hz 的输出频率下运行）。为适应某些流量压力或水头比正常运行水头高很多的场合，需应用特大型电机，这样可以通过只让一个泵或鼓风机运行而不是两个单元同时运行，显著减少功率从而实现节能。由于离心泵的功率按转速的三次方而增加，因此不需采取很快的转速使电机过载并承受故障风险；同样，当使用时需采取此种办法时，必须要深思熟虑。

3. 其他技术

净水和污水处理厂还有其他的电机速度控制技术（Karassik 等，2008）。但由于它们的节能效果与变频器无法相比，因此不在这里展开讨论。这些技术包括（所有这些技术应用于绕线转子异步电机）：液变电阻、步进电阻、滑动损失恢复。

虽然一些处理厂仍在应用以上控制方法来实现其主污水泵的速度控制，但由于这些技术无法与变频器技术竞争，因此不会再用于新建项目。随着变频器技术变得可靠和普及，绕线转子系统和上述技术不再是设计者和行业的选择，包括净水和污水企业。

绕线转子电机的转速通过削弱转子线圈功率而变化，这种变化一般通过使用滑环和电刷切换转子电路的电阻而实现。当电阻增加时，电机转速降低。但这种方法由于电阻损耗而并不十分有效，此外需要进行额外的冷却来排出驱动装置内产生的多余热量。通过合理选择外部电阻值，绕线转子异步电机的启动转矩范围可以从部分额定满载转矩到最大转矩。电机在停止时能够在额定满载电流下产生额定满载转矩。电机的启动电流低，启动转矩高且加速平滑。一般来说，低于 50% 满载额定转速时，转速稳定性不佳。由于需要滑环和电刷连接转子线圈，所以还需要有额外的维护工作。变速液力驱动器（涡流耦合器，永久磁铁）是泵的另一种速度控制方法，但应用并不广泛。不同转速控制技术的比较见表5-1。

不同速度控制方法比较　　　　　　　　　　　　　　　　表 5-1

方　法	优　点	缺　点
带有调节控制阀的固定转速鼠笼异步电机	使用标准异步电机和启动器	1. 增加了过程控制的复杂程度，更多的零件需要维护（阀、控制器、执行器）； 2. 需要带有执行器的控制阀（气动或电动）； 3. 能效低； 4. 增加了设备下游的压力
双速异步电机	双速电机和启动器容易获得并且易于控制	不能满足泵不同排量连续性变化的操作需求
配备步进电阻的绕线转子电机	步进电阻器和相关控制设备都很简单，不需要复杂的维护技术	1. 需要定制化的解决方案； 2. 步骤多，可能不能满足泵操作需求的变化； 3. 技术过时且供应商较少； 4. 速度开关接触器寿命有限； 5. 能量效率低，需要额外的暖通空调系统来冷却； 6. 比类似的变频器需要占用更多的空间； 7. 电机不适用于分类区域； 8. 电机和控制器的可获得性受限； 9. 电机较贵； 10. 电机不如标准鼠笼转子异步电机耐用可靠，碳刷和滑环需要更多的维护
液变电阻	控制简单	1. 技术过时，供应受限； 2. 需要绕线转子电机，以及相关的维护和采购问题； 3. 速度范围受限，通常为 2～1； 4. 低效率（满速时 85%，半速时 45%）； 5. 低速时功率因数低； 6. 需要带有循环泵的热交换器，由于电机电滑环产生热量，需对电阻器的液体进行散热，从而实现变速运行； 7. 不适用于恒转矩负载，如容积式泵等
磁耦合/涡流耦合	1. 速度范围宽（34 到 1） 2. 使用定速电机 3. 可应用于高转矩场合	1. 减速时效率低； 2. 磁耦合器在低速时需要通过空气或液体降温，在 400hp 以上时需要水冷； 3. 在保持电机、磁耦合器和泵的同轴度方面存在问题； 4. 卧式驱动器占地大，立式驱动器需要更大的净空高度

4. 谐波

（1）说明

　　谐波指的是电气系统中频率为基波频率（欧洲电力系统中为 50Hz，美国和其他国家为 60Hz）（Europump 等，2004）整数倍时的电压和电流。谐波波形由振幅和谐波次数来表征。变频驱动器只有当线电压高于驱动器中直流母线电压时才能从电力线上得到电流，这只有在正弦波波峰附近才会出现。因此，所有电流都在短间隔内获得（即在较高频率下）。变频器的变频设计对谐波的产生有影响。例如，装有直流电感的变频器与类似的未装直流电感的变频器相比，会产生不同水平的谐波。与使用二极管或可控硅整流器（SCRs）的变频驱动器相比，在整流器上使用晶体管的有源前端变频驱动器产生的谐波水平要低很多。

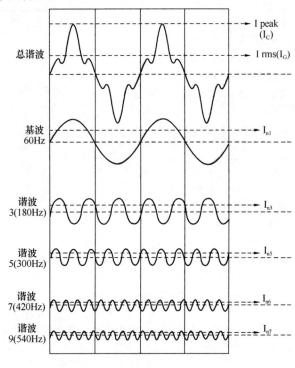

图 5-2　谐波波形（施耐德电气提供）

（2）厂内其他谐波源

电子镇流器、不间断电源、计算机、办公设备、臭氧发生器以及其他高强度照明同样是谐波发生源。在进行变频器的设计计算时，处理厂的谐波分析必须包括以上发生源。

在输入端使用如二极管、IGBTs 和 SCRs 等功率半导体的所有调频控制都会产生非正弦电流，从而产生谐波（美国国家电气制造商协会，2001）。由于变频器等非线性负载引入的畸变，谐波在波形上是一条不完美的正弦波（见图 5-2）。

脉宽调制变频器主要产生 5 次、7 次、11 次谐波，频率分别为 300Hz、420Hz、660Hz。这些低次谐波在线路上大量存在。2 的整数倍的谐波没有危害，因为它们已经被消除了。对于三次谐波（3、6、9

等）也同样如此，因为在三相电源中，三次谐波在各相中相互消除了。因此只剩下 5 次、7 次、11 次、13 次等谐波。由变频器产生低次谐波（5 次、7 次、11 次）的数量是巨大的。

美国电气和电子工程师协会（IEEE，纽约）（1993）出版了标准《电力系统谐波控制的推荐规程和要求》（IEEE 519-1992），规定了电力系统的谐波限值。在欧洲，谐波限值设置低于电磁兼容（EMC）指令（Europump 等，2004）。IEEE 519-1992 标准中提到的谐波失真电平，适用于公用系统和其他用户之间的公共连接点（PCC）。此标准的制定用来保护公用事业客户免受谐波源设备产生的谐波危害（美国国家电气制造商协会，2001）。多数净水和污水处理厂与其他工业设施一样，在厂内以此标准为指导，依照限值保持谐波水平。IEEE 519-1992 还规定了公共连接点的限值，因为电力公司负担公共连接点的基础设施建设费用。用户承担自己厂内分配系统的费用以及根据需要而扩建的费用。

谐波失真大小通常采用总谐波失真（THD）来表示。根据 IEEE 519-1992，8.6 节，THD 用来定义电力系统电压的谐波影响。总谐波失真用于低压、中压和高压系统，用基波的百分数表示，定义见公式（5-3）。

$$\text{THD} = \sqrt{\frac{\text{所有谐波电压幅值的平方和}}{\text{基波电压幅值的平方}}} \times 100\% = \frac{\sqrt{\sum_{h=2}^{50} V^2 h}}{V_1} \times 100\% \qquad (5-3)$$

公式（5-3）电压 THD 计算方法，依据 IEEE 519（源于标准 IEEE-519［1993］）

总谐波失真（THD）从基波电流角度定义了由负载引入的谐波失真。根据 IEEE 519-1992，表 11-1，公共连接点母线电压为 69kV 时的 THD 限值不大于 5%。标准中没有定义电流的总谐波失真。

电流失真限值依赖于处理厂的总负载和单个设施负载，在 IEEE-519 的 10.4 节中有相关定义。IEEE 519-1992 标准采用了总需量失真（TDD）的形式，从最大基波电流的角度来解释由用户引入的电流失真。IEEE 519-1992 规定的电流失真限值同样依赖于 I_{sc}/I_{load} 比值，其中 I_{sc} 为短路电流，I_{load} 为变频器引入的负载电流。短路电流值由处理厂的电气设备短路来测量，一般基于处理厂的公用设备电源变压器。电源变压器的短路电流通常可从公用设备上获得。I_{sc}/I_{load} 比值决定了电源的稳定性。因此，电源越稳定，I_{sc}/I_{load} 比值就越高，电流 TDD 允许值也越高。

（3）对效率的影响

谐波增加了设备能耗，并且可能引起电流过高而使变压器和中线过热（Europump *et al.*，2004）。因此，谐波会降低生产质量和效率，降低系统容量，增加设备升级成本。其他谐波失真的影响包括：

1）发电机轴承、叠片、绕组绝缘过热和持续性伤害，会导致寿命减少，同样，对变压器也有类似的影响。例如，在美国和日本，谐波曾导致配电变压器失火。

2）功率因数矫正电容器的过热和损坏。一旦调谐滤波器与电容器组不匹配，就会有谐振（即电压放大）的危险，从而导致电容器组和其他设备的严重损毁。

3）定速电机的定子和转子过热，引发设备突然损坏的风险。这对于防爆电机影响很大，会增加其爆炸的风险。一旦电压失真超过认证书上的规定限值，电机就会失去所有的第三方安全保障。

4）电路断路开关的误跳闸。对计算机、无线电通信、测量设备、照明等电气、电子器件和设备控制系统产生干扰。

5）电缆过热和其他由于谐振引起的风险。集肤效应降低了电缆有效横截面积，从而导致额定电流传输能力下降。

谐波对污水处理厂电气系统有不利影响。通过变频器产生的谐波可能被其他与变频器连接的电气线路接收。因此，当应用变频器进行节能时必须要引起注意，应对整个配电系统进行谐波分析，确定谐波对系统的所有影响。通常采用商业软件进行谐波分析，作为变频器购买价格的一部分，可以通过变频器制造商或者能够进行厂级配电系统分析的独立机构（美国能源部，工业技术项目，2006）来完成。

（4）谐波抑制方法

典型的抑制方法包括：

1）无源滤波器

这是对于低于 149kW（200hp）驱动器的一种经济的方案。在某些设施中可能引起电力系统谐振。当在发电机电源上应用此种滤波器时应注意（见图 5-3）。

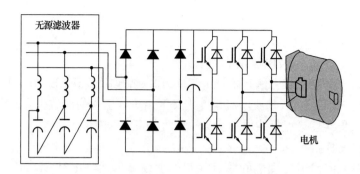

图 5-3　无源滤波器（由 Rockwell Automation，Inc. 提供）

2）有源滤波器

这是一种外部方法，该方法动态监视谐波失真电平，并向电网注入抵消谐波的电流，以在有源滤波器连接的电力线上满足 IEEE 519-1992 的要求。仅在驱动器连接到母线的大型普通交流母线应用中有较高性价比。这种方法同样可以应用到母线上存在谐波的现有设备上。

3）进线电抗器

安装此种电抗器可降低电网上的瞬态浪涌或尖峰脉冲，但不能提供更大程度的谐波衰减。往往用于由一小部分非线性负载（与总负载相比）组成的配电系统。

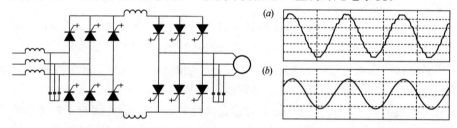

图 5-4　脉宽调制整流器（主动前段单元）及输入电流电压波形（a）线电流和（b）
PCC 点的线电压（由 Rockwell Automation Inc. 提供）

4）有源前端

这种方式动态追踪和调节输入电流，保持正弦波电流。此技术产生的电压失真非常小，可使输入功率转换器满足 IEEE 519-1992 对驱动器输入端的要求。这种方法对于连接许多驱动器的大型公共总线系统最为经济有效。对中压驱动器，这是最为典型的经济有效的解决方案。

5）多脉波移相整流变压器

包括 12 脉波和 18 脉波整流方法，该方法依靠双分裂或三分裂三相系统，向二极管或可控硅整流桥（SCR）供电。然后联合直流输出向直流总线中的电容供电。三相输入的每一相都是其他相的 $60°/n$ 的移相，n 为三相供电单元的数目。一个要求三分裂三相供电的 18 脉波系统可以有（$60°/3$）$20°$ 的移相角，供应三组全波桥式整流器。当所有三相供电电压平衡时，这种系统是有效的。每个三相供电设备需要一个整流器，同时需要一个特殊变压器来产生并联两相移相输出。18 脉波 PWM 变频器在驱动器输入端满足 IEEE 519-1992 的总体要求，不需要进行分析；同时，要求在驱动器输入端使用移相变压器。理论上，这种设置可消除 5 次、7 次、11 次、13 次、23 次、25 次、29 次、31 次等谐波。系统每 20 电角度产生一个电流脉冲，并通常产生低于 4%THD 的谐波。多数制造商为了节省空间和改善系统效率，目前普遍使用自耦变压器替代独立绕组变压器。独立绕组变压器要求额外的空间、冷却和绕线，增加了系统成本（见表 5-2）。

应用多脉波转换器的谐波削减（由 Rockwell Automation，Inc. 提供）　　表 5-2

转换器脉波数	谐波次数								THD
	5	7	11	13	17	19	23	25	直到 49 次
6	0.175	0.110	0.045	0.029	0.015	0.009	0.009	0.008	27.0%
12	0.026	0.016	0.073	0.057	0.002	0.001	0.020	0.016	11.0%
18	0.021	0.011	0.007	0.005	0.045	0.039	0.005	0.003	6.6%
AFE	0.037	0.005	0.001	0.019	0.022	0.015	0.004	0.003	5.0%

　　新方法还包括 24 脉波设计。图 5-5 包含一个 4160-VAC 24 脉波设计电路图。输入交流电通过一个输入控制器传送到变压器 T1。变压器的每个输出相对应一个三相全波桥式整流器，分别有 4 个隔离式次级绕组。整流器的输出端连接三个逆变电源模块，根据电机对频率和电压的要求产生三相交流功率。

　　6）发电机操作

　　当在净水厂和污水处理厂应用变频器时，应急发电机上变频器的操作非常重要。由于多数发电机的高阻抗特性，在应急发电机运行下较难实现一致性，谐波研究必须要考虑发电机的操作。此外，建议发电机设计应偏大一些，并且不要连接非线性负载，如超过发电机容量 20% 的变频器。当无源滤波器用于发电机电源时，应选择带有断路接触器接线端子的滤波器来限值空载运行下的超前功率因数。

5. 电机轴承损伤

　　应用变频器特别是中压变频器还有其他的潜在问题。如果没有采取合适的保护措施，轴电压可能造成电机轴承沟蚀或损坏。如果变频器电机系统设计合理，这些问题是可以避免的。解决方法包括：

　　（1）采用绝缘轴承，或轴接地电刷，减少轴承电弧的产生；

　　（2）低脉宽调制载波频率；

　　（3）输出滤波器，降低每个脉波的电压升高速度，降低电容感应轴电压；

　　（4）在变频器和电机间使用屏蔽电缆。

6. 共模噪声

　　共模噪声是一种对地电力噪声。IGBT 驱动器的电压充电输出瞬时速率（dv/dt）变化更快，将增加产生更大共模电力噪声的可能性。如果不采取措施应对，可能会影响工厂的其他设备。变频器必须适当接地以避免共模噪声、运行间断及滋扰跳闸。所有驱动器必须按制造商要求接地，并遵守美国国家电气规范（NEC）要求。在变频器接到处理厂地面的情况下，电机的接地线必须通过独立地线回到变频器。另一个削弱共模噪声的有效方法是在其到达接地网之前进行削减。在输出电缆上安装共模铁氧体磁芯可以减小噪声幅值水平，使其对敏感设备或电路相对无害。当多重驱动器安装在一个相对狭小的区域时，共模磁芯非常有效。

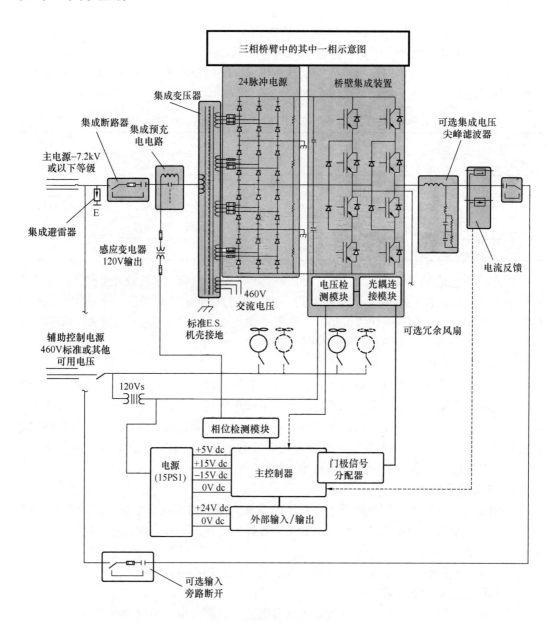

图 5-5　24 脉波设计电路图

7. 泵、鼓风机和压缩机速度控制需考虑的问题

变频器制造商提供两种形式的驱动器：可变转矩和恒定转矩。除了恒定转矩驱动器的千伏安额定容量稍大一些，这两种形式基本相同。两者的选择依赖于需驱动的负载。对于增加可调速驱动器从而实现节能来说，可变转矩是最好的选择。离心泵和鼓风机代表可变转矩负载，要求的功率值随速度降低的立方而降低。因此，实际节能是由于电机速度降低从而导致电机功率需求的降低。

恒定转矩设备（如传送机）常使用可调速驱动器，但通常不是为了节能而是改进生产过程。根据相似定律（见本章后面 5.4.1 节），如果泵速度降低到 50％ 的额定转速，转矩将降低到 25％ 的额定转矩。电机产生的转矩与气隙磁通和定子绕组电流的乘积成比例。

给电机提供动力的变频器在所有速度下保持气隙磁通恒定（恒定 V/Hz）。因此，电机电流必须同样降低至 25％的额定电流。电机 I2R 损耗减少到 6.25％额定电流下的损耗，其中 I 为电机定子电流，R 为定子绕组电阻。电机和变频器没有散热的问题。（注意：典型的全速运转的电机 I2R 损耗通常在 20％～30％的总电机损耗）。

对于恒转矩负载，如螺旋输送机、提升机传动装置、起重机、吊车和往复泵等，电机转矩——在稳态运行期间必须与负载转矩相同——在所有速度下是恒定的。电机效率较低，由于轴装风扇的空气流量降低，散热也是问题。这个问题对于应用于 1 级 2 区危险环境的 TEFC 电机更加严重，特别是当电机因延长时间周期而降速的情况下。

5.3 鼓风机和压缩机

鼓风机控制和优化的详细讨论见第 9 章"鼓风机"。

多级离心式鼓风机的流量调节能力有限（通常为 70％），而且比单级单元效率低。带有进口导叶和变排量扩散器的单级鼓风机可以进行流量调节从而保持恒定的叶轮转速。压缩效率可从最大时的 80％降低到 40％。缺点是较高的成本和噪音水平。离心鼓风机压头流量特性曲线是平坦的，出口压力随鼓风机转速平方减小，因此速度上的微小变化可以带来压力上的较大变化，以至于不能克服曝气池的静压头。曝气鼓风机采用的变频器必须对速度进行精确控制。旋转凸轮正位移鼓风机不能进行节流调节，但可以通过使用多级风机或调速驱动器来实现排量调节。

5.4 泵的运行优化

5.4.1 相似定律

离心泵和鼓风机是通过叶轮旋转产生压头的动力装置，并服从相似定律。相似定律是流量、压头和功耗等泵性能参数与转速的方程，如下所示（Europump 等，2004）：

$$Q \propto n \tag{5-4}$$

$$H \propto n^2 \tag{5-5}$$

$$P \propto n^3 \tag{5-6}$$

式中 Q——流量；

      H——水头；

      P——功耗；

      n——转速。

在一些系统中，变频器可以在不同操作条件下帮助改善泵效率。可以通过图 5-6 中的三条曲线描述降低泵转速的效果。

当变频器降低泵转速时，水头/流量和轴功率曲线下降且向左偏移，效率曲线也向左移动。这种效率响应关系可提供重要的成本优势，在系统流量需求变化之上保持尽可能高的运行效率可以显著节约能量和泵的维护成本。变频器同样可以用于正位移泵（美国能源部，工业技术项目，2006）。

Phillips（1999）计算了定速和变速鼓风机的能耗，用来阐述节能效果。尽管提供的数字是 1999 年的美元，但是也能够描述使用变速泵的节能情况。最新的成本计算方法可采用软件工具，如美国能源部（U.S. DOE's）的工业技术项目泵系统评估工具，可以提

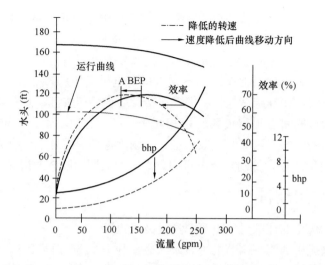

图 5-6　降低泵转速对泵性能的影响（美国能源部，2006）

供最优效率评估（美国能源部，工业技术项目，2006）。泵系统评估工具和用户手册可以从美国能源部网站下载，网址是 http：//www1. eere. energy. gov/industry/bestpractices/software. html♯psat.

5.4.2　驱动器节能方法

确定驱动器实际节能效果的一个简单方法是从驱动器键盘上读取电表读数，然后对比键盘读数和计算的千瓦数，一般假设电机在满速和额定频率下运转：

$$kW = V \times A \times 1.732 \times PF/1000 \qquad (5-7)$$

式中　PF——功率因数。

驱动器采用数学算法来计算千瓦数。因此，为保证读数精确，需要检查驱动器程序中实际的（测量的）输入系统电压和电机铭牌功率、每分钟转数（r/min）、电压以及满载电流等参数设置是否合适。

第6章 净水厂的能源利用

6.1 概述

根据服务区域的地理位置、厂区大小、使用的处理工艺、年代和输配水系统的不同，供水过程的能耗会有很大变化。水的输配过程（水从源头到处理厂，再到分配系统，或者是泵站输水过程）耗能最多。与水处理相关的一些先进的水处理工艺像臭氧、高压膜过滤，海水淡化和紫外消毒也占据了能耗的一大部分。一些新兴的技术是由于需要处理更多的非常规水源，如海水或高含盐地下水等而产生的，这些技术能够为日益严格的需求提供多级屏障。这些技术也需要优质的非间断性供电设备和先进的灵敏的控制系统。作为风险管理的一部分，水厂需要额外提供备用的电源。水研究基金会（原美国水工业研究基金会）比较分析得出，能源消耗占到地方公共供水事业运营预算的 2%～35%（雅各布斯等，2003）。目前，在美国大约有 6 万个社区供水组织（电力研究所，2000）。电力研究所 EPRI（帕洛阿尔托，加利福尼亚州）在水和污水公共事业中从事能源审核已经十多年了。他们估算大概 3%～4% 的国家电能（2000～2700×10^9MJ/年或 560～750×10^9kWh/年）用于处理、输配饮用水和处理污水（电力研究所，2000）。其中，80% 用于水的输配。根据电力研究所进行的多次审核，一个 10mgd（40mL/d）的地表水处理厂的平均电耗估计是 14057kWh/d 或 1337J/L（1406kWh/(mil·gal)）。他们认为国家常规的地表水处理厂平均电耗范围在 670～1700J/L（700～1800kWh/(mil·gal)），该值与用途和用户相关。

图 6-1 是坦帕湾地表水处理厂能源利用情况图（坦帕湾，佛罗里达州）。该处理厂每天的处理能力为 66mgd（250ML/d），其处理工艺为加砂絮凝＋石灰＋臭氧＋石灰＋BAC过滤，即强化絮凝，出水进入清水池，用水泵打入输送管道并加氯进行消毒。处理厂的能耗（输送单位体积的水需要的能源）范围从冬季的 400kWh/(mil·gal)（380J/L）到夏季的 900kWh/(mil·gal)（860J/L）。

对于一个相似规模的地下水处理厂，其能耗估计为 1735J/L〔1824kWh/(mil·gal)〕，比地表水水处理厂要高出 30%（电力研究所，1996）。能耗差别在于需要额外的水泵把深层水抽送到地表来处理。在美国的某些地区，像加利福尼亚南部的奇诺盆地，由于地下水层比其他地区更深，吸水泵能耗占到 2915kWh/(mil·gal)（2772J/L）（加州能源委员会，2005）。供水行业单元能耗增加的三个重要因素如下所示：

（1）供水系统的年代。随着使用年代的延长，管道摩擦增加并可能产生泄漏，这些都会导致水泵能耗的增加。

（2）日益增加的水资源需求和对水质要求的提高，或者对再生水的需求都使能耗增加。

（3）与我们通常的想法不同，当规模效益消失或系统在低于最优水平下运行时，水资源保护方案实际上可能增加单元电耗。试想，当提高能源利用率的优势大于实施水资源保

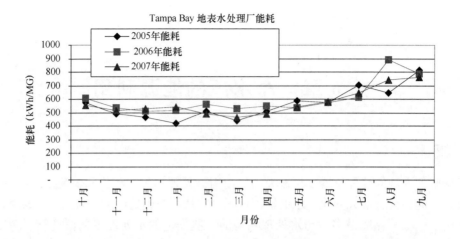

图 6-1 地表水处理厂能源利用情况图（数据由北美的威立雅水务和坦帕湾水务提供）

护方案时，提高水利用率是否还重要呢？例如，加利福尼亚的韦斯特兰水区发现，最节能的灌溉方法也不能提供足够的水利用效率去完成州节水的目的。最节水的灌溉方法，滴灌或喷灌技术耗能 0.334MJ/m³（118kWh/ac~ft）。一些更高效的技术，联合喷灌和沟灌技术，耗能 0.207MJ/m³（71kWh/ac~ft）。

美国水工业研究基金会最近研究得出，一个典型的城市供水项目输水上耗能约 95J/L（100kWh/(mil·gal)），处理过程耗能约 240J/L（250kWh/(mil·gal)），配水过程耗能约 1090J/L（1150kWh/(mil·gal)）（加州能源委员会，2005）。在一个典型的常规地表水处理厂中，单元流程的能耗分配见图 6-2。在图 6-2 中，水处理过程中几乎 90% 的能耗用于水泵。

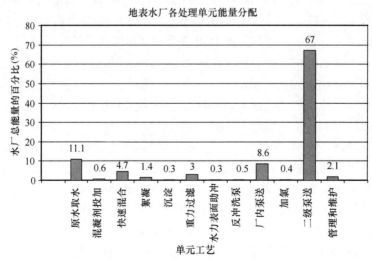

图 6-2 单元工艺的能源分配（电力研究所 1994）

为了确定节能点，对于能源消耗设施，能源审核是最佳途径。1994 年美国水工业研究基金会的报告被认可并被采纳，在一个水厂中通过进行能源审核确定主要的能耗过程，从而确定节能措施。多项能源审核得出结论：通过工艺改造可以实现能源高效利用。电力研究所发现，比起传统的方法像提高动力效率，通过提高运行和工艺优化可以节省更多的能源。许多水厂通过共同的努力实施节能计划，已经成功减少能耗需求 10%～30%。

根据实施的能源审核方案，电力研究所认识到通过公共供水事业降低能耗缺少一个技术方法标准。1999 年联合美国水工业研究基金会及一些大规模的公共供水事业，电力研究所开发了一个通用的能源和水质管理体系模型（电力研究所，1994）。这个模型的开发借鉴公用供电事业的经验，通过开发一个类似的方法来进行运行需要预测和对电力系统进行优化运行。这个模型将被用在公共供水事业中，以满足进行公共供水事业的监控、数据获取和优化操作的需要，使系统在设定条件下达到效率最高和耗能最少。类似方法被采用在俄亥俄州托莱多市，能为该市减少能源总成本的 10%～15%，另外还能减少化学药剂投加和劳动力成本。该市实施一个分配控制系统，由几个远程微处理器、远程终端设备和一个可编程逻辑控制器（PLC）控制。这个控制系统利用在线信息来实施节能操作，在高峰和非高峰能源利用时段通过使用最高效的组合泵与泵速调节来维持适当的压力和流速。

另外需要考虑的因素还有地理位置和相关的气候条件，因为能源成本和建筑供暖通风有关。气候寒冷地区，比如像北美地区设施需要安装在室内，因此花费能耗占总成本的 80%（这个数据是准确的，因为在一般处理厂中，大多数是重力流工艺）。而在南美地区，水厂设施建在室外，只有少数单元建在室内（美国水工业研究基金会，2008）。

同电力研究所一样，其他机构如美国水工业研究基金会、加州能源委员会（萨克拉门托，加利福尼亚州）、纽约能源调查发展局（奥尔巴尼，纽约）、威斯康星能源中心（麦迪逊，威斯康星州）、太平洋煤气和电力公司（弗朗西斯科，加利福尼亚州）和其他涉及给水和污水行业的独立的及联合的研究组织共同发布了一条节能技术的节能信息，全球的公共供水事业都能采用。美国环境保护局针对水和污水行业出版了一部能源管理指导书，能够为其确定、实施、措施采取、提高能源效率和机会更新提供一个思路（美国环境保护局，2008）。

加州能源委员会和加利福尼亚供水行业委员会进行了一些节能实例研究，为水处理提供了一些节能技术：

（1）使用节能电机。

（2）使泵在最高效的区间运行。当离心泵在最大效率或最高效点运行，泵轴承所承受的径向负荷最小，因为此时不平衡的径向负荷在叶轮上作用最小。当泵的工作点远离最高效点，无论是断电还是跳闸，这些径向负荷都会增加。在这些条件下，泵会发生振动和扬程降低，降低泵的效率，进而影响电力消耗。对于大规模运行，接近最佳效率点和限制运行范围在最佳效率点的 60%～120% 内运行是可取的。

（3）修理更换老化的供水管道，减少泄漏和管道摩擦。

（4）使用变频泵控制流量代替节流阀。

（5）使用更快捷高效的在线仪表检测漏损。

（6）使用水轮发电机代替流量控制阀。2003 年南部的内华达州水务局（拉斯维加斯，内华达州）最先启用水轮发电机组代替 3 个流量控制阀（发电机的电能在 0.5～3MW 之间）。南部的内华达州水务局估计它的系统能够维持 10 个这样的水力轮发电机（总的电能为 20MW）。

（7）尽量利用泵在非高峰期运行充满高位水池。根据系统内安装的遥感信号，利用

PLC 控制实施这些操作。

(8) 可能的话,设计和建造水处理厂尽量少用泵。这有一个例子:丹佛富特水处理厂座落在一个高地。原水输配从南部的普拉特河上游大约 8km 处利用重力流通过隧道到达水厂,处理过的水又通过重力被输配到约 29km 的丹佛大都会地区。

(9) 使用备用的或多余的发电机在能量利用高峰时段来补偿能耗。

(10) 利用高效装置,例如高压钠灯、金属卤化物灯和高效固态整流荧光灯。

(11) 在供水行业中实施节水计划。例如,利明顿、安大略这些加拿大城市通过实测一天 24h,一周 7d 的用水量分布变化,把能耗需求合理调配。用水低峰时段在水库中储存水以备高峰时段利用,从而使高峰时段的用电负荷转移到低峰时段。

(12) 进行能源审核,确定主要的能耗流程或设备,从而实现运行。

以下两部分描述的是在供水厂中常规的深度处理工艺中的能源利用。

6.2 取水

水厂的原水可以是地表水或地下水,地表水像河流、湖泊、水库。典型的地表水取水设施包括进水闸、格栅和用于从源头输水到水厂的水泵。格栅可以是手动,也可以是自动。自动反冲洗机械格栅由小电机驱动(3.7kW)。进水闸也可以由人工或自动的小功率电动机驱动(0.7kW)。在整个水处理过程中,取水是一个独立的并不重要的耗能过程。与取水相关的泵耗能很大,这部分在下面讨论。

6.3 取水泵和输送

由于水厂原水来源和区域地形有关,在水处理厂中总体能耗中取水泵耗能占很大的比例。例如:在加利福尼亚州,总的小溪径流几乎 70% 位于萨克拉门托的北部,而这个州的主要水需求(几乎接近 80%)却在萨克拉门托的南部,这就需要水泵输送好几百里。另外,地形导致水要输送到山顶(约 900m 高),这就需要更多的能源。在加利福尼亚的北部与南部之间,用于水输送的能耗存在很大的区别,加利福尼亚北部的供水行业能耗为 140J/L(150kWh/mil. gal),加利福尼亚南部能耗却达到一个令人吃惊的数字:8500J/L(8900kWh/mil. gal)。

6.4 预处理:混凝、絮凝和沉淀

这部分内容主要讨论混凝过程中的能耗。常规的混凝包括快速混合和后续凝聚过程。在沉淀池中通过静态沉降去除水中的絮凝颗粒。

6.4.1 快速混合

快速混合的目的是混凝剂在水流进来的过程中迅速、完全地混合。快速混合的能源由管内扩散泵,水力喷嘴和电磁搅拌器提供,是在一个方形混凝土的水池中由立式涡轮搅拌器完成。需要的混合强度或搅拌强度由式(6-1)计算:

$$G = \left(\frac{p}{\mu V}\right)^{1/2} \tag{6-1}$$

式中 G——速度梯度,s^{-1};

p——搅拌功率,$N \cdot m/s$(ft-lb/s);

μ——水的黏度，Pa·s 或 N·s/m² （lb-s/sq ft）；

V——反应池的容积，m³。

一般的 G 值对于机械快速混合的范围在 $600\sim1000s^{-1}$，停留时间为 $10\sim60s$。对于温度为10℃，流量为1mgd的水，假设混合设备的齿轮或发动机效率为80%，使用式（6-2）计算可得到能耗范围为 $6\sim103kWh/d$。

$$能耗(kWh/mgd) = G^2 \times Q \times t \times \mu \times 24 \times 0.001355 \div f \qquad (6-2)$$

对于温度为10℃，流量为1mgd的水，能耗数据如表6-1所示。

混合过程中的能耗计算（单位：kWh/d）　　表6-1

停留时间（s）	G 值（s^{-1}）				
	600	700	800	900	1000
10	6	8	11	14	17
20	12	17	22	28	34
30	19	25	33	42	52
40	25	34	44	56	69
50	31	42	55	70	86
60	37	51	66	84	103

假定：水温是10℃；水的黏度 $\mu = 2.74e^{-05}$ （lb.s/ft²）；齿轮/发动机效率 $f = 0.8$；英尺-磅/秒换算成马力 $= 0.001818$；马力换算成千瓦 $= 0.7455$；齿轮运转时间 $= 24h/d$。

管道混合扩散泵或电磁搅拌器需要高的 G 值，通常为 $1000s^{-1}$。然而，某些预处理的化学药剂像硫酸、氢氧化钠和易溶于水的污垢利用管道中水的紊流运动或者静态混合器都能够实现完全混合，进而减少能源的消耗。静态混合器一般在管道中最大的水头损失为 $14\sim34kPa$ （2～5psi）。

6.4.2 絮凝

絮凝作用是为絮凝颗粒提供充足的混合力使其凝结成足够大的絮状体或密度足够大，从而实现重力沉降的过程。机械絮凝温度在10℃，一般的 G 值范围为 $20\sim70s^{-1}$，停留时间为 $10\sim30min$，在这个过程消耗的能源范围为 $3\sim114kWh/d$。利用上述的方程和条件，温度为10℃时，絮凝过程能耗如表6-2所示，为 $3.785ml/d$ （1mgd）。

絮凝过程中的电能耗估计（kWh/d）　　表6-2

停留时间（s）	G 值（s^{-1}）					
	20	30	40	50	60	70
600	0.4	0.9	1.7	2.6	3.7	5.1
900	0.6	1.4	2.5	3.9	5.6	7.6
1200	0.8	1.9	3.3	5.2	7.4	10.1
1500	1.0	2.3	4.1	6.5	9.3	12.7
1800	1.2	2.8	5.0	7.8	11.2	15.2

6.4.3 沉淀

沉淀作用是提供足够的停留时间，从而使在絮凝池中形成的大的絮凝颗粒沉降。沉淀过程唯一的能耗是排泥，包括用泵排出来的泥输送到污泥处理车间。排泥需要的能耗相对于其他过程是微不足道的。

6.4.4　高速澄清

从根本上讲，高速澄清过程和常规的水处理技术（混凝、絮凝和沉淀）是相似的。两个过程都需要化学混凝使颗粒聚合胶体絮凝后增加其沉降速度。高速澄清主要的优势是加入了微砂粒，一般粒径在 $100\sim150\mu m$ 之间，相对密度为 2.65，砂粒作为"种子"或"碎石"诱导或加速形成密度大的絮状体并能实现快速沉降。未处理的原水用泵打入高速澄清池（图 6-3）中，在该池中加入明矾、氯化铁、硫酸铁或聚合氯化铝等混凝剂，对进水悬浮物和胶体物质进行脱稳。比起常规的重力澄清过程，高速澄清水力负荷更高，大约 $0.7L/(m^2 \cdot s)$（$1gal/(ft^2 \cdot min)$）与 $14\sim41L/(m^2 \cdot s)$（$20\sim60gal/(ft^2 \cdot min)$）。因此，和常规的混凝或澄清单元相比，占地面积更小。高速澄清的能耗和常规过程是相当的。表 6-3 是高速澄清技术处理地表水的 2 个厂的能耗。

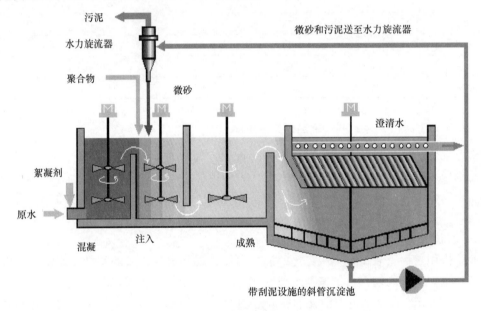

图 6-3　ACTIFLO® 工艺示意图（Kruger USA 提供）

利用高速澄清技术的两个厂的能耗　　　　表 6-3

工艺流程	值	能耗（kWh/MG）[kWh/kL]
林肯顿市．北卡罗来纳州		
处理能力	9（mgd）	
处理系列	1	
混凝池机械混合	1，5hp	9.9 [0.0026]
注射池机械混合	1，5hp	9.9 [0.0026]
熟化池机械混合	1，7.5hp	14.8 [0.0039]
斜板沉淀池	1，1.5hp	30 [0.0079]
坦帕湾水处理厂．佛罗里达州		
处理能力	66mgd	
处理系列	2	
化学药剂搅拌	1，5hp	1.4 [0.00036]

工艺流程	值	能耗（kWh/MG）[kWh/kL]
混凝池机械混合	2，25hp	13.5 [0.0035]
加药池机械混合	2，25hp	13.5 [0.0035]
熟化池机械混合	2，30hp	16.3 [0.0043]
斜板沉淀池	2，5hp	3 [0.00079]

6.4.5 溶气气浮

和欧洲相比，尤其是同英国相比，10 年前美国在饮用水处理中开始应用溶气气浮（DAF）技术。第一个利用溶气气浮技术的饮用水处理厂建于 1965 年，在纳米比亚州温得和克，用于除去水中的藻类。对于含有大量藻类的水体和其他不能用沉淀高效去除的小密度颗粒，溶气气浮是一个比较好的水处理方法。溶气气浮适用于许多其他方面的应用，包括低浊水（浊度<30NTU 的水）、低温水、色度和总有机碳高的水、滤池反冲洗水和膜的预处理水。含有饱和气体的气浮池出水从池底喷嘴或小孔口释放。一经孔口放出，压力下降，气体释出，产生大量微气泡，从而促使水中颗粒絮凝。一般地，回流比是进水流量的 5%～10%，在循环水中利用空气压缩泵（410～620kPa）的喷射器产生气水混合。能耗取决于水池的面积、溶气气浮的回流比和泵的大小。基于 5%～10% 的回流率，空气压缩泵出口压力在 410～620kPa，能耗范围为 34～127J/L（36～134kWh/（mil·gal））。

6.5 嗅味控制

尽管一些处理技术和管理操控能够减少顾客对饮用水中味道和气味的抱怨，但是人们对公共供水行业中味道和气味的抱怨还时有发生。引起气味和味道异常的因素一般有：

（1）由 H_2S 引起的臭鸡蛋味，（虽然低浓度的 H_2S [1～2mg/L] 对人的健康并不构成危害，但它的确令人厌恶）。

（2）水源地由于藻类生长而产生的土腥或鱼腥味。

（3）由氯与氨、有机物反应生成的三氯甲烷、卤乙酸、氯胺等产生的气味。为消除由这些化合物引起的气味和味道，常用的处理方法有吹脱法，臭氧氧化法和颗粒活性炭吸附。其中颗粒活性炭吸附在 6.6 节（题目为过滤）中讨论。

6.5.1 空气吹脱法

空气吹脱法在水处理应用中已经有几百年历史，是最经济有效的处理方法之一。它可以用来去除易挥发有机化合物和其他一些嗅味物质，像 H_2S 等。空气吹脱法的工作原理是向待处理水中充入足够的新鲜空气，并保证足够的气水接触时间，使水中的污染物质由水相转移到气相。其交换机理遵循亨利定律，污染物的亨利常数越高，就越容易将其从水相交换到气相之中，从而所需的气水比也越低。

空气吹脱法可以由许多方法来实现，简单的如扩散曝气、盘式曝气；复杂的诸如逆向填充塔曝气器等。其中盘式曝气是最简单、节能的方法，它是让水滴通过一系列的圆盘而不需要鼓风机给气。有时也使用鼓风机从盘底鼓风来提高通风和吹脱效率，其中鼓风气体由安装在反应器下面的众多扩散器扩散输出。逆向脱臭填充塔的竖直塔中填满滤料，液体从竖直塔上方喷洒，风机从下面鼓风。上述两种系统的最大不同在于：扩散曝气装置单位气体界面能处理更多的液体体积，而脱臭填充塔单位液体体积下能提供更多的交换气体。

因此从理论上来说，扩散曝气用来处理的主体是溶解度大的气体，像水中的氧气或者臭氧等。而若主要把易挥发的气体从水中转移到空气中则用逆向脱臭填充塔更好。

脱臭填充塔的设计参数主要有4部分构成：（1）气水比；（2）水流速度和塔的直径；（3）填充物的类型；（4）填充物的深度（Kananaugh and Trussell，1980）。在上述各要素中对能量消耗影响最大的是气水比和填充物的类型。气水比越大所需的曝气设备（例如鼓风机）的型号也越大，能量消耗也就越大。同样，填充物的尺寸越小，气液交换可利用的面积也就越大，但同时通过填充介质的压力也就越大，因此能量消耗也就越大。表6-4表明了在供水行业中为去除各种挥发污染物所需的典型气水比。亨利常数是温度的函数，对于碳氢化合物而言，温度每增加10℃亨利常数增加3倍。因此，温度对所需气水比有很大的影响。

市场应用的脱臭反应器能处理的液体能力可达18925L/min，塔的直径能达15英寸，适用的液体流速为17～20L/（m² · s）。对于19000L/min的反应器，去除H_2S的效果要达到90％以上，需要空气70000m³/h，鼓风机（风扇）功率要达到55.9～70kW。所需气体并形成的气水混合要消耗167～240J/L的能量，这部分能量不包括气体洗涤等气体排放处理耗能。气水比、设备的大小和能量的消耗会随着去除污染物的不同而随之变化。填充塔在具体设计之前应由试验研究进行指导，以此确定一定范围内的温度和传质系数下处理低溶解度污染物所需的亨利常数。亨利常数不适用于中性条件，像二甲萘烷醇、2-甲基异莰醇、2-甲氧基-3-（2-甲基丙基）吡嗪和2-异丙基-3-（2-甲基丙基）吡嗪等物质，这些嗅味物质在中性条件下的亨利常数较低，除嗅效果不好，因此用气体吹脱法并不经济。

脱臭填充塔去除各种挥发性有机物所需的气水比 表6-4

（吹脱系数 $R=3$，即去除率≥90％）

（经允许摘自美国能源效率经济委员会期刊，1980年12期，第37卷；

版权从1980年开始属于美国水工业协会）

挥发性有机污染物	亨利常数 （标准大气压）20℃	气水比 （理论值）
氯乙烯	$3.55×10^5$	0.011
甲烷	$3.8×10^4$	0.11
二氧化碳	$1.51×10^3$	2.6
四氯化碳	$1.29×10^3$	3.1
四氯乙烯	$1.1×10^3$	3.6
三氯乙烯	550	7.2
硫化氢	515	7.7
1.1.1-三氯乙烷	400	9.9
氯仿	170	23
1.2-二氯乙烷	61	65
1.1.2-三氯乙烯	43	92
溴仿	35	110
氨	0.76	5200

6.5.2 臭氧

臭氧在饮用水处理中主要用来脱色、除嗅、除味和作为一种主要的消毒剂。依据原水水质的不同，臭氧可以投加在混凝/絮凝工艺的前面或后面。单相高电压交流电通过一个充满空气或者氧气的放电间隙产生臭氧。放电间隙之间的距离很小（0.3～3mm），一侧是玻璃或者陶瓷介质，另一侧是不锈钢电极。若把氧气转化为臭氧通过化学计算得出的能量消耗为 2.952MJ/kg0.372kWh/1bO₃。但是现实中以液氧为气源的中频臭氧发生器来说，产生等量臭氧所需的能量是上述值的 10 倍（Rackness，2005）。相反，若用空气源需要的能量是上述值的 20 倍（Rackness，2005）。在市政设施中一般有 3 种类型臭氧发生器：

(1) 中等频率，空气源的臭氧发生器（产生臭氧的浓度重量比为 1%～3%）；

(2) 中等频率，氧气源的臭氧发生器（产生臭氧的浓度重量比为 3%～6%）；

(3) 中等频率，氧气源的高效臭氧发生器（产生臭氧的浓度重量比为 6%～12%）。

如图 6-4 所示，从能量利用的角度看，中频、氧气源的臭氧发生器产生等量的臭氧比中频、空气源的臭氧发生器和中频、氧气源的高效臭氧发生器所用的能量要少。但是中频、氧气源的臭氧发生器产生等量的臭氧比中频、氧气源的高效臭氧发生器所用的氧气要多。同样，对于产生相同重量的臭氧，所需冷却水的量随着冷却水温的降低而增加。大多数系统冷却水采用臭氧出水进行旁路开式循环。根据冷却水环境温度的不同，需要季节性地调整水量。

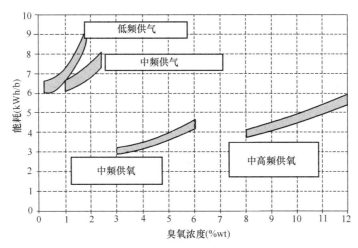

图 6-4　空气源和氧气源臭氧发生器单位能耗比较
（经允许摘自《臭氧在饮用水处理中的工艺设计与运行优化》一书，
版权从 2005 年开始属于美国水工业协会）

如图 6-6 所示，对于中频臭氧发生器，液氧的消耗量与臭氧浓度成函数关系。这样较低的能耗费用就可以抵消部分产生臭氧所需液氧的费用。如果购买液氧的费用比能耗费用要高，或者在高峰电价时期臭氧浓度因处理的效果的改变而变化时，造成所需液氧增多，这样选择中频臭氧发生器从长远来看会更加经济。

臭氧发生器的耗能与臭氧产量、臭氧浓度和发生器冷却水温度相关，图 6-7 表明了单位能耗随着臭氧浓度的增加而提高。图 6-8 表明臭氧产量随着冷却水温度的升高而降低。

臭氧发生系统比外界正常水温高时采用独立冷却水系统。但冷却装置并没有使整个系统的能耗降低，这说明冷却水用水对臭氧降低能耗的作用微乎其微。一般冷却水使臭氧反应器升高的温度在 −12～−14℃（7.5～10℉）之间，如果冷却水的温度高，反应器的温

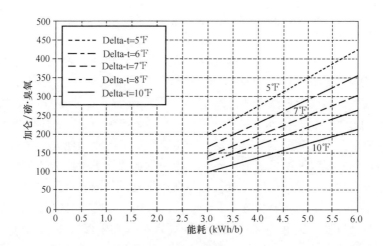

图 6-5　不同温度下，不同单位能耗产生单位臭氧所需冷却水体积。单位能量的损耗量设为 6%。（经允许摘自臭氧在饮用水处理中的工艺设计与运行优化，版权从 2005 年开始属于美国水工业协会）

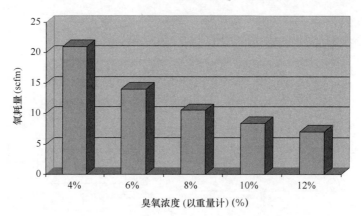

图 6-6　100lb/day 的中频臭氧发生器产生的臭氧浓度与液氧消耗量的关系（ITT 公司的 WEDECO 提供）

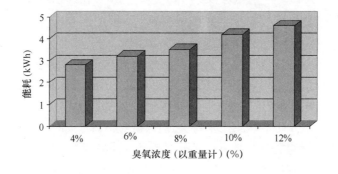

图 6-7　冷却水为 16℃时对于 1lb/day 的中频臭氧发生器产生的臭氧浓度与能耗的关系（ITT 公司的 WEDECO 提供）

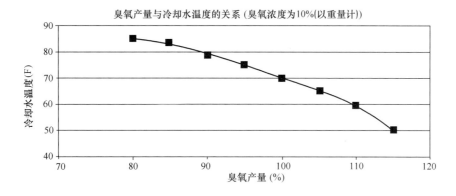

图 6-8　冷却水温度与臭氧产量的关系（ITT 公司的 WEDECO 提供）

度变化设计－14℃左右。单位能耗的送风量随着单位重量的臭氧浓度和水温的变化而变化。当温度在 5～35℃ 之间，对于按重量计 7% 的臭氧浓度，单位能量的流量在 180～300L/kWh 之间；对于按重量计 10% 的臭氧浓度，单位能耗的流量在 213～430L/kWh 之间；对于按重量计 12% 的臭氧浓度，单位能耗的流量在 250～495L/kWh 之间。

　　设备商可以选择采用直流冷却水循环系统（常用不经氯消毒的水）或者封闭/敞开式循环冷却水系统。后者是通过热交换器将热量在封闭环路和敞开环路中交换。因此，设备商需要详细比较二者在氧气使用和能量方面的费用，以此来选择更适合自身的技术。

　　2003 年威斯康星州能源中心在麦迪逊市的威斯康星大学进行了一项研究，测评了威斯康星州饮用水设备的能量消耗。评估得出臭氧消毒增加的能耗大概为 114～523J/L（2003 年威斯康星州能源中心）。同样，美国自来水协会研究协会和电力科学研究院合作的关于臭氧设备优化的研究指出，依据水质、系统设置、过程操作的不同臭氧能耗也有所不同，在 95～380J/L 或者更大范围浮动（Rakness and DeMers，1998）。

　　南部的内华达州水务局有 2 个直接过滤的大型水厂（Alfred Merrit Smith，2270ml/d 和 River Mountains Water Treatment Plant，570mL/d）采用臭氧作为主要消毒方式（为使 2μm 的隐孢子虫失去活性）。臭氧发生设备采用真空变压吸附（VPSA），产生臭氧浓度为 8%（按重量计）。设备以高纯度氧气作为气源，以液态氧作为真空变压吸附（VPSA）的备用气源。因为泵抽升的能耗是内华达州水务耗能的主要部分，所以以内华达州水务局商议采用改变能耗结构利用能耗低峰期进行输配及处理。因为原设计是按照稳定流量做的，因此建造时做了改造（两个水厂的臭氧需求量和衰减量的变化很小，因此为节省能耗，每天根据时间进水流量的变化幅度有 6 倍之多）。拉斯维加斯的液氧消耗费用明显的比其他地方的高。因此，液氧使用的优化是减少运行费用的重要一环。对于一天或者一年里的特定时间，根据输入的操作，就会自动产生一条最优费用曲线，这就是臭氧的控制原理。通过它提供一个具体的臭氧浓度，进而会帮助选择所需 VPSA 单元的数值和确定投加的液氧能否达到需求（能耗远远高于最优点和氧气消耗远远低于最优点）。为能自动响应水厂流量的改变，采用前馈控制系统（对于臭氧量和产生电量）。它可以响应并快速改变臭氧发生量，使运行投加量减少。这些方法据说能够明显的节省城市的运营费用（Rackness etal. 2000）。

　　根据启动阶段的信息，利用液氧臭氧发生器也能达到相同的效果（图 6-4，液氧为气源的耗能曲线）。图 6-4 说明了不同臭氧浓度下的能耗。因为在一个合同期内购买液氧的价格相对固定，在能耗高峰时，可以通过降低反应器的臭氧浓度来节省日常的运行费用。图 6-9 为臭氧运行费用和臭氧产量、臭氧浓度之间的关系，根据液氧和能耗的不同，二者之间发生变化。通过对图表中类似关系的分析，相关部门可以确定液氧臭氧发生器的最优运行工况。

臭氧费用较高，因此臭氧在水中的交换率非常重要，尤其是臭氧与氧气混合时。臭氧的交换率和后续臭氧溶解率的大小，取决于接触系统及臭氧与水中物质的反应速率。臭氧反应率是水温、pH 以及水中的有机、无机物质的函数。臭氧优化理论因其能够减少能耗和气体运行费用而备受关注。这些理论包括具有决定性作用的"性能比"（消毒剂浓度×接触时间（CT）/残余浓度×时间）和单位体积运行费用（每兆升或每百万加仑的费用）。性能比可以用来比较工厂实际费用与目标消毒费用之间的差别。性能比小于 1 表明所要求的性能还未满足（必须增加臭氧剂量），反之亦然。位于新泽西州萨默塞特的运河路净水厂根据性能比理论调整他们的运行工艺，使得运行费用降低 40%（Rakness and DeMers，1998）。仪表核准与标准化工作应有进度安排，并要严格的执行以确保仪表读数的准确性。至少主要仪表的校准，如剩余臭氧分析仪、气体流量计、气相臭氧浓度分析仪和用电量计量表需要这样做。

臭氧发生系统的能耗占整个臭氧氧化工艺能耗的 90%，其余的 10% 能耗用于臭氧发生器的冷却和臭氧尾气处理工艺。一些水厂（如奥兰多公共事业委员会的奥兰多-佛罗里达海军给水厂，乔治亚州的瓦尔多斯塔市给水厂，以及许多其他水厂）用溶解空气来降低臭氧反应器出水中的溶解氧，使溶解氧降到将近饱和的水平来提高水质稳定性和防止配水系统腐蚀（臭氧反应器出水中的溶解氧一般为过饱和，大约在 20mg/L 左右）。这就需要臭氧尾气破坏装置中的鼓风机型号大一些。在这种情况下，尾气破坏装置建议采用变频控制鼓风机，这样可以减少能量消耗。

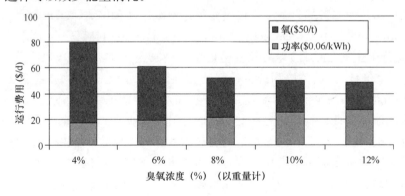

图 6-9 在冷却水为 16℃时，产量为 100lb/d 的中频臭氧发生器所产生的
臭氧浓度与每天运行费用的对比（ITT 公司的 WEDECO 提供）

6.6 过滤法

6.6.1 重力过滤

常规重力过滤是水厂最常用的滤池过滤形式。对于重力过滤，其最重要的能耗节约点在滤池的清洗上。滤池的清洗（反冲洗）是通过泵提升清洁的水反冲滤池。延长冲洗间的

过滤周期和最小化泵的数量可以节省能耗。反冲洗能够显著地影响滤池运行周期，因为它能够清洁滤床，降低滤床的分层以及减小表面堵塞。由于仪表的现代化发展，可以准确监控滤池的水头损失，避免污堵滤池的运行，从而实现节能，并延长正常运行时间。水头损失的累积率是滤料大小的函数。滤料越小，初始水头损失和水头累积率也就越高。这对于颗粒活性炭滤池更是如此，选择的滤料的大小直接影响能耗费用和水头利用的有效性。与砂滤相比，颗粒活性炭滤池的反冲洗会需要更多的能耗。另外研究发现，颗粒活性炭滤池比砂滤耗能多还在于它的滤料需要定期再生。现场再生的活性炭再生滤池需要的最大能耗约为 2.43kWh/lb（包括燃料炉、水蒸气和补燃器的燃料等）。去除水中嗅味、色度和有机物的替代技术应该加以研究，并且尽可能的给予关注（Daffer，1984）。

对于一个恒速过滤系统，清水室一般建在地下，以利用重力流。但是对于减速滤池，可以提升清水室到达某一个高度，从而使滤料一直淹没在水中。这样可以降低二级泵站的总静水头，降低泵的扬程，从而节省能量（Daffer，1984）。

操作人员可以调整滤池反冲洗周期，减少能量的消耗，从而达到节约能耗的目的。因为提升泵的能耗是常规滤池中最重要的能耗部分，水厂应选择大小合适的泵及采用高效率的发电机来节约能耗。或者，在低需求/非高峰期能量利用时，把用于反冲洗的水充满储水池，提升储水池中的水位，从而减少能量需求。

6.6.2 膜过滤

1. 低压膜过滤（微滤/超滤）

低压膜过滤因为其高质量出水、工艺可靠性和较小的占地面积而倍受给水厂的欢迎。低压膜的特征通过筛分机理去除悬浮物和胶体颗粒，微滤和超滤是其中的两种形式。低压膜系统的典型构型是浸没式系统，如通用水处理及工艺过程处理集团/海泽能环保公司的 zeeweed 超滤膜，或管状如海德能的 HYDRAcap。

把膜系统浸没在一个开放的池子中，进水采用重力流，就组成了浸没式膜过滤系统。它是把一组膜丝捆扎一起放在板框或者组件中。正常运行过程中，絮凝出水进入反应器并完全淹没膜组件。使用低的真空压力（55～83kPa）把原水从膜纤维（外压式）外抽吸到膜纤维内。滤出水通过膜组件顶部到达扩散支管。一般来说，多个组件由一个支管同抽吸泵相连。在膜通量和固体浓度维持相等的情况下，与内压式膜组件（水流流向从内向外）相比外压式纤维膜的膜面积更大，可以通过的水流量也稍微高些。

管式膜滤系统除了把纤维膜放进一个圆筒形管（管径一般为 200mm，长度约为 1m）中，其他与浸没式膜滤相同，都是采用中空纤维膜。这些纤维束或者元件在管中成端对端排列。这些管在超滤系统中一般呈竖直状排放；每个管中放置一个纤维组件。对于标准压力膜系统，其系统的压力差一般约为 210kPa。

过滤一般有两种操作模型：（1）死端过滤，水流通道垂直经过膜表面，所有水都会通过滤膜。（2）错流过滤，水流通道与膜表面平行，只有一部分水流通过滤膜，其余的水流回流。因为水流是由泵打到过滤管中，所以错流过滤的能耗比死端过滤要高。但是，在错流过滤中，颗粒物连续不断地从系统中清除，从而减少脉冲反冲和反冲洗的频率，膜的寿命也有可能得以延长。在死端过滤中，颗粒物堆积在膜面上，这样会需要频繁的脉冲反冲洗、脉件反冲洗。

在密歇根州的莱克福里斯特市有一个给水厂，在 20℃下设计处理能力为 53ML/d。原

水的温度在 $0.1\sim26℃$ 之间浮动。平均日需水量为 15ML/d。水厂中有 7 组膜处理单元。可能的运行方式有两种：（1）采用错流过滤时，运行的单元最少。（2）采用死端过滤时，7 组单位全部运行。选择第二种运行方式可以节省 333J/L 的能量。同常规介质滤器相同，当达到设定跨膜压差或时间间隔后，低压膜滤也需要周期性的反冲洗（气冲，水冲和气水同时反冲）。反冲洗或脉冲反冲的类型（有些厂家用化学强化反冲）和频率根据生产厂家的不同而不同。

美国水务协会研究基金会 2001 年的一项研究对比了紫外消毒与低压膜滤和臭氧联用对隐孢子虫的灭活效果，指出膜滤的能耗范围为 $143\sim480J/L$ ，过滤方式为死端管式浸没过滤（美国水务协会研究基金会，2001）。

下面假定的实例说明了在一个处理能力为 40mL/d 的地表水给水厂中浸没式低压膜滤的各部分组成和与之相关的能耗。以下是关于这个水厂的一些假定：最终过滤水量为 40mL/d；处理过的澄清水（浊度小于 2NTU，接触时间为 95%）；水温为 15℃；95% 的回收率；四个处理系列，每个系列有 2 个浸没膜组器；滤后水排到地下清水室（使泵的提升高度最小）；跨膜压差取平均值运行。表 6-5 给出了运行的主要设备、相关的电动机负荷及每天的平均能耗。

低压膜滤系统的电耗与水厂流量的变化、原水水质、前处理工艺、进水水质、水温、水厂构造、目标水质等相关，并根据系统的不同而变化。

表 6-5 为典型低压膜滤系统的平均能耗（40ml/d 的地表水给水厂）（通用水处理及工艺过程处理公司/泽能环保公司提供）

典型低压膜系统的平均能耗　　　　　　　　　　　　　　　　　　　表 6-5

主要设备	台数	发电机大小	启动类型	电动载荷	能耗
		（hp）		（hp）	（kWh/d）
渗透泵	4	30	VFD[a]	120	1261
反冲洗泵	2	30	VFD	60	13
鼓风机	2	15	VFD	30	18
就地清洗泵	2	5	VFD	10	11
清洗池加热器					116
加热循环泵	2	3	FVNR[b]	6	32
气体压缩机	2	75	FVNR	15	13
系统总耗电量					1464

a. VFD：变频器；

b. FVNR：全压启动非可逆。

2. 低压反渗透和纳滤（微咸水脱盐）

低压反渗透和纳滤都是半透膜，它们不仅可以截留颗粒物质，还可以截留水中溶质。当水中总溶解固体和一些溶解物质如硬度离子、氯化物、硫酸盐过量时，采用低压反渗透和纳滤处理可以使水质达到饮用要求（低压反渗透/纳滤可以用来处理低浓度到高浓度的咸水水源，这些水源的总固体浓度可以从 400mg/L 到 3000mg/L 不等）。在膜的进水侧提供压力使水能通过膜而溶解性固体不能通过。提供的膜压力是水的渗透压的函数，而渗透压的大小与进水中溶解固体的浓度成正比。因此，为了产生一定的出水，低压反渗透/纳滤工艺中 90% 的能耗来自为滤膜提供的压差。低压反渗透和纳滤最大的差别在于纳滤对单价离子的截留能力较差。典型的低压反渗透/纳滤系统的运行压力在480～1400kPa之间。一般而言，进水端与渗透浓缩端的总溶解固体浓度每相差100mg/L，需要7kPa的压力。对于回收率为85%的系统将需要665～1900J/L的能量。

根据原水水质、滤膜的截留能力和水质目标的不同，膜滤工艺像低压反渗透可以允许一定比例的工艺出水同原水混合，从而使膜滤工艺的规模尽可能降低。因为混合原水可以不处理或稍加处理，水相当于100%的回收率，这是增加了综合处理水量而降低成本的一种方式，也是相当于减少了需要安装的膜滤单元。当膜滤去除大量的总溶解固体，能够保证与一部分原水混合后出水水质仍没有超标，选择这种混合方式也是可行的。

6.7 消毒

6.7.1 氯气

投加液氯的主要设备是隔膜泵。由于周围空气传输的热量不能满足液氯蒸发速率的要求，因此液氯的蒸发需要利用电热蒸发器进行，液氯蒸发和气化的速率是根据系统要求通过蒸发器自动控制的，像热水器就是一种典型的电浸式（最大功率18kW/4500kg［1000-lb］）蒸发器。加氯机是一种在真空作用下控制氯气供给速率的装置。氯气控制系统是通过在真空状态下的操作来防止气体泄漏的。这种加氯方式节约的能量可以说是微不足道。但是，来自水厂的高压水在一定的真空条件下仍被用来溶解气态氯，并把气水混合物传输到喷射点。水的压力和动力大小取决于喷射器的型号、溶液管道的背压以及氯的供给速率。

6.7.2 散装次氯酸钠

从市场上购买的次氯酸钠投加到储存池的浓度一般控制在10%～12%。次氯酸钠主要是通过计量泵泵入加注点，因为计量泵耗费的功率很小，因此这种加氯方式节约的能量可以说是微不足道。

6.7.3 现场制备次氯酸盐

次氯酸盐可以通过现场发生器制备，制备的次氯酸钠一般会储存在发生器里面，卤化物的浓缩液是氯化钠和软化水通过电解池电解之后的产物，这种电解池能够产生浓度为0.8%的次氯酸钠和氢气。产生的次氯酸钠按剂量直接投加到待处理水中，而氢气则直接排放到大气。该发生器需要1.58kg（3.5lb）天然蒸馏盐，56.7L（15gal）水和9MJ（2.5kWh）的电量，产生的0.5kg（1磅）氯（相当于0.8%次氯酸钠溶液中所含有氯的量）。因此，当溶液中氯的剂量维持在2～8mg/L时，需要每天投加7.7～31kg的天然蒸馏盐，而产生所需的次氯酸钠所耗费的能量大约为40.4～160J/L(42.5～170kWh/(mil·gal))。由于次氯酸盐可以保存在储存池，因此我们可以通过避开能耗高峰期生产次氯酸盐的方式节省能量。

6.7.4 紫外系统

紫外消毒主要应用在水处理领域。紫外光的产生是由汞电子受激辐射而产生的。当不同的电压通过汞-氩气体混合物时其就会受激辐射而发出光子，若辐射光子的波长范围在200～300nm时，产生的紫外光波就会具有杀菌能力。紫外光通过破坏细菌的DNA/RNA结构，而使其失去感染的能力。紫外光的强度单位定义为mw/cm^2，而紫外剂量单位则是MJ/cm^2，紫外剂量的大小主要是由紫外灯管的强度和通过水管的水流速度决定的。优化剂量的监测和控制对能耗和灯管寿命有着重要的影响。过滤能够减少水中颗粒物的数量，而且能够去除一些大的颗粒物，同时提高了紫外消毒的效果。通过过滤能够最直接的改善水的紫外透光率。紫外剂量公式如式（6-3）所示：

$$UV 剂量 = EOLL \times FF \times f(水头损失，UVT，紫外强度，流速) \quad (6-3)$$

式中　EOLL——灯管寿命衰减系数；

　　　FF——套管结垢程度等；

　　　UVT——紫外透光率。

改变上面所提到的任何一个参数都会导致紫外剂量的改变，同时也会改变能量的损耗。从图6-10可以看出影响紫外剂量和能量损耗的几个因素（该数据是基于已经发展成熟的低压高能系统方程，该方程已经经过工程师 Carollo［凤凰城，亚利桑那州］的验证和确认）。

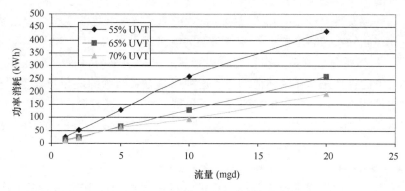

图 6-10　紫外透光率对功率的影响

镇流器作为一种变压器，其主要作用是控制紫外灯管的能量，为了防止其过早失效，镇流器的工作温度最好不要超过 60℃。目前有两种型号的变压器在紫外灯上的应用比较多：电子镇流器和电磁镇流器。电子镇流器的工作频率要高于电磁镇流器，这种镇流器能够降低灯管的工作温度，同时也降低了能耗，产生了更少的热量，并且延长了镇流器的寿命。

在实际生产中应用比较多的紫外灯主要有以下几种：低压紫外灯，低压高能紫外灯，中压紫外灯。表6-6列举了3种不同的紫外灯的几种特点。除此之外，我们还应该根据水处理设施的规模、工程寿命来选择合适型号的紫外灯管。

紫外灯管的特点（U. S. EPA，2006）　　　　　　　　　　　　　表 6-6

参数	低压（LP）	低压高能（LPHO）	中压（MP）
紫外灭菌波长	单色 254nm	单色 254nm	多色 200～300nm
发射	连续波	连续波	连续波
汞蒸气压力(Pa)	接近 0.93(1.35×10⁻⁴Pa)	0.18～1.6(2.6×10⁻⁵～2.3×10⁻⁴Pa)	40000～4000000(5.80～580Pa)
工作温度	接近 40℃	60～100℃	600～900℃
所需功率	0.5	1.5～10	50～250
紫外灭菌功率(W/cm)	0.2	0.5～3.5	5～30
电流转换 UV 效率	35～38	30～35	10～20

参数	低压(LP)	低压高能(LPHO)	中压(MP)
弧长	10~150cm	10~150cm	5~120cm
同样剂量所需 灯管数量	高	一般	低
使用寿命(h)	8000~10000	8000~12000	4000~8000

2001 年，美国水务研究基金协会曾经做过一项关于紫外、臭氧、膜过滤对隐孢子虫去除效果的对比研究，其中紫外（UV 剂量为 $40MJ/cm^2$）在满足同样灭活效果的前提下是最节能的一种消毒方法。在紫外剂量范围控制在 48~140J/L（50~1150kWh/mil·gal），低压高能紫外灯和中压紫外灯灭活效果则是一样的（美国水工业研究基金会，2001）。同时研究还得出低压高能灯与低压紫外灯和中压紫外灯相比所消耗的能量更少。另外，在紫外灯管的设计上，当水流方向与灯管方向平行时的水头损失是最小的（美国水工业研究基金会，2001）。

美国水务研究基金协会与纽约州能源研究发展局、菲尼克斯、亚利桑那州、塔科马港、华盛顿合作的另外一项研究则建议通过采用先进的电池系统为能源密集型产业节省电能，比如紫外消毒行业（美国水务研究基金会和纽约州能源研究发展局，2007）。这种先进的电池系统如钠硫电池在日本已经发展比较成熟，商业上也得到了推广和应用，其具体节能方式主要是通过在用电非高峰期（主要是晚上）充电，在白天电费较高时使用其为紫外消毒系统提供能源（U. S. EPA，2006）。将这种方法和阶梯电价结合起来进行运行，市政管理部门可以大大节省能耗。但是这种方法目前存在着一个缺点就是电池的成本太高。不过人们普遍认为，这种电池将来可以得到广泛应用，同时在一些能量供应不能间断的一些敏感设备上也会得到应用。随着时间的增加，这种电池的价格也会逐渐让运营商所接受。

为了保持紫外剂量的恒定，可以通过控制水流速度的变化来控制紫外灯管的开关，通过这种方法可以提高节能效率，但是这可能会导致操作系统更加复杂。我们还应该防止水中含有的一些化学物质对紫外灯管的腐蚀，具体措施就是通过定时检测紫外消毒系统进水水质的状况。因为有些化学物质可能会在 UV 装置上结垢，从而降低了紫外灯的强度。

6.8 高压给水泵

处理过的水一般保存在现场的地上蓄水池中，然后通过水泵提升到场外储存池或带有配水系统的储存池。如图 6-2 所示，泵在输水过程中所损耗的能量超过了整个水厂能耗的 50%，水泵所损耗的能量受水厂的位置和地形的影响比较大。随着输水设备的老化和管道的腐蚀输水泵将会消耗更多的能量，在输送过程中通过渗漏所损失的水也是一种能量的浪费。据估计美国每年大约要多支出 $180~360×10^6MJ$（$50~100×10^6kWh$）的能量，而这部分能耗是通过渗漏损失的能量，或者是由于用户没有交纳用水费（美国水务协会，2003）造成的。另外，设备的老化同样也会对水质产生影响。自从美国水环境保护协会提出消毒发展第二阶段消毒副产物法规后，使人们对水的感官性指标的关注和要求更高了，这就要求市政管理部门重新评估并应用节能技术，如避开高峰期使用抽水泵和设立更大规模的供水池，这样可以使配水系统和水厂运行能耗消耗相互合理分布，从而达到增加供水周期的目的。

　　水处理需要利用泵将低水位水提升到高水位。当提升储存池的水位线低于设定值时，水泵开始工作，向储存池内蓄水。在用水量小的时候，可以通过降低提升池的水位线设定值的方法减少水泵的运转次数从而延长水泵运行时间的方法达到节能的目的。

　　当一组泵在同样的运行情况下，运行人员可以通过跟踪调查单个泵的能量应用情况（每个泵加装计量器）来优化水泵的运行工况。在德克萨斯州的朗维尤，水泵系统的主要功能就是往提升池供水，通过 4 年的跟踪调查，我们发现，在用水量低的时候耗费的能量大约 2200J/L（2300kWh/mil·gal），而在用水量高峰期的几个月耗费的能量要少于 1140J/L（1200kWh/mil·gal），通过这项对比我们可以看出，在用水量处于低谷的时候，这套系统并不是很有效率，因此，有必要开展一项关于如何优化运行的调查。通过有效利用储存池，改善操作章程，可以使年平均能耗降低到 1050J/L（1100kWh/（mil·gal））（Clark，1987）。

　　在本章的 6.1 节已经介绍了几种节能措施，另外，在本手册的第 3 章、第 4 章、第 5 章也介绍了与高压给水泵有关的节能技术。

6.9　水厂泥渣管理

　　水处理过程中产生的污泥和处理工艺有关，通常情况下，地表水厂对经混凝/絮凝/沉淀的水滤后产生的污泥残渣来源有两个：反冲洗废水和滤池废水。混凝/絮凝/沉淀工艺处理之后的污泥残渣一般都是从沉淀池的底部直接刮走，然后用泵输送到重力浓缩池或回收池，稍后进行浓缩脱水处理。反冲洗废水进入调节池进行沉淀，溢流出来的水通过泵输送到水处理工艺的起始端进行再处理。一般滤池反冲洗水的用量占该工艺水处理能力的 2%～6%。但是，这也要根据水厂的规模、滤池数量和滤池每天反冲洗的次数而定。应该指出的是滤池的前处理工艺也会影响滤池的负荷，这也会影响滤池每天反冲洗的次数。

6.9.1　重力浓缩池

　　重力浓缩池实质上是机械传动刮泥板刮取浓缩污泥的一种沉淀形式。由于刮泥耙需要刮动更高的污泥层，所以外加力矩比传统活性污泥法水厂的二沉池要大。每套设备所需要的动力很小（一般小于 1.5kW〔2hp〕），所以耗费的电能也很小。但是整个浓缩工艺也应该包括水泵从沉淀池输水到重力浓缩池、将浓缩池溢流出水重新打回水厂的起始端，以及污泥泵将浓缩污泥打入储存池或调节池等过程。在重力浓缩的整个工艺过程中，所损耗的能量大约在 6.7～87.5J/L（7～92kWh/（mil·gal））（流量为水厂设计流量），其中包括整个工艺中所有水泵损耗的能量。关于能量损耗的所有数据均来自美国能源效率经济委员会（丹佛，科罗拉多）发起的项目，该项目在已有的絮凝污水厂实施残渣管理成本预算，从而协助美国环境保护协会制定的净水法案的 304 节（b）（Roth et al，2008）。

6.9.2　带式压滤机

　　带式压滤机的原理主要是利用机械产生的压力从而达到脱水的目的。污泥承受的压力越大其脱水率就越高，同时污泥也会更加稳定，最后产生出来的才是干污泥饼。这种逐步脱水方式是经过引流区、低压区和高压区脱水来实现。同时，作为污泥脱水的一种辅助手段，进入压滤机之前，在污泥里面还会加入一种聚合物。从而使混凝沉淀产生的颗粒物絮体利用率能够达到 140～204kg/（m·h）（300～450lb/（m·b））。污泥泵可以把污泥从回收池或浓缩池输送到带式压滤机。据统计，压滤机产生的干饼含有 12%～18% 的固体物，干化固体物需要耗费的能量大约是 49.6kJ/kg（12.5kWh/t）。带式压滤机还需要用水连续进行反冲洗。冲洗水的平均流速控制在 150～420L/min（40～110gpm），水压大约是 550～900kPa（80～130psi），所损耗的能量将会维持在 3.73～10.44kW（5～14hp）。

6.9.3 离心机

离心机的原理就是通过一种加速装置把颗粒物从液体中分离出来，通过进料管把原料引入转鼓，这种转鼓产生的离心力会使颗粒物沉降在转鼓圆周壁上。与转鼓固定在一起的螺杆开始转动以后，转鼓就会在离心力的作用下把颗粒物从机器里面分离出来。分离液则沿轴向流往机器前面的调节堰排放掉。一般要在溶液进入离心机之前加入一种聚合物絮凝剂，这种药剂最好是加在进料泵或进料管的出水侧。通过离心作用之后，干饼含有的固体物估计可以达到 18%～25%。能耗大约可以控制在 9.5～71.3J/L（10～75kWh/mil·gal）（流量为水厂设计流量）。能耗包括离心机的进料泵以及回收离心滤液的回收泵所消耗的能量。关于能耗的数据来源同上面提到的一样，都来自美国能源效率经济委员会（丹佛，科罗拉多）发起的项目，该项目在已建的絮凝污水厂实施残渣管理成本预算，从而协助美国环境保护协会制定的净水法案的 304 节（b）（Roth et al，2008）。

6.9.4 膜浓缩液的处理

膜处理工艺一般都会产生浓缩液，尤其是采用反渗透膜和超滤膜处理地表水、市政废水时会产生浓缩液，浓缩液处理方法一般采用深井注水、土壤（借助于喷洒灌溉）、太阳能蒸发等。美国内政部的垦务局曾经做过一项实际生产方面的调查（2001），指出大约 85% 的海水淡化后的浓缩液未经处理直接排入了地表水。因此，地表排放需要的能耗主要来源于水泵消耗的那部分能量，而这些水泵的作用就是把浓缩液输送到指定的地表水源。在处理浓缩液的技术上，目前还很少采用高能耗、零液体排放的热处理方法，如蒸发器、浓缩器、喷雾干燥器、结晶器。每蒸发 0.5kg（1 磅）的水大约消耗的能量为 1000kJ（1000Btu）。海水淡化消耗的电能大约在 57～95kJ/L（60～100kWh/1000gal），蒸汽压缩结晶器消耗的能量约为 190～240kJ/L（200～250kWh/1000gal），而喷雾干燥器使用的则是石油和天然气，其消耗的能量大致在 12kJ/（L·s）（0.7Btu/gpm）（美国内政部，垦务局，2001）。

第7章　污水处理厂的能源利用

规模一定的污水处理厂，其能源的利用依其位置、污水浓度、处理深度、厂内回用、工艺选择和运行模式而有显著差别，因此提出普遍适用的污水处理厂能耗等级是不实际的，通常传统的生物氧化塘和土地处理系统是对耗能变化不敏感的。高级处理工艺经常需要大量一次能源，也需要大量化学药剂以及有关的二次能源。进水浓度、水力条件、厂内能量回收的设计和运行模式等因素对电力能源和燃料能源的消耗影响较大，图 7-1 显示了不同工艺二级处理的污水处理厂（平均处理能力 0.44m³/s）典型的能耗情况。

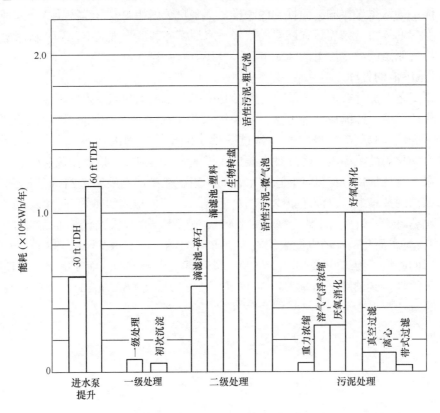

图 7-1　10mgd（0.4m³/s）二级处理的污水处理厂的典型能耗情况

一般认为，污水处理厂的能源是现场的电能和燃料。这些是典型的一次能源利用。二次能源的利用与原材料的生产和运输以及在处理过程中所消耗的化学品有关。下面详细地讨论各工艺单元的能耗情况。

7.1　预处理和初级处理

预处理是污水处理工程中能耗较低的部分，但是不合理的设计和运行会浪费宝贵的水头，同时可能增加水处理过程所需的提升泵的数量。这部分提供了一些节能的信息。读者也可以参阅美国国家环保局出版的"污水处理技术情况说明书"中格栅和除砂部分，以了解格栅和除砂的相关工艺。

7.1.1 格栅

格栅通常是污水处理厂第一个处理设施。格栅单元的清污通过人工或机械设备进行。人工除污格栅通常用于小型污水处理厂的提升泵站前，机械式除污格栅机应用广泛，一般它不是连续运行以清洗耙齿的，而是在大部分情况下采用定时（可调的）或根据水位情况来开停格栅的清洗。

近 10 年，污水格栅除污工艺有了很大的进步。随着膜过滤技术应用和格栅维护能力的提升，市场上已出现了栅距 1~6mm 的格栅设备，还有栅渣传送机（带自冲洗装置）和栅渣压榨机等技术应用的设备。有些地方用塑料将栅渣打包成进行土地填埋。

在利用过栅水头损失进行运行控制时，进水格栅的耗能主要来源于齿耙或条栅的驱动电机部分。在处理能力为 $0.7m^3/s$（15mgd）或格栅驱动电机为 0.55kW（0.75hp）的污水处理厂中，格栅的能耗占全厂总能耗的很小的一部分。

通过格栅产生的水头损失，需要另外增加泵的提升能力。水力分析是必要的，如可行，应采用时序控制或水位控制格栅，并经常巡视、调节设备以避免多余的水头损失。

减少格栅冲洗水可以节能。安装电磁阀可在格栅不进行冲洗时关闭冲洗水。高效的格栅能大幅减少污水处理厂其他单元的能耗。

7.1.2 总进水泵

总进水泵的能耗与污水处理厂的位置和进水管线的高度密切相关，约占全厂总电耗的 15%~70%。但是如果考虑到收集系统中运行的泵的能耗，那么泵类设备的能耗将占总能耗的 90%（参见第 4 章）。

对于典型的直接传动泵，其总扬程为 9m(30ft)，泵效率 74%，电机效率 88%，则水泵的机械效率（泵效率）为 $1.6W/(m^3 \cdot d)$（8.1hp/mgd）或 6.0kW/mgd(mgd$\times[4.383\times10^{-2}]=m^3/s$)（参见第 2 章）。通过进水流量和泵能耗曲线乘积计算出的能耗，要比通过电机运行时间计算出的能耗准确得多(见第 4 章中关于泵能耗方面的更详细的描述)。

例如，假设某泵站有 2 台 75kW(100-hp)，$0.5m^3/s$(12-mgd)的水泵，设计总扬程 9m(30ft)，24h 内流量 $0.8m^3/s$(18mgd)，求泵的平均功率能耗？

泵提升能力(2 台)=24mgd

流量=18mgd

运行时间=(18mgd/24mgd)×24h=18h/d

耗电量(2 台)=75kW+75kW=150kW

能耗=150kW×18h/d=2700kWh/d

7.1.3 节能空间

进水泵房能量利用取决于进水泵在最高效率点的运行时间，在以标准方法进行能耗计算的前提下，可以优化进水泵的设计和运行。

尽管初次投入会较大，但是采用高效的泵和电机仍是经济的。在上述实例中，高效电机（94%相对于 88%）使输水能耗从 6kW/mgd 降至 5.6kW/mgd。

应用变频驱动器（VFDs）可以提高动力效率。变频技术的优点是可以使泵在整个流量范围内都运行于最佳效率点上。选择进水泵时应可通过降低转速使其最佳效率范围在管路特性曲线之内。

设计标准建议，泵的选型应能在污水处理厂最大水头的要求下处理最大时流量。设计中静压水头是取泵前集水井的水位和最高提升出水井水位之差。

如图 7-2 所示，如果按最大时流量计算（设计）集水井高程，这个泵站将在这个时间无调蓄能力，这明显是简化了设计的。在前例中，如将设计静压水头由 5m 降为 4m，则最大时能耗将至少减少 10％。

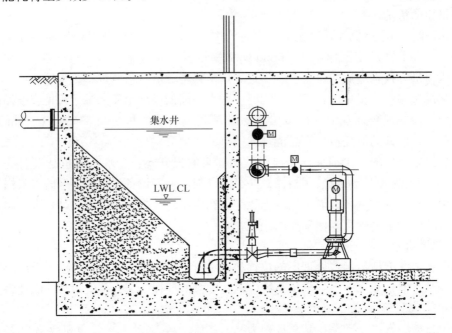

图 7-2　集水井的操作（Metcalf&Eddy，2004）

7.1.4　除砂

尽管除砂过程耗能不大，但还是有一些节能潜力的。高效除砂能从根本上减少污水处理厂其他流程的能耗。如果除砂不正常，将导致砂在厌氧消化池中积累，减少消化池的池容，降低消化气体这种再生能源的产量。根据集砂和保留有机物的能耗不同，除砂池类型也不同。因此，除砂设施或系统的设计选型基本上决定了该过程的能耗情况。

很多除砂系统采用旋流的设计进行集砂，即吸砂泵将砂输送入水力旋流器中，在水力旋流器中将完成浓缩和洗砂过程，这种方法优于直接将砂放入垃圾箱进行土地填埋。吸砂泵仍是主要的耗能设备，虽然在砂的传送和收集中仅有一些小的电机耗能。耗能的多少可以通过周期性地运行吸砂泵而不是连续运行来控制，吸砂泵的作用是为了防止砂在池中积累。洗砂过程和输送机可以连锁运行，仅在吸砂泵启动时，输送机才启动；而吸砂泵关闭一段时间后，输送机再停止。主要耗能设备吸砂泵的电机需要更换时，应认真考虑是否采用更优质的高效电机。

曝气沉砂池是通过鼓风曝气产生涡流，使较轻的有机物质悬浮而较重的砂粒沉降下来。因此，曝气沉砂池优化运行的关键是最佳的曝气量。曝气量过少则使易腐烂的物质沉于池底，导致恶臭产生并且极难处理和存运。曝气量过大则将细小的砂粒带出沉砂池，这将加大后续处理单元和污泥处理单元的难度。

找到与所需曝气量相匹配的鼓风机供气量需要采用试错法求解。没有一个理论算法可以精确计算所需供气量。最佳供气量需要在不同时间、季节和天气条件下反复试验而获得。安装了变频器的鼓风机可以按所需气量供气并集成到全厂的控制系统中。如果改变供气量将导致驱动设备的更换，应该对这种调整的合理性与经济性进行认真的分析。

早期的沉砂池采用最小流速的设计，以保证沉砂和保持有机物不被沉下来的功能。流速类型的沉砂池耗能极少，一旦沉砂池建好就没有节能的空间了。沉砂系统的选型将影响全厂的水力高程情况和相关设施的能耗情况。

7.2 一级处理

一级处理的目的是去除污水中可沉淀的固体和漂浮物。但是一级处理去除污染物对于保证二级处理的作用很容易被忽视。效果不好的一级处理将对全厂的能耗产生以下负面的影响：（1）二级处理中的曝气耗能增加；（2）由于剩余污泥与初沉污泥比例变大导致处理处置污泥的耗能增加；（3）降低了污泥厌氧消化的产气量。

关于一级处理的能源利用问题，我们要将常规一级处理与应用较少的化学强化一级处理分开讨论。化学强化一级处理包括了所有常规一级处理使用的能量同时还涉及与化学药剂的添加，混合及泵送等相关的能耗。初沉污泥的处理将作为单独的章节进行讨论，因为常规一级处理和化学强化一级处理都有这个问题。

7.2.1 常规处理

初次沉淀池可能包括以下耗能设备：刮泥机、浮渣泵和破碎机、管道曝气风机，廊道排送风设备。这些耗能设备中，风机类设备通常节能潜力较大。如采用变速或调频技术，有可能实现最低的耗能，同时保留管道曝风机使固体悬浮或其他功能。定时或远程控制廊道排送风设备比连续运行这些设备要节能，但是必须优先遵守本地的安全规程。至少需要参考国家消防组织（Quincy，Massachusetts，2008）发布的《污水处理和收集设施消防标准》。

7.2.2 化学强化处理

化学药剂被用于强化一级处理，强化效能包括，提高生化需氧量（BOD）/化学需氧量（COD）、增加总悬浮物的去除和减少二级处理的有机负荷。这些减少的负荷将减少能源的需求，这将在运行维护费用的计算和能量平衡等方面进行描述。该工艺的直接耗能设备包括快速（闪击）混匀搅拌器、聚合物的溶解搅拌器、聚合物的传送泵、药剂附属泵、化学药剂搅拌器、化学药剂传送泵和化学药剂附属泵。最耗能的部分是快速（闪击）混匀搅拌过程。在本书第6章第4节对快速（闪击）混匀搅拌理论进行了讨论。虽然这些讨论是针对给水处理的，但其中搅拌能量部分是通用于污水处理的。如果该工艺单元中能源的消耗很大，我们可以基于建立的关于能耗，化学品消耗和去除物关系的合理的平衡进行预测性地核算。从总能量足迹的观点看，我们还要考虑化学品制造和运输时的能耗情况，但是从经济上这已经计算到其销售价格当中了。

7.2.3 初次污泥的泵送

初次污泥的泵送是常规一级处理工艺中最耗能的部分。耗能设备包括初沉污泥泵、初沉污泥破碎机、初沉污泥排泥阀。因为这些能量的利用是受污水处理的制约的，并受到设计条件的约束比如流量和水头（泵的扬程相关），所以不易发现其节能空间。尽管如此，仍有某些污水处理厂成功地通过选用间歇运行/可调的初沉污泥泵实现了全流程的节能，这主要是将浓缩的更高浓度的污泥用泵输送到了污泥消化系统。这还需要采用在泵上安装变速器与污泥浓度计的方法才能实现。当初沉池污泥层形成污泥漏斗时，就需要停泵。间歇运行/可调的初沉污泥泵的优点将体现出来。如果污水厂的工艺系列和沉淀池结构允许这种去除足够多污泥的方法，那么其工艺的优点包括：污泥泵能耗较低，进入消化系统的污泥量较少，这将使污泥消化的停留时间加长，从而提高固体分解率，减少固体输送量，增加产气量（如果使用厌氧消化的话）。这样，由于连锁作用，选择间歇运行的初沉污泥泵可以通过一系列的途径降低全厂处理过程的能耗。

7.3　二级处理

7.3.1　活性污泥工艺

预处理和一级处理之后，污水中的污染物既包括高浓度的有机构胶体也包括少量的溶解性有机物、营养物和溶解的颗粒无机物。胶体和溶解性有机物可由二级生物处理工艺处理。有很多方法可以完成这个生物处理过程，这些方法或是为悬浮生长系统或是为附着生物膜系统。悬浮生长过程包括了反应器中悬浮物中微生物的活性繁殖过程，该反应器应有维持生物活性的空气或氧气。生物反应器获得所需氧气有不同的途径，一般将曝气设备分为分散、扩散和机械曝气系统。

总的来说，采用活性污泥法的污水处理系统中曝气设备是最显著的耗能设备。任何类型的设备其充氧曝气能力都受到很多因素的影响，包括搅拌设备类型、池形（水力流态）、搅拌深度、涡流、周围大气压、温度、曝气设备的布置、日污水水量及有机负荷的变化。

当设计完成时，二级处理的能耗基本上已经确定了。系统安装后，系统是否在最佳效率上运行取决于运行人员。在第 8 章将深入地讨论曝气系统的能耗情况，包括能量使用的计算方法等问题。

目前，在污水处理厂有很多悬浮物生长的系统。运行的活性污泥系统用于除碳，硝化，生物除磷或整个脱氮系统。除碳和硝化系统在曝气池中进行曝气。这些设施可以建成单条或多条的池子。对于已经建好的系统，运行人员决定了系统的最高能量利用水平。控制曝气池中合理的溶解氧是可通过运行实现的。曝气池溶解氧过高将浪费能量。悬浮物生长系统应控制溶解氧的范围为 0.5～2mg/L。如果采用鼓风机曝气，运行人员应减少鼓风机的运行台数或降低鼓风机的风量。如果采用大孔径扩散器，就应更换为高效低能的小孔气泡扩散器。

如果采用表曝机，应减少其淹没部分。这将降低溶解氧浓度同时减少电机工作电流。减少电力负荷即降低电耗。如果池中的水位不可调，应在曝气机上安装变频器或自动以时间间隔控制曝气机的开停。这种运行方式与池形、工艺条件和电费等相关。在不影响工艺运行的前提下，应首先对设施情况、工艺条件、实施费用等进行调查分析以判断是否可以实现节能。

生物除磷系统和生物脱氮系统均设置曝气区和非曝气区。非曝气区（厌氧区和缺氧区）应采用带变频器的高效搅拌机。变频器可以控制合理的搅拌强度实现节能。生物脱氮工艺也需要内回流系统以保证缺氧区的硝酸盐浓度。其内回流比可达 300%～400%，泵需要输送很大的水量。回流泵应选用大流量、低扬程的水泵。另外，回流泵应采用变频驱动，通过保证正确的回流量实现节能。

7.3.2 溶解氧控制

污水处理厂中活性污泥单元是整个处理设施里最耗能的区域。当今的活性污泥系统采用大量的各种设备来实现曝气池的供氧和搅拌。向曝气池中供气的设备包括离心式鼓风机、容积式鼓风机、高速涡轮鼓风机、表曝机以及采用鼓风机通风管和机械搅拌器联合组成的供气系统。活性污泥曝气设备采用大马力的电动机和多级单元，满足系统对氧的需求。向曝气池提供多余的空气是一种能量的浪费。一般公认的标准是将曝气池中的溶解氧维持在 2mg/L。当系统脱碳和硝化的需氧得到满足后，维持系统溶解氧在 2mg/L 以上是不必要的，同时也是能量的浪费。现在很多污水处理厂在满足脱碳和硝化的需氧后在低溶解氧的水平下运行。许多污水处理设施将曝气池末端溶解氧控制在 0.5～2.0mg/L。

现今的溶解氧仪和鼓风机控制系统比几年前要可靠得多。最新的溶解氧控制系统可以将系统溶解氧控制在稳定的范围内，这样就保持了一致的能耗水平。有几种不同的溶解氧和鼓风机的运行控制模式。常用的两种是溶解氧单独控制、溶解氧和鼓风机出口压力联合控制。溶解氧单独控制，是在监测曝气池中溶解氧浓度后，通过信号控制供气量的大小来维持溶解氧在设定的浓度。第二种是采用控制溶解氧和鼓风机出口压力来控制鼓风机的运行，使鼓风机既在其最佳工作点上运行又保证了曝气池中的溶解氧的设定浓度。

在氧化沟系统中，溶解氧浓度的控制一般是通过调节表曝机的浸没深度实现的。氧化沟中的溶解氧自动控制系统监测着出水堰附近的溶解氧。溶解氧仪通过厂内计算机系统传送信号，通过调节出水闸的升降将溶解氧控制在设定的浓度上。调节出水堰会改变沟内的液位，进而改变表曝机的浸没深度。

保持曝气池中的溶解氧浓度恒定是节能的途径，因为这样鼓风机的负荷是很稳定的，或者鼓风机是在一个较小的范围内调整的，使得耗能也基本保持恒定。

许多污水处理厂采用扩散器曝气系统。一些采用大孔径扩散器的污水处理厂多数已经更换为小孔气泡扩散器了。小孔气泡扩散器比大孔径扩散器有更高的供氧效率。在满足工艺需氧量的前提下，安装小孔气泡扩散器将减少鼓风机的供气量。而鼓风机供气量的减少将更节能。

7.3.3 二次沉淀池

大多数污水处理厂采用二次沉淀池从活性污泥系统中分离固体沉淀物或从生物滤池（固定膜）系统中分离腐殖质。序批式活性污泥法（SBR）中，固液分离和生物处理是在同一个池子里进行的。活性污泥工艺和固定膜工艺中，二次沉淀池包括机械式的吸泥机，用以收集和清除池里的沉淀固体。吸泥设备使用较小功率的电机，一般在 0.5～1.5kW。大型矩形二次沉淀池采用链条式刮泥设备，其使用的电机功率较大，在 3～5kW。二次沉淀池不是大的耗能单元，因此几乎没有什么节能空间。

7.3.4 膜生物反应器工艺

膜生物反应器（MBR）工艺包含了传统的二级处理或深度处理的活性污泥工艺的特点。它的特殊之处在于采用膜取代二沉池进行固液分离。这个工艺取消了在完全处理中通常需要的某些设备和构筑物。膜的使用可以允许混合液的浓度比常规活性污泥反应器的浓度高很多。虽然固体浓度过高不适用于沉淀池，但对膜处理的影响是有限的。MBR 的好氧反应器因此也比传统的活性污泥反应器要小很多。

但是一般认为，MBR工艺是高耗能的工艺，不像耗能很少的二沉池。对整个处理厂来说，膜工艺有以下一些耗能的特点：

(1) 浸没式膜是一种细孔的过滤器，它需要驱动水头或跨膜压差使液体能穿过过滤介质。微滤或超滤单元运行的跨膜压差范围是1.5～6.0m（4.9～19.7ft）。无论是静压驱动水头还是泵的抽吸，MBR工艺都需要增加额外的能量。

(2) 积累在膜表面的固体物质会增加跨膜压差，减弱膜的渗透性能，因而降低系统能力。膜需要连续或间断性/周期性的空气冲刷，以此防止膜表面结垢并维持膜的透过能力，空气冲刷系统一般由安装在膜箱底部的大气泡扩散器组成。

(3) 高浓度的悬浮物混合液系统需要较高强度的曝气。

(4) 较大回流比将固体物质从膜池送回到曝气池。

(5) 系统还有许多控制阀和抽真空的系统来完成辅助的功能。

(6) 常规的膜系统中反冲洗和化学清洗经常需要附加的泵系统和化学投药系统。最初的膜系统设计为每10min进行一次反冲洗，这需要大量的阀门动作。

新增的能耗需求还包括生物反应池前细格栅（1～2mm）运行所需的能量，这将增加格栅体积和增大了进水单元设备系统。因此，MBR工艺的优点（处理步骤简单、出水澄清度高）必须与其较高的耗能水平结合考虑，其能耗大概是常规的活性污泥系统的2倍。

膜生物反应器的供应商和咨询工程师应关注节能问题并减少系统的能耗。如果该系统能提高能效，将更适用于大规模的应用。

考察后的节能措施有：采用时序周期冲洗以减少鼓风机运行数量；被动地调整污泥内回流、与进水流量同步的污泥外回流、减少控制阀的运行次数、以膜松弛模式减少反冲洗模式的运行频率。

在早期的设计中，一个膜冲洗风机对应一个膜池，每台风机都要连续运行。有一种设计可以降低冲洗所需的曝气量（即能量）大约50%～75%，这种设计采用将冲洗空气送至对应所有膜池的空气总管中，而对应每个膜池的空气管出口是可控的。取代了持续不断地向每个膜池进行气冲洗，以时序控制方式向膜池进行周期性供气，这样就可以单台风机向所有膜池提供供气服务了。在某个实例中，这种方法使风机由4台运行降至单台以最优效率运行。

7.3.5 缺氧区的搅拌

典型的缺氧区的混合搅拌是由液下搅拌、慢速表面搅拌或辅助的小气量搅拌完成的。如果搅拌器或风机是可变速控制的，就可以优化搅拌器，使其以最低能耗运行。当然，在进行工艺运行优化之前，首先要保证实现工艺目标。

7.3.6 生物膜法

生物膜法是由微生物在其上生长着的固定填料组成的。这种填料是某种非生物降解材料，它可以长期暴露在水中仍保持其结构不变。填料通常使用塑料、砾石、矿渣、煤渣和红杉木。生物膜法中典型的是滴滤池工艺，从全厂处理过程上该工艺需要将经过预处理后的污水进行二次泵升以使得污水在"滴"入载体过程中进行充氧。这些单元经常需要再循环以保证最低及更均匀的润湿率。循环率一般要达到日进水流量的3倍以上。典型的生物转盘不需要用泵二次提升污水进入处理单元，但一般需要用泵进行循环。生物转盘使用旋转的能量进行充氧而不是使用泵。生物膜法耗能比悬浮生长法要少，但不能获得较高的处理水平。此外，生物膜法会产生更多的异味。一旦异味控制系统安装后，与之相关的能效或者说生物膜法的运行费用将与悬浮生长法接近。

大多数二级处理系统采用二次沉淀池来捕获并循环工艺中产生的微生物固体。二次沉淀池不是耗能大的单元，一般使用分马力电机。

不同类型的二级处理工艺的能耗曲线由美国环境保护局（1978）给出。这些曲线提供了流量在 $0.04\sim4m^3/s$（$1\sim100$mgd）的污水处理厂的能量使用率（kW/a）。

7.3.7 在线仪表设备

改进曝气系统的运行是降低污水处理厂能耗费用最佳途径之一。活性污泥工艺的需氧量随处理水量和污水的有机负荷变化而变化。实现有效且高效处理的关键是提供合适的供氧量。溶解氧探头具有测定曝气池中溶解氧浓度的重要功能，从而可以控制供气量。溶解氧探头安装在在线仪表设备上并集成在监视控制和数据获取系统（SCADA）中。典型的需氧量全天变化倍数可达到 $5\sim7$。溶解氧可通过自动控制曝气设备实现调节。由探头、传送设备和控制器组成的自动控制系统可以维持曝气过程中溶解氧在预设的浓度上。供气量可通过改变风机转速、调整风机进口导叶或可控叶片实现自动调节。

溶解氧探头是浸入到污水中测量溶解氧的单元。溶解氧探头还可快速连续地检测溶解氧而无需样品的采集、传送和分析过程。溶解氧信号与 SCADA 系统联接后可提供实时的溶解氧测量信息。

以下是污水处理中主要使用的 3 种溶解氧测定技术：

（1）膜电极法：这种探头采用浸泡在含有半透膜的电解液中的阴阳电极。半透膜只允许溶解氧进入检测区。阴阳电极之间的电流强度与当前溶解氧的浓度是成比例的。

（2）极谱法：这种探头采用与膜电极法相同的技术原理只是没有膜。

（3）荧光法：这种探头采用具有一定波长和强度的脉冲光源。这光束会激发荧光物质。由荧光物质激发产生的光的强度与溶液中溶解氧的浓度是成比例的。

每一种技术都有其优缺点，同时不同的应用其维护需求也是不同的，这是我们应该注意和考虑的。

氧气的供应和需求相匹配是活性污泥工艺控制（及其能量利用）的关键。通常在污水处理厂日流量变化中，每天早上随着污水流量和供氧量的增加曝气量需求也同时增加。相反地，夜间流量减少时，供气量也应减少。在采用离心风机的曝气系统中，溶解氧可由调整风机的空气流量来进行控制。通过调节进口导叶的位置可使空气流量满足工艺对氧气的需要。需要注意的是，空气流量的调节与风机的类型很相关，而导叶调节也不是适用于所有风机的。如果可能的话，其他的控制方法还包括风机进口的节流或风机调速。通过溶解氧仪测得的氧含量是调节气量的依据。当需要较低的供气量时，风机的电机功耗减少，从而节约电能。提高溶解氧自动控制水平可以比手动控制节约少则 10% 多则 35% 的能量。

该控制方法常用于空气流量因机械式曝气设备而波动性变化的情况。通常情况下，所有控制模式下主要控制输入是溶解氧。但同时，还有可能包括混合液浓度，合流污泥浓度及进水量。控制方法就是通过调节进口导叶或蝶阀，调节曝气池上的独立阀门，或采用变频器调节风机的转速（参见图 7-3）。

控制由一个主控制器完成，通常是一个可编程控制器（PLC），远程遥测通讯模块，

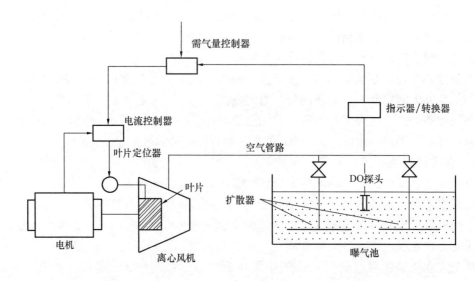

图 7-3　简化的溶解氧控制系统示意图（EPRI，1996）

或分布式控制系统。这些控制器通常具有足够的能力完成监视和控制所有以标准控制模式为曝气工艺而设计集成的设备。

7.4　消毒

污水消毒是为了使处理后的污水中的残余微生物、病原体失活，或者将其杀灭。目前，最常用的消毒方式是投加氯气溶液或者次氯酸钠溶液。考虑到氯气的使用问题及其可能产生的副作用，紫外线辐射正越来越多的被应用到污水消毒技术当中。臭氧消毒也受到了关注，但相对并不普遍。紫外线和臭氧消毒比加氯消毒需要更多的电能。

7.4.1　加氯处理/脱氯处理

污水处理中加氯处理的方式和设备与第 6 章中污水处理的内容相似。运用氯气和散装次氯酸钠消毒仅需少量电能，包括：

（1）蒸气加热器（氯气）；

（2）泵送污水；

（3）测量和泵送氯气/次氯酸钠溶液。

采用次氯酸钠现场发生器的水厂能耗略高，生产 1kg 的 0.8% 次氯酸钠溶液的等量氯（2.5kWh/IB）需要 20MJ（2.5kWh）左右的电能。次氯酸钠发生系统的电能消耗主要源于电解槽中的盐溶液转化为碱和氯气流，将占到次氯酸钠总生产能耗的 50%（CASSON AND BESS，2003）。非现场次氯酸发生器也会消耗一定能源，当然不体现在水厂能耗上。

污水脱氯（氯消毒后）一般通过添加二氧化硫气体或者亚硫酸盐溶液进行。二氧化硫气体和亚硫酸盐溶液添加系统在设计上分别与氯气和次氯酸添加系统相似（WEF AND AMERICAN SOCIETY FO CIVIL ENGINEERS，2009），与氯处理系统相比，脱氯系统的电能消耗相对较低。

2006 纽约州能源研究与发展局（NYSERDA）研究了纽约 7 个污水处理厂采取加氯处理/脱氯处理的能耗，其处理能力 3.5～135mgd（0.15～5.9m³/s）。消毒工艺的能耗约占这 7 个工厂水处理工艺总能耗的 0.2%，表明加氯处理/脱氯处理工艺的能耗并不大。(MALCOM PIRNIE, 2006)

7.4.2 紫外线消毒

紫外线辐射对于污水二级处理中的大多数细菌，病原体和病毒是有效的消毒工艺。污水紫外消毒系统在许多方面和第 6 章中的给水消毒紫外系统相似。最大的区别在于，与给水系统相比，污水系统紫外线穿透力较弱，悬浮固体较多。污水二级处理中紫外线穿透力一般是 45%～70%，而饮用水和再生水为 70%～95%。由于紫外光在低穿透力的水质中传播差，需要更多的灯泡和更窄的灯距，因此将产生更高的能耗。根据消毒的不同级别，需由上游除污工艺（颗粒介质过滤器或膜生物反应器）减少载有微生物的固体物质。而上游除污工艺也将增加能耗。

污水紫外消毒系统通常运用低压、低压高能或中压汞灯开放式反应器。灯泡根据以下内容有所不同：

（1）每个灯泡的总能耗；

（2）电能转化为紫外杀菌能力的转化率；

（3）灯泡总量。

当产生相同的紫外线剂量的时候，低压高能紫外系统比低压及中压紫外系统需要的能量更少（AMERICAN WATER WORKS ASSOCIATION RESEARCH FOUNDATION, 2001）。但是，低压高能（LPHO）和低压系统比中压系统需要更多数量的灯泡和更大的灯距。因此，中压系统更适用于高流量系统，雨水溢流，或者灯距有限的地方（METCALF & EDDY, 2007）。与饮用水系统相似，污水紫外系统运用镇流器来控制 UV 灯泡的电量（电子式或电磁式）。根据不同的型号和设计，镇流器可将电能降低到相当于灯泡最大输出时的 30%。电子镇流器比电磁镇流器约节能 10%（METCALF & EDDY, 2007）。

污水 UV 系统的能耗可用 "dose-pacing" 技术控制，该技术决定了操作中的灯泡个数和灯泡的相对输出值。运用这种技术，灯泡数量可由流量决定，而灯泡相对输出值由可测的 UVT 决定（U.S. EPA, 2006）。Dose-pacing 将根据系统和 UV 制造商通过不同方式进行运用。

2004 年，NYSERDA 研究了纽约州 0.8m³/s（18mgd）污水处理厂加氯处理/脱氯处理和 3 个不同 UV 消毒方式的能耗。表 7-1 中总结了达到 200CFU/mL（粪大肠菌群数）标准时每种方式的能耗，表明 UV 消毒比加氯处理/脱氯处理的能耗要高得多。在 3 种 UV 技术中，低压高能方式的能耗最低。

18mgd 的污水处理厂不同消毒方式的能耗统计（URS 公司，2004） 表 7-1

	1	2	3	4
消毒过程	加氯/脱氯	UV 低压	UV 低压高能	UV 中压
平均能耗（kWh/d）	144	1440	1080	4560

7.5 高级污水处理

7.5.1 颗粒介质过滤

颗粒介质过滤是污水处理中的常用方式，代表了一种除去悬浮物的高级二次污水处理工艺。历史上，细格栅曾运用于颗粒介质过滤，后来又进化为用布或其他替代物过滤的技术。

过滤操作中，克服滤料过滤产生的水头损失需要耗能。反冲洗除去滤料积存的固体废物也需要耗能。过滤方式有 2 种：一种是水利用重力通过滤料进行过滤，另一种是水通过密闭的压力容器中的滤料进行过滤。

在利用重力流进行过滤的过程中，通过滤料的水头损失为 1FT 到 5FT，无论真正的过滤水头损失为多少，系统中的泵必须克服整体上被计入的水头损失。过滤水流或者保持为恒定流，随着过滤物的增多而增加水损，或者保持相对稳定的水头，水流量逐渐变小。

在大部分的密闭的压力过滤器中，过滤介质容易被污物堵塞。即使水头损失根据沉渣聚集的不同程度而有所区别，整体水头损失可能与敞开式过滤器一样严重或更甚。对于无论重力还是压力过滤器，反洗可以去除积累沉渣，将水头损失恢复到原先水平。经常性反洗可减少过滤时的水损，但也导致短流、更低的生产率，增加反洗能耗。延长反洗间隔将导致过滤器水损的增加。还有一些其他因素可能影响反洗频率，比如需要过滤的沉渣量，滤层最大厚度。操作者应根据上述具体情况决定操作时的最低能耗。

化学助滤泵、高分子投料系统、表面空气冲洗系统等辅助工艺将在混合、泵送、空气压缩等方面分别产生能耗。虽然这些能耗较小，但他们也是过滤设备总能耗控制计划的一部分。

活性炭吸附和离子交换等颗粒介质过滤工艺中也应考虑上述问题。因为会发生混床，减少运行时间，所以反冲洗对这些工艺可能是不适合的。如果是多级串联工艺，则可采用反冲洗方式。

盘式过滤器越来越多的被运用到二次过滤中。这种过滤方式因为过滤时较低的水头损失而达到有效的节能。

7.5.2　活性炭吸附

活性炭吸附工艺在接触模式下为克服水头损失要消耗能源，这与前面提过的颗粒介质过滤中的水损相似。废炭需要能量，如裂解炉或蒸汽。热再生所需的燃料。一些炭系统利用烧碱等化工原料来再生。炭输送系统需电能驱动。

7.5.3　化学处理

化学处理中的能耗分为 4 部分：化工产品投加，快速混合，絮凝和沉降。污泥泵送和石灰二次煅烧等化学再生工艺消耗大量能源。在化学处理工艺中，最大的能耗在于化工产品制造商所需的二次能源。

7.5.4　脱氮除磷（营养物去除）工艺

污水处理厂实施更严格的污水营养物控制排放标准越来越重要。在淡水受纳水体，磷通常被认为是在有害的营养化环境中的限制性营养物，初期表现为夏季里藻类过剩。但是，对于部分河口和其他水体，磷和氮的控制也可能被用来防止水质变差。

除磷的两种可能方式是传统化学除磷和生物除磷。化学除磷一般通过添加硫酸铝和氯化铁等金属盐进行液态沉降。虽然有效，但是由于化学品消耗大，污泥处理及处置费用高，这种技术成本大。图 7-4 表现的是达到不同除磷标准时铝、铁等金属试剂的需要量。如图所示，当磷残余减低时金属试剂量增大，这将极大地影响化工品消耗量。多点金属盐添加方式可被用来减少所需剂量。

磷的去除率 (%)	摩尔比（Al：P）	
	范围	典型值
75	1.25：1～1.5：1	1.4：1
85	1.6：1～1.9：1	1.7：1
95	2.1：1～2.6：1	2.3：1

引自美国国家环境保护局（1976）。

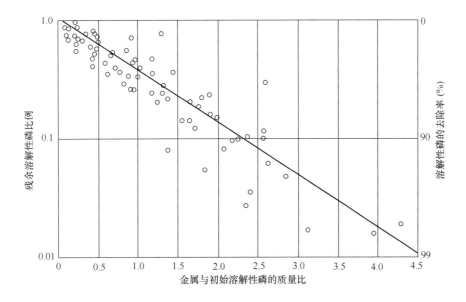

图 7-4　污水除磷中需要明矾（表）及氯化铁（图）的剂量（Sedlak，1991）

　　生物除磷是污水除磷的一种有效经济有效的方式。生物除磷工艺利用非曝气区培养 PAO（聚磷菌）的成长。PAO 可在一定环境下储存过量的磷在其分子体内（分子量的 5%～7%）。在非曝气区，PAO 可吸附污水中的易生物降解的有机碳，并释放磷。在曝气区，它可大量吸附磷储存在分子内，并通过污泥排放。从营养物回收的角度，生物除磷工艺比化学除磷工艺更利于磷和氮的回收。

　　常规除氮通过生物硝化反应和反硝化反应完成。氨到硝酸盐的生物转化（硝化作用）需要的氧气量是氨氮的 4.57 倍，这种工艺能耗极大。并且，因为硝化反应仅在有机负荷率较低（食微比较低）时发生，需要更多能源以满足内源呼吸的需要（内容详见第 8 章）。硝化反应消耗碱度，每 1kg 铵氮氧化需消耗 7200g $CaCO_3$ 的碱（7.2lb/lb）。如果污水中碱度不够，还需增加碱度。

　　对于大部分排放标准，氨氮转化为硝酸盐是达标的，但总氮可能不达标。添加化学碱后 pH 值达到 11 的污水，可通过氨的空气吹脱进行除氮。这种方式相对效率低、气温敏感、需要大量的化工品（石灰和中和酸）、价格高，并且往空气中排放了侵害性气体氨。因此，空气吹脱法在市政污水处理厂中并不常使用。另一种替代工艺是硝化反应工艺后接生物反硝化反应。但是，生物反硝化反应需要有机碳源。如果在二次处理中采取该工艺，甲醇常被当做碳源使用。

　　MLE 工艺是反硝化的首选但非高效的工艺，它的缺氧区与系统中的好氧区分开。更复杂的工艺也是对于 MLE 工艺的改良。缺氧区设在曝气池的端口，运用不同型号的搅拌器而非曝气装置。曝气池附近的硝化污水再循环到缺氧区，在此硝酸盐可被用作氧化剂，BOD 可被用作碳源。当硝酸盐释放出氧后，分解成氮气排放到空气中。

硝酸可还原部分氧。而它使用 4600g 氧/kg 氨氮（4.6lb/lb）生成的硝酸盐，仅能还原 2800g 氧/kg 硝酸盐-氮（2.8lb/lb）（氨氧化中生成水的氧无法还原）。缺氧区再循环和物质搅拌也将消耗能源。

为了达到高效，工艺需提高回流率。通过质量平衡计算，假定缺氧区达到 100％硝酸盐利用率，反硝化率与回流率相关：

$$反硝化率最大值 = 1 - 1/(N+1) \tag{7-1}$$

式中　N——回流量（包括硝酸盐在内的总循环量）比进水流量

例如，如果进水流量为 0.04m³/s（1mgd），回流量为 0.09m³/s（2mgd），回流率 200％，反硝化率最大值为 67％。这意味着 33％的硝酸盐将出现在污水中，67％将在缺氧区中分解，释放氧并生成氮气排除系统。90％的除氮率需 9 次再循环，95％的除氮率需 19 次再循环。当需要达到更高的除氮率时，再多的循环次数也很难达到。而且，因为溶解氧进入缺氧区，将带来由于高循环率而抑制反硝化反应的问题，导致二次处理将需要独立反硝化反应。也可将初级污水排入处理的最后阶段，但将导致与污水净化相关的更加复杂的问题。甲醇被更加普遍地用作碳源，导致工艺费用升高并产生污泥。然而，为减少开销、增强绩效，美国正率先广泛研究醋酸、酒精、甘油等其他专门用品，作为甲醇替代品。反硝化反应中的碳利用见公式（7-2）（metcalf & eddy，2007）：

$$氧化 CODbs 磅 /lb 硝酸盐氮减少量 = \frac{2.86}{1 - Y_n} \tag{7-2}$$

式中　CODbs——可溶性生物降解化学需氧量；

　　　Y_n——生物量净产率，lb CODvss/（lb CODbs・d）

反硝化反应中的碱度降低，将减少用于硝化反应中碱的添加量。并且，去除每 1kg 硝酸盐-氮（3.6lb/lb），将产生 3600g $CaCO_3$ 的碱度。

7.5.5　旁侧脱氮工艺

旁侧脱氮工艺提供了一种高效的方式，用来处理污泥厌氧脱水中产生的富氮循环流（脱水液）。北欧早在 80 年代末、北美早在 90 年代初就采用了脱水液氮的分离和去除的方法。在此物理化学工艺（例如，热气和蒸汽吹脱，鸟粪石析出）被首次开发运用。然而，由于旁侧脱氮工艺的成本，北欧和北美在 90 年代初开发了许多其他工艺，这些工艺被更新沿用至今。脱水液流量一般占二级城市污水处理厂污水流量的不到 1％，但占氮总量的约 15％～25％。独立的旁侧脱氮工艺系统通过减少生物反应器使用量（更小的脱水液反应器）和运行费用，降低了二级污水处理厂为减少氮量所需的成本。由于温度较高（30～35℃），旁侧脱氮工艺的高效率得以维持，运行费用的减少有赖于脱水液处理的方式选择。任何生物脱水液处理工艺都可被分为 3 种：硝化反应/反硝化反应，短程硝化反应/反硝化反应和部分亚硝化反应/厌氧氨氧化工艺（ANAMMOX），即脱氮。

图 7-5 显示了 3 种脱氮方式的特点。如氮循环所示，氨氮在两个基本步骤被氧化，好氧自养细菌（硝化菌）产生亚硝化反应（氨氮-亚硝态氮）和硝化反应（亚硝态氮-硝态氮）。总之，两个阶段都被称为硝化反应。此过程消耗氧，碱度因为酸的产生而被消耗。

类似的，反硝化反应由两个基本步骤组成：硝态氮转化为亚硝态氮（亚反硝化反应），和亚硝态氮转化为氮气（反硝化反应）。这些阶段都在缺氧环境下进行，主要依靠异养菌在缺氧的环境中，利用亚硝酸盐和硝酸盐作为电子受体。这两步反硝化反应需要甲醇等外部碳源或初沉污水中 BOD 中易于生物降解的部分作为有机碳源。生成碳酸氢盐的碱度作为反硝化反应过程的产物。总之，整个氮的过程被称作硝化反应/反硝化反应。

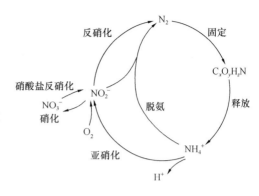

图 7-5　污水处理过程中的氮循环（Wett，2007）

被称作短程硝化反应/反硝化反应的第二种工艺类型中，氨氮被氧化到亚硝态氮阶段即终止（短程硝化）。后续的缺氧阶段，异养菌利用有机碳源将亚硝态氮还原为氮气。图 7-6 表现了这种除氮工艺的优点。对于氧和有机碳源相对需求量而言，因为亚硝态氮不再被进一步氧化成硝态氮，短程硝化反应可以减少的 25% 的需氧量。在短程反硝化反应中，与全程反硝化过程比较，产生氮气所需有机碳源可减少 40%。

在被称为部分亚硝化反应/厌氧氨氧化工艺（统称脱氨反应）的第三种工艺类型中，一种独特的厌氧自养细菌（ANAMMOX 菌）可同步消耗氨氮和亚硝态氮，以生产氮气和少量硝态氮（硝态氮产物未体现于图 7-5）。由于 ANAMMOX 菌的生长无需有机碳源，这将极大减少脱氮过程中的碳和 BOD 需求量，如图 7-6 所示。仅仅是硝态氮的进一步还原需要少量的碳源。为了给 ANAMMOX 菌提供亚硝态氮和氨氮，只需要部分完成亚硝化反应（氨氮只需部分转化为亚硝态氮，即需部分脱水液发生亚硝化反应，然后与未处理的脱水液混合，为提供 ANAMMOX 菌氨氮和亚硝态氮）。无论何种情况，需氧量进一步减少，如图 7-6 所示，因为只有部分氨氮被氧化成亚硝态氮。上述脱氨反应显著降低了运行成本。

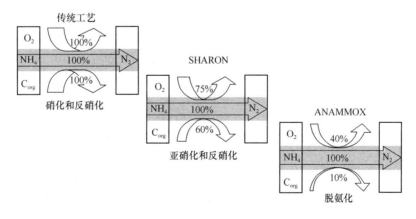

图 7-6　三个主要类型脱氮过程的资源需求量

澳大利亚 Strass 污水处理厂是一家采用 DEMON SBR 工艺的工厂，脱氨工艺的实施降低了能耗。在 DEMON 工艺之前，传统硝化/反硝化运行模式下脱氮（曝气、混合、泵送）的能耗约为 10.4MJ/kg（2.9kWh/kg）。DEMON 反应器采用富含厌氧氨氧化菌的污泥接种 6 个月后，最大的脱氮目标得以实现，脱氮能耗降至约 4.2MJ/kg（1.16kWh/kg），而 Strass 厂的二级生物处理系统脱氮能耗为约 23.4MJ/kg（6.5kWh/kg）。

7.5.6　后曝气

后曝气是污水处理厂的最后一道处理工艺，许多工厂利用后曝气来确保工厂排放的污水中溶解氧的达标水平。后曝气可由扩散曝气、机械曝气、喷射式充氧或跌水曝气进行。主要由提供曝气的曝气鼓风机或者机械鼓风机消耗能源。

扩散曝气是后曝气最常使用的技术。小型工厂常使用过程气泡扩散器来转化少量氧气。大工厂选择使用膜或孔扩散器。应该控制溶解氧和曝气鼓风机的输出，以提供所需的溶解氧量。

浮动机械曝气装置也常被用到。当需要额外曝气时，它可能是效率最高的一种方式。

喷射式充氧是某些工厂没有空间设置后曝气池或阶段曝气而采取的方式。处理水通过射流器排放，它能吸出空气或者将氧气压缩到水中。喷射式充氧器由于其几何形态或者流量产生水头损失。如果喷射式充氧器还需安装泵送系统，就会有新的能耗发生。

跌水曝气无需直接能源输入，它利用排污渠的自然滴流。但是，如果滴流方向与跌水曝气相反而需能源进行泵送，在测量这种后曝气方式时须考虑泵送能耗。即使跌水曝气是一种高效率低能耗的曝气方式，污水的曝气率和产生的压缩溶解氧不易被准确控制。后曝气工艺的选择将影响污水处理厂的水力高程布置，从而影响到设备的总能耗。

7.6　其他能耗

污水处理厂的许多辅助性工艺需要耗能。例如密封水、生活用水、气压辅助设备、仪表气源、起重机、水泵和饮用水。还有仪表、电控阀、锅炉煤气点火器、废气燃烧器、供暖机组和移动蒸汽机组需发生小的能耗。并且，应急电源也会产生能耗。

污水处理厂还设有设备间以及设备控制、维护、实验和管理部门，这些场所的冬季供暖和夏季空调也将使用能源。通风设备的工控装置、控味装置，办公场所、户外和互联区域的照明设备亦会发生能耗。

第8章 曝 气 系 统

对于大多数污水处理厂和再生水厂，曝气系统电耗在总的能耗中占有很大比重。因此，曝气系统的节能非常重要。曝气系统由多个设备组成，实现氧气与污水的混合。常见的曝气系统由鼓风机、输气管路、阀门、空气扩散器和控制系统组成。其他的曝气形式还有表面曝气、转刷曝气以及生物反应塔等。各种类型的曝气在本章均有详细介绍。

8.1 需氧量的决定因素

曝气系统节能水平的评价，既要能对现有条件下的能耗水平进行评价，同样也要能够对旧系统改良后的能耗水平进行评价。曝气的作用是为了供氧，是一个重要的能量消耗过程。因此，需要对需氧量进行精确的评估，以便正确地指导系统设计和掌握实际使用情况。

当一个活性污泥系统的需氧量确定后，设计者一般会将该值乘以一个安全系数，以保证设计的系统有足够的充氧能力来满足峰值需氧量。运行人员可以通过监测混合液中溶解氧量或者 MLSS 来控制氧气的供应量，也可以利用试验设备来测算氧利用率，并且测试固定时间内，空气通过 MLSS 时氧的利用率来指导氧气的供应。

许多运行操作参数和设计参数会影响氧转移效率，进而影响能源利用率。我们经常提及的参数有曝气器的数量、每个曝气器的空气流量、硝化反应、F/M、曝气器浸没深度和空气过滤器等。

最小的供氧量需要满足污水中有机污染物的需氧量。在污水处理厂，充氧过程是必须的，主要参数有生化需氧量（BOD）、化学需氧量（COD）及氨氧化需氧量。异养菌完成对有机污染物的氧化；硝化细菌完成氨氧化反应，氨氧化反应又称为硝化反应。当污水处理厂的条件满足硝化菌生长的需要就会发生硝化反应。

在包含去除生物氮的系统中，硝化反应后面会接一个反硝化反应。反硝化过程中，硝酸盐和亚硝酸盐被转化为分子状态的氮（N_2），并排放到大气里面。反硝化反应的条件是，必须存在电子提供者（通常包含在 COD 里）并且氧气含量要低。如果进水的 BOD 可以被利用来提供电子，就可以减少污水处理厂总的需氧量。

一部分 COD 在进入污水处理厂后会转化成新的生物体，成为剩余活性污泥。其余的COD 被氧化成 CO_2，这个过程需要氧气。在常规的二级系统里，产生的生物量由产出率确定，通过式（8-1）计算出来：

$$X = Y_{obs}(S_o - S_e) \tag{8-1}$$

式中 X——产生的生物量，g/d；

Y_{obs}——表观产率，g 生物/g COD；

S_o——进水 COD，g/m^3；

S_e ——出水 COD，g/m³。

表观产率由系统污泥停留时间和分解率计算得出，公式如式（8-2）所示：

$$Y_{obs} = \frac{Y_T}{1 + (K_d \times SRT)} \tag{8-2}$$

式中　Y_T ——理论产率，g 生物/g COD；

　　　K_d ——率减系数，g 分解的生物/（g 生物·d）；

　　　SRT——污泥停留时间。

生物量可以用 $C_5H_7O_2N$ 来表示（Hoover 和 Porges，1952）。理论 COD 可以用化学计量法来计算，完整的化学反应方程式如式（8-3）所示：

$$C_5H_7O_2N + 5O_2 \longrightarrow 5CO_2 + 2H_2O + NH_3 \tag{8-3}$$

由化学反应方程式得出，完全氧化 113g 的微生物需要 160g O_2，相当于 1g 微生物需要 1.42g O_2。反应系统中，用于合成生物体的 COD 不需要消耗 O_2。系统中用于消减 COD 的 O_2 需求可用下式表示：

$$COD 消减的氧气需求 = S_o - \{S_e + [1.42Y_{obs}(S_o - S_e)]\} \tag{8-4}$$

进水中部分氮也用于合成生物体，按照化学组分式 $C_5H_7O_2N$，则氮含量占 12.3%。生物体中的氮被硝化菌氧化，氮化物转化成硝酸盐。关于硝化菌的所有反应动力学参数均可以通过与硝酸盐产出过程相似的异养生物形成过程来预估。

进水氮化物组分里主要是自由的 NH_4^+-N 和有机氮，它们总称为凯氏氮（TKN）。几乎所有的进水有机氮都被转化成适宜新细胞生长或硝化的 NH_4^+-N。完整的硝化反应方程式如式（8-5）所示：

$$NH_4^+ + 2O_2 \longrightarrow NO_3^- + 2H^+ + H_2O \tag{8-5}$$

基于上述的反应方程式，2mol 的氧气将 1mol 的氨氮氧化为硝酸盐，相当于氧化 1g NH_4^+-N 需要 4.57g O_2，同时产生两个 H^+，这两个 H^+ 与污水中的碳酸盐反应。结果，当 1gNH_4^+-N 被氧化时，将有 7.14g $CaCO_3$ 被反应掉。

将产生的 0.17g 的硝化菌计入进来，完整的硝化反应方程式见式（8-6）：（Gujer 和 Jenkins，1974）

$$1.02NH_4^+ + 1.89O_2 + 2.02HCO_3^- \longrightarrow 0.021C_5H_7O_2N + 1.06H_2O + 1.92H_2CO_3 + 1.00NO_3^- \tag{8-6}$$

因为有机负荷低，即使考虑到有机合成，硝化反应中氧气和碱度的消耗也没有明显变化。1gNH_4^+-N 需氧量降低到 4.3g，而 1gNH_4^+-N 需要碱度增加至 7.2g（以 $CaCO_3$ 计）。设计中，一般可以忽略水中的生物氮，则 1gNH_4^+-N 需要 4.57g O_2。

生物脱氮除磷（BNR）系统中硝化反应和摄磷过程是好氧的，反硝化反应是缺氧的，厌氧环境促使聚磷菌（PAO）增加，以增强除磷作用。有聚磷菌（PAO）在厌氧环境下吸收有机物质并储存起来，用于后续的好氧、缺氧过程。混合液经过脱氮除磷过程的厌氧和缺氧阶段，进入好氧阶段时，能够降低 α（污水中氧转移系数与清水中氧转移系数的比值）的溶解性有机物已被去除。聚磷菌（PAO）内的有机物被快速去除，同时摄入大量氧气，降低曝气池内溶解氧含量，进而增强了氧转移动力。相对于传统的活性污泥法，生物脱氮除磷（BNR）系统中的氧转移效率要高得多（Mahendraker，Mavinic，Rabinowitz，和 Hall，

2005；Mahendraker，Mavinic，和 Rabinowitz，2005；Rosso 等，2008）。

在生物脱氮除磷（BNR）系统的好氧阶段，氨被氧化为亚硝酸盐和硝酸盐。在缺氧段，氧化了的氮（硝酸盐）被作为电子受体，抵消掉氨氧化需要的部分氧气，减少总的需氧量。每 1kg NO_3-N 转化为 N_2 需要消耗 2.86kgCOD，因此总需氧量要相应扣除此部分 COD 没有消耗的氧气。

生物脱氮除磷（BNR）工艺中，有些工艺在不减少对氮和磷的去除能力基础上，可以利用回流活性污泥（RAS）中剩余的溶解氧，减少总的需氧量。设计中还要考虑进入系统的污水含氧量和处理后达标排放对溶解氧的需求。为了增强缺氧反应器中的反硝化率，并使硝酸盐或氧气不能进入厌氧反应器以保证聚磷菌磷（PAO）的释放，可以按照下面的方法对活性污泥回流进行设计。在 MUCT 工艺流程中，至少有两种选择来利用剩余的溶解氧：（1）回流活性污泥（RAS）流至好氧反应器；（2）回流活性污泥（RAS）流至缺氧反应器。在 MJB 工艺流程中，回流活性污泥（RAS）的回路存在反硝化阶段，然后将 RAS 按照 25％进入厌氧反应器和 75％进入缺氧反应器。MJB 工艺的主要优势生物量无需回流，同时沿程 MLSS 浓度比 MUCT 工艺更加均匀，因此减少了总的能量消耗。图 8-1 和图 8-2 用曲线描述了 MUCT 和 MJB 的工艺流程。

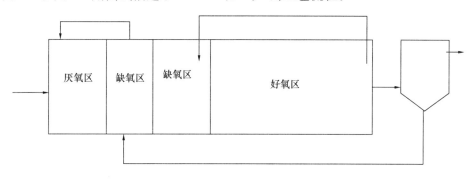

图 8-1 MUCT 工艺流程图

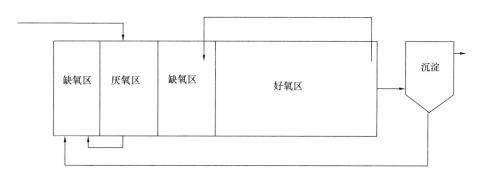

图 8-2 MJB 工艺流程图

系统理论需氧量可以按照 COD 完全去除和硝化反应需求进行计算，而实际运行中则可以通过间歇曝气来降低空气的供给。

需氧量的选取必须十分谨慎，不精确的流量计量、被不流动样品污染的流动样品、间歇取样（每周 1～3 个）和作为工业标准而使用的实验室检测方法（5 日生化需氧量）等都会影响需氧量数据的选取（Kennedy 和 Boe，1985）。

8.2 曝气设备的形式

曝气器的作用是使污水与氧气接触，并使氧气转移到水中。曝气的主要作用是为了在污水处理中将氧气提供给微生物。曝气也有以下作用：在曝气沉砂池中起到混合搅拌的作用，增加处理后排放水的溶解氧含量（后曝气），氧化金属离子，去除残留气体，以及提高饮用水处理中的溶解氧等。

曝气过程中，可以用高纯氧代替空气，增强气液界面的氧传速率。目前有多种形式的曝气设备已经研制成功并投入使用。在相关参考文献中对此有详细的论述，如《城镇污水处理厂设计》（WEF and American Society of Civil Engineers，2009）以及《废水工程：处理与回用》（Metcalf 和 Eddy，2003）。本章将就曝气设备进行简明的概述。

8.2.1 表面曝气式

1. 低速曝气器

低速曝气器是一个安装在垂直杆上的大直径叶轮装置，它可以将混合液从曝气容器洒到空中。当水与空气接触时，氧气传递到水中。曝气器通常安装在曝气池中央部位的混凝土平台上，并通过安装在与平台水平相近的一个带有齿轮减速功能的电动机进行驱动。叶轮浸没深度增加一点，能量消耗就会增加非常明显，氧转移效率也会随叶轮浸没深度而增加。因此，为了优化氧转移效率和动力消耗，在动力控制上需要安装某种装置，来根据池中溶解氧浓度调整叶轮浸没深度。

2. 高速曝气器

高速曝气器通常与氧化塘工艺有关，它安装在氧化塘的边缘，用锚桩和钢索连接，通过浸没在污水中的电缆供给曝气器能量。电动机直接与安装在垂直轴上的搅拌推动装置连接，推进装置将污水扬起与空气接触，氧气进入水滴中。定时操作校正控制器控制曝气器的运行，定时程序由每日或季节污水流量、负荷变化确定。在氧化塘中，浮漂根据液位深度升降，浸没的推进器相对连续的运行。在冬季这个步骤的操作要小心仔细，因为冰会破坏装置。

3. 射流自吸式曝气器

射流自吸式曝气器将空气以高速低压的形式注入水中。潜水泵固定在垂直的空气管上并与大气相通，空气从高于水面的位置进入管路后从富含空气的水进入曝气池中的其他水中。这是低成本的氧气快速混合传递装置，但是能耗效率却比较低。射流自吸式曝气器不仅能耗效率低，在氧传递能力上也受限（1b O_2/h）。

4. 转刷曝气器

转刷曝气器一般应用于氧化沟工艺。曝气器被安装在水平的轴上，与沟同宽，两端通过横梁固定，一端通过传动皮带或齿轮箱与电机连接。曝气器由轴和延伸进水里的带转刷的鼓状物组成。当曝气器围绕轴转动，转刷扬起小部分水进入空气，氧气从空气转移进水滴里。同时，转刷为水在氧化沟里的流动提供动力。当水滴回落到流动的水流中，暴露在空气中的水滴吸收氧气。能耗随转刷浸没深度和混合液流动速度而变化。氧化沟同样有自控系统，通过调整液面高度来调节曝气器的浸没深度。

5. 转盘曝气器

转盘曝气器是转刷曝气器的变种，同样应用于氧化沟工艺。该曝气器用带圆盘的轴代替带转刷的鼓状物。当转子转动起来，圆盘给水一个速度，同时将水扬起吸收氧气。

8.2.2 浸没曝气式

1. 扩散式曝气器

扩散式曝气器是一种利用其表面多孔介质传递压缩空气的装置，扩散过程中氧气从空气转移到液体中。扩散式曝气器分为中、大孔气泡（气泡直径＞5mm）曝气器和微、小孔气泡（气泡直径＜5mm）曝气器两种型号。在下面的文字中将分别进行描述。

（1）中孔、大孔曝气器

从 20 世纪 50 年代到 20 世纪 70 年代中孔、大孔曝气器使用较为广泛。到了 20 世纪 70 年代，能源危机使人们重新评估、开发并应用微孔、小孔扩散曝气器。现在中孔、大孔曝气器主要应用小型污水处理厂的缺氧选择区和好氧消化区。这种曝气器主要由厚的 PVC 或薄的不锈钢管制成，管侧钻大孔。

（2）微孔、小孔曝气器

微孔、小孔曝气器能够产生小的气泡，以增大气液接触面积，进而增强氧利用率。氧利用率高可以减少压缩空气用量，进而降低鼓风机运行成本。

微孔、小孔曝气器通常由多孔的陶瓷材料或穿孔的薄膜材料制成，形状为圆盘式或钟罩式。以前陶瓷曝气器制成立体的盆状，现在多数为盘式或钟罩式。薄膜式的曝气器可以包裹在圆形水平管表面或是镶嵌在盆状曝气器中。圆盘曝气器被安装在 PVC 管路上，并且按照格子形式排列在曝气池底。管式曝气器可以有不同的长度，并且可以安装的比盘式更为紧密。管式曝气器通常安装在离池底更近的位置，这样可以得到更为理想的氧利用率。曝气板因为覆盖区域广而具有较高的效率，适用于各种池型。

微孔、小孔曝气器气泡尺寸一般随气量变化较小。但对于薄膜曝气器，当气量降低时，曝气器边缘气量明显降低，圆盘中心形变明显，中心气量增大，降低空气扩散性能。为了提高空气扩散水平，可以增加薄膜中央厚度、降低边缘厚度。可形变的薄膜微孔曝气器可以产生不同孔径的气泡，气泡直径取决于气量的大小，因此薄膜微孔曝气器可以在大气量下产生中、大气泡（直径＞5mm）。而不可形变微孔曝气器产生气泡的直径随气量变化不明显。

安装微孔曝气器的数量需要根据需氧量确定。经验表明，多孔的陶瓷曝气器需要经常维护保养来恢复曝气性能，而薄膜曝气器则需要周期性的更换来保证曝气性能。薄膜曝气器比陶瓷曝气器的氧利用率更容易降低，不断的形变会增加曝气器污堵的机率。一般认为薄膜曝气器使用寿命是 5～10 年，当然这也与运行条件有关。

2. 喷射搅拌曝气器

喷射搅拌曝气器是机械曝气器和空气扩散器的结合（U. S. EPA，2000）。该装置最容易看见的部分是电动机和用来驱动垂直搅拌器的连接齿轮盒。搅拌器安装在水面下一定深度，它的下面是圆形喷头。空气由鼓风机抽入，并通过每个搅拌器下的圆形喷头进行分配，气泡通过搅拌器时，被剪切为小气泡。该设备提供的空气量有限，因为过量的空气将漫过涡轮叶片，导致抽升能力和氧传递效率的降低。

3. 浸没式曝气混合器

该设备主要由浸入水下的带有叶轮推进器的电动机构成，并有一个经鼓风机的空气入口。这些单元以低速和大范围搅拌来防止污堵，喷头、叶轮在水下剪切空气。当微生物对氧气的需求量降低，通过搅拌来调节空气进入量。

4. 静压管曝气器

静压管曝气器一般用于氧化塘，也可以用于池体构筑物，这是典型的大孔曝气系统。在这个系统中，曝气器沿池底部布置，空气从底部的孔中溢出，每个孔上有一根管子，直径约为 0.3m，高度约为 0.75m，在每根管子里面有静态混合器（盘状或齿状），空气上升时被打碎为小气泡，同时使水流向上运动。这个系统比较简单，且没有可移动的部件，但氧利用率较低。

5. 射流曝气器

射流曝气器是一种利用安装在曝气容器外的水泵喷出水流，使得污水形成循环并混合的装置。压缩空气或是大气中的自由空气从一个独立的管子进入，这根管子粘结在水管上，空气和水流由喷嘴集成装置喷射。当喷出时，空气形成小气泡，氧气从空气转移进入水体。

6. "U" 形管曝气器

"U" 形管曝气器主要由一段 9～150m 深的通风管道构成。当空气进入向下的水流时，一部分空气被微生物利用；当空气和水流到管子的底部，在高压的作用下，空气溶入水里；混合液再向上流穿过回流区。这一系统节省空间且高效，但建设费用昂贵，适用于高浓度污水处理。

8.3　设计注意事项

以前的节能评价是根据生物处理过程能够节约多少能量，现在则根据污水处理厂的规模、处理污水的负荷、当地电力成本以及设备使用过程的类型来进行综合评价。节能评价在本手册的第 1 章和第 11 章有定义。

氧化塘多应用于小型的社区或工业，空气中的氧气自由扩散进入水体中。相对较大的表面积使得有充足的空气来满足要求。当氧化塘的负荷增加时，微生物的量就会增加，这时需要添加曝气器来增加传入水体中的氧气。当面临更高的负荷时，则需要使用特殊的曝气扩散系统。氧化塘系统能耗相对较低，曝气的节能可以通过在漂浮的曝气器上或鼓风机上会安装计时器来定时供应空气，或者利用太阳能或风能的水循环设备增强氧气的传递等手段。

氧化沟系统能够保证污水处理效果，可以满足脱氮或者高效脱氮除磷（BNR）的需求。小型装置（＜50hp）可以考虑使用高效的混合器，控制溢流堰，或者安装定时器控制能量消耗。大型装置可以使用溶解氧计量和反馈控制系统来使电机变频运行，另外可以考虑使用溢流堰控制系统和高效电机。厂家至少要配备一个不受溢流堰高度影响而可随水流变化的曝气转刷（碟）。

使用生物反应塔系统的污水处理厂需要将污水抽升到塔上，因此需要考虑水泵的能量效率。同样，使用滴滤池工艺的污水处理厂也需要考虑用于驱动污水循环的水泵能量效率。当需要更换水泵电机时，可以考虑更换成高效电机，还要考虑适合的水泵型号和切削叶轮直径。

使用纯氧曝气的污水处理厂根据每个系列曝气池末端废气中的二氧化碳含量，来控制鼓入曝气池的氧气量。而污水处理厂通过监测废气中氧气含量来控制供气量的增减。其他的控制模块包括曝气池混合器、混合器上的电机和制氧装置上的电机。

使用机械曝气的污水处理厂需要经常对齿轮箱和电机进行维护保养。经验表明，利用溶解氧含量来控制溢流堰的方式无法保持工艺的运行，而不得不根据操作经验进行频繁的调节。

有扩散曝气系统的污水处理厂要关注下面的内容。有 3 个主要的要素：曝气器、鼓风机、测量仪表和控制系统。

工业上已经淘汰了旧的、低效率的曝气系统，而转向使用更为高效的曝气系统。曝气的最主要目的是为了将氧气从空气传入水中来满足污水处理过程对氧的需求。另外，曝气还是为了使曝气池中悬浮固体保持悬浮状态提供足够的混合动力。当设计这一系统时，需要注意下面影响能耗成本的项目：

（1）气泡尺寸；

（2）气泡密度；

（3）控制微生物的氧气用量；

（4）对微生物最为适宜有效的氧气量；

（5）空气扩散器最适宜的运行范围；

（6）鼓风机最适宜的运行范围。

没有一种万能的方法适合每一种情况。现场的条件、供应商（风机/扩散器/控制）的利益竞争和商业上的投标程序使得价格而非能效常常决定了系统的选择。

在本节中，将要介绍设计中需要考虑的提高曝气系统能效水平的因素。

实际氧转移率（OTE$_f$）的值等于传递到混合液中的氧气与曝气量的比值。实际条件下氧转移率与一系列的因素有关，包括污水处理高程、温度、饱和溶解氧含量、曝气设备的型号和安装、污水特性、处理工艺和污水前处理程度。在污水处理厂内，不同曝气池之间也是不同的。比如，随着深度的增加，扩散器布置密度，扩散器气体通量率下降、处理程度的增加，氧利用率也随之增加。实际氧转移率的方程式由《城镇污水处理厂设计》（WEF and American Society of Civil Engineers，2009）给出，见式（8-7）：

$$OTR_f = \alpha F SOTR \theta^{(T-20)} \left[(\beta \Omega \tau C^*_{20℃} - C)/(C^*_{20℃}) \right] \qquad (8-7)$$

式中　OTR$_f$——实际条件下的氧转移速率（bl/h）；

　　　C——反应器中平均的溶解氧含量（mg/L）；

　　　T——水温（K）；

　　　α——污水中的 K_{La}/清水中的 K_{La}（两者都为新曝气器）；

　SOTR——标准状况下新曝气器的氧转移速率（bl/hr）；

　　　F——旧曝气器在污水中的 SOTR/新曝气器在同样的污水中的 SOTR；

　　　θ——温度经验系数，等于 1.024；

　　　β——污水中的 C^*_{st}/清水中的 C^*_{st}；

　　　Ω——压力系数，池中该数小于 6.096m（20ft），= 实际气压（kPa 或者 psia）/标准大气压（101.3kPa 或 14.7psia）；

　$C^*_{20℃}$——温度为 20℃，压力为一个标准大气压（101.3kPa）条件下的饱和溶解氧（mg/L）；

　　　τ——饱和溶解氧的温度系数（$C^*_{st}/C^*_{s20℃}$）；

　　C^*_{st}——污水中实际温度，压力为一个标准大气压（101.3kPa）条件下的饱和溶解氧含量（mg/L）；

C_{s20}^*——水温为 20℃，压力为一个标准大气压（101.3kPa）条件下的饱和溶解氧（mg/L）。

对比不同曝气系统效率和设备效率的标准测试方法已经建立（American Society of Civil Engineers，2007）。标准条件下进行的清水脱氧的试验已得出结果（标准条件，即温度为 20℃，压力为一个标准大气压（101.3kPa），总悬浮固体浓度为 1000mg/L）。任何偏离这个条件的结果都需要进行适当的因数校正。

曝气设备在标准条件下运行测试得出标准氧利用率。每个氧传递单元的能耗是标准曝气动力效率。实际氧利用率与标准氧利用率不同，因为在标准测试条件下污水和清水的特性不同。实际的氧利用率受水质影响，尤其是表面活性剂的存在，比如洗衣粉、溶剂和悬浮物。即使是在稀释的污水中，适量的洗涤剂也会形成气泡来抑制氧的传递。表面活性剂改变了液体的表面张力，降低了氧气的扩散能力。

1. 混合器

每个曝气池的能耗至少需要保证混合。能量消耗的大部分取决于反应池形状、曝气器的型号、密度和布置情况。大部分的曝气反应池至少需要消耗 3～15W/m³（15～75hp/（mil·gal））的动力来阻止悬浮固体的沉淀。对于微气泡曝气系统，推荐的设计气流是 2.2m³/(h·m²)(0.12scfm/ft²)，实际上更低气量应用也取得了成功，尤其是当满足了混合要求时。在低曝气量需求时（小水量，冬季），混合器被用来产生推动力来避免 MLSS 沉淀。一般混合器直接被安放在曝气器的表面。当混合需要的氧气远远超出污水的需氧量，运行人员将考虑减少供气量的反应池。因此，当大部分反应池不需要混合时，用于剩余反应池混合的能量足以满足这些池内污水处理的需氧量。

2. 扩散器通气率

扩散器通气率是指单个曝气器表面通过气量与鼓风机气量的比率。计算通气率时，需要保证通过每个曝气器空气量相同。高通气率通常会导致氧利用率降低，因为此时的气泡尺寸较大，如图 8-3 所示。微孔曝气器气孔较小，可以以最小的气流获得最好的氧转移动力效率。

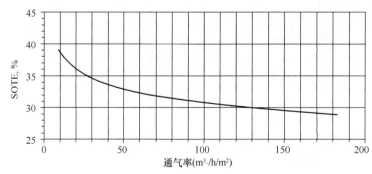

图 8-3 4.57m 水深时高效橡胶膜曝气器的标准氧利用率曲线图（EDI 产品）

降低通气率可以提高氧利用率。在一个给定的气量条件下，增加曝气器的孔径或数量将导致曝气池中总的曝气表面积增加，进而降低通气率提高氧利用率。

氧利用率随曝气器浸没深度增加而增加。从同样一个曝气器释放出来的空气泡，曝气器深度越深，在它进入空气之前与水的接触时间越长。另外一个氧利用率增加的原因是深度越深，气泡内氧分压越大，氧气越容易传入水中。尽管氧利用率随深度增加而增加，但鼓风机压力也会增加。因此，最终的动力效率（$kgO_2/(kW \cdot h)$）相对恒定。尽管中孔、大孔曝气器的氧利用率比微孔曝气器的氧利用率小，但中、大孔曝气器的氧利用率随气量增加变化不明显。（US. EPA，1989）

3. α因子

α因子是曝气器能效设计的最重要参数之一。它是污水中的氧转移系数与净水中的氧转移系数的比值，如 Eq 8.7。α因子主要用于决定污水需氧量，它可由在污水条件下使用特殊设备获取曝气装置释放出的气体得出（Redmon *et al*，1983）。这类设备的应用是为了测试小型曝气系统的氧利用率（Mahendraker，Mavinic，Rabinowitz，2005）。在推流曝气池中，从入口到出口α因子随污染物生物降解而增加（US EPA，1989）。α因子的变化在微孔曝气系统中非常明显，在推流曝气池中入口处α因子为 0.4 或更低，出口处将为 0.8 或更高，它随有机污染物从污水中去除而变化。有人曾经认为通过增加 MLSS 或者在低 F/M 条件下运行来快速去除表面活性剂，进而增加α因子的平均值。有人这样做了，但结果是高的内源呼吸作用增加了氧气的需求，反而降低了α因子。另外，没有硝化作用或氮去除需求的污水处理厂将要因为增加硝化反应而增大曝气量的供应。运行人员在运行中必须关注诺卡氏菌及其他丝状菌的快速生长，这些菌将导致污泥泡沫或污泥膨胀。降低负荷将导致曝气器以混合作用为主，使系统在高溶解氧含量条件下运行，降低了氧气向水中扩散的动力。在 4.3 节进行相反工艺的描述。

4. β因子

β因子是污水中饱和溶解氧含量与清水中饱和溶解氧含量的比值。它也是决定污水需氧量的重要参数。这个参数可以从低值 0.9 到高值 0.99 变化。盐度和碱度是影响β因子的主要因素。β因子可以通过总悬浮固体（TDS）的值进行计算（Mueller *et al*.，2002）：

$$\beta = 1 - 5.7 \times 10^{-6} \times TDS \tag{8-8}$$

运行人员很难有效改变β因子的值。但需要准确利用β因子，否则会造成鼓风机能力不足。

5. 曝气系统投资和运行成本

Mueller 等人（2002）编写了使用活性污泥工艺的污水处理厂曝气系统投资和运行成本，这里清晰的指出曝气系统对整体成本的影响作用。如表 8-1 所示。

曝气系统成本（Mueller *et al*.，2002）　　　　　　　　　表 8-1

污水处理厂	所属地区	设计处理能力（m^3/d）	曝气系统形式	投资成本		年运行成本	
				总投资成本（美元）	曝气系统占比（%）	总运行成本（美元）	曝气系统占比（%）
Coney Island	纽约州布鲁克林市	378541（100）	微孔扩散式	650（1990）	20	4.43（1998） 4.05（1999）	20.1～25.5 * 20.3～25.2 *
North River	纽约州曼哈顿特区	643520（170）	微孔扩散式	968（1986）	5.57	7.12（1998） 7.43（1999）	15.7 16.8
Red Hook	纽约州布鲁克林市	227125（60）	扩散式	232（1988）	16.8	2.49（1998） 2.29（1999）	25 24
Owls Head	纽约州布鲁克林市	454249（120）	扩散式	380（1995）	27	7.15（2000）	17

污水处理厂	所属地区	设计处理能力（m³/d）	曝气系统形式	投资成本		年运行成本	
				总投资成本（美元）	曝气系统占比（%）	总运行成本（美元）	曝气系统占比（%）
West Point	华盛顿州西雅图市	503460（133）	4段式表面高纯氧	229（1995）	19.3		
Middlesex County Utilities Authority	新泽西州赛尔维尔市	556456（147）	大马力表面叶轮机	95.5（1974）＋8.9（1995）	19.3 100	16.4（1997）15.2（1999）	19.5（升级前）13（升级后）
Darmstadt Central	德国	37854（10）	扩散式和带有推进器的细管	95（1995）	15	3.4（1997）	11.4

注："*"表示包括空气过滤器

8.4 运行注意事项

8.4.1 污染负荷的分布

在活性污泥工艺的调整中，污染负荷分布决定了曝气池某些调控指标。比如，推流式曝气池的进水在向上流的末端，分段进水式的进水沿池长分布，完全混合活性污泥工艺在每个曝气池的污染负荷完全一致。推流式、某一阶段的分段进水工艺在处理深度上沿流动路径均匀增加，而在完全混合式的曝气池中处理深度较为均匀。氧利用率依然随处理深度增加而增加，此时的氧利用率更接近于标准氧利用率。

8.4.2 分段进水式和完全混合式

在分段进水工艺和完全混合工艺运行中，α 因子会因为曝气池中表面活性剂的分布、稀释和快速吸附去除而变得更为相似（U. S. EPA，1989）。微孔曝气的另一个好处是，它可以减少污染物扩散，这一现象在推流式系统的进水口表现明显。

8.4.3 混合液中溶解氧

导致曝气系统能效低的普遍原因是供气量超过实际混合液所需的溶解氧量，进而产生了较高的能耗。水中溶解氧量越接近饱和，抑制氧气溶入的强度越大，氧利用率越低（见公式8-7）。

氧气从空气进入水中是一个转移过程，转移速度与驱动力有关，这一驱动力来自水体中溶解氧量与饱和溶解氧量的差距。当氧气从空气进入水中，水中溶解氧含量增加，同时溶于水的驱动力下降。因此，为了得到最佳的氧利用率，运行人员调控曝气池时最好以达到工艺要求的最小溶解氧含量调节鼓风机，同时还要满足悬浮固体的均匀混合。还有一个潜在的节能办法，就是以图 8-4 中控制点的溶解氧值运行。在工艺条件下氧转移的方程式如式（8-9）所示：

$$dC/dt = K_{La}(C_s - C) - r_M \tag{8-9}$$

式中 C_s——在亨利法则里给出的饱和溶解氧含量（mg/L）；

C——水中或反应器中的实际溶解氧含量（mg/L）；

r_M——微生物利用氧气的速率。

饱和溶解氧对于空气扩散曝气系统的意义是表征了液体温度、大气压力、扩散器浸没深度（与压力有关）和溶解盐（TDS）。饱和溶解氧对于表面曝气器的意义是受到除浸没深度以外的其他因素影响。

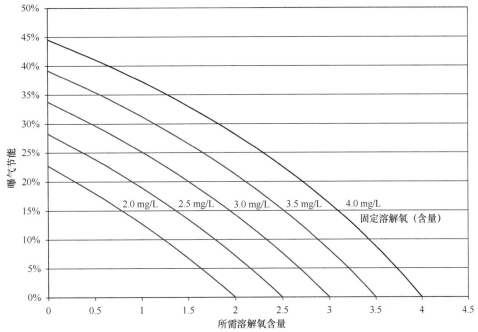

图 8-4 运行中设定溶解氧含量与节能关系的曲线图

有经验的运行人员一般会在混合液负荷增加之前增加氧气的供给。安装了溶解氧在线仪表的设备能够控制用于曝气的鼓风机，因此可以根据微生物增加的需氧量增加氧气供应，避免出现过量的混合液溶解氧量。在线仪表和控制系统的发展可以使曝气实现精确控制。在大、中型污水处理厂，安装通过混合液溶解氧自动控制鼓风机的系统，短期内就可以收回投资成本。

以下是推荐的调控方案：

在曝气池中安装在线溶解氧探头，将溶解氧含量及时反馈到鼓风机控制系统，进行节能控制，短期内节省的运行费用就可以抵消投资成本。

图 8-5 是利用在曝气池安装在线控制溶解氧含量的设备发掘节能潜力的曲线图。图 8-5 中的实线表示的是在两个平行的完全混合式曝气池中 24h 溶解氧含量变化曲线。两条线各自标示了手动控制和自动控制下曝气池中溶解氧含量。除了晚上的时间（22：00～24：00时），其余时间手动调节溶解氧含量的线均比自动调节溶解氧含量的线高。这个事例表明自动控制能够更好地实现与实际需氧量的匹配。自控的节能水平估计平均达到33％，实际节能水平能更高，可以达到38％。

溶解氧探头的位置影响系统对氧气需求变化的及时反应能力。如果安装在推流式曝气池的末端，当峰值负荷进入池中时，将不能及时检测到溶解氧的急剧下降。

在多通道曝气工艺的污水处理厂，每个通道需要有一个溶解氧仪表，正如图 8-6 所示。手提便携式溶解氧测定仪可以保证使所有的曝气池在相同的条件下进行测定。

有两个方法来控制平行建造的单通道曝气池。一个是与图 8-6 图示的系统相似，每个曝气池安装一个溶解氧测定仪来控制单个曝气池的空气量。提供针对每个格子曝气器的手

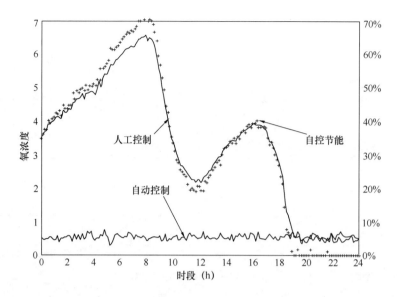

图 8-5　自动控制与手动控制的溶解氧曲线对比图（U. S. EPA. 1989）

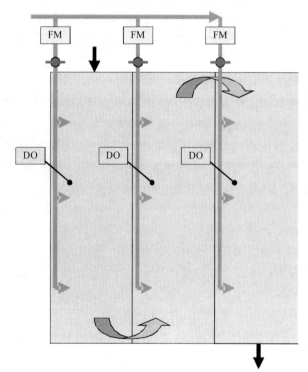

图 8-6　溶解氧探头位置——方案一

动控制的经验曲线。

第二个方法是在曝气池的进水口、中间和出水口安装溶解氧测定仪，如图 8-7 所示。这个方法的优点是，自动控制系统可以更好地调节一天当中需氧量的空间变化。此外，可以用手提便携式溶氧仪对平行的反应池进行手动调节的控制。

在曝气池使用更多的探头可以实现更好的控制，但这同样会增加更多的传感器、控制系统和维修保养，增加经济费用。在大型系统中使用多个传感器是有必要的。使用多传感器溶解氧测定仪的经济效益与当地的能源成本也有关系。在美国一些地方，能源成本较低，因此使用多传感器溶解氧测定仪带来的成本节约也是有限的。

大多数的污水处理厂的数据有日报、周报和季报。适当的分析、研究及全天候的抽样分析，污水特征规律就能够被确定。利用研究的特征规律，运行人员可以预期 COD 负荷的增减，就可以通过对鼓风机进行适当的调节来应对这种变化，而不是等到发生了再去做。这一方法可以很显著提高处理效果和曝气能效水平。它将有助于提高无论是手动调节系统还是自动调节系统的能量利用率。

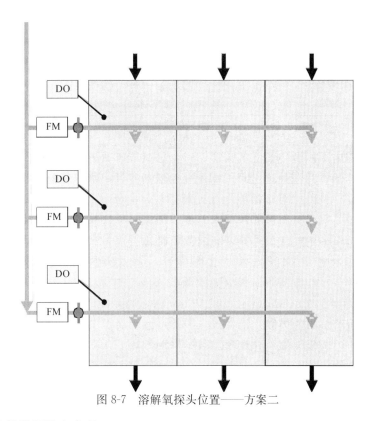

图 8-7 溶解氧探头位置——方案二

接下来推荐的调控方案是:

(1) 为了预期曝气系统负荷的变化,进行全天候对水样的抽样研究,得出污水变化的特征规律。

(2) 利用新技术对曝气池表面的气体进行分析检测,得出实际曝气池的需氧量。这个系统更为昂贵并需要仔细的调试、校准。预计 6 个月到 2 年节省的能耗可以抵消投资支出。

8.4.4 工艺控制程序

工艺控制程序对于曝气系统的能效表现非常重要。使用过程中需要对微孔曝气器进行及时的维护保养,以保证氧利用率。产品的安装应该遵从特定的指导手册。运行过程中的测试、评估和按照操作手册的运行调控都是保证曝气器稳定运行的重要因素。表 8-2 给出了曝气器出现问题的原因和解决方案。建议污水处理厂使用原装的设备和操作手册。

曝气器出现问题的表现、原因和解决方案列表　　　　　表 8-2

观察方法	可能的原因	解决方案
微孔曝气池出现大气泡	生物污染或是污水中存在高浓度的表面活性剂	排空曝气池检查曝气器;调查当地排放清洁剂的工业
鼓风机能耗增加或空气压力增大	开始出现污染	如果设备没有问题,检查通过扩散器的湿压
曝气池溶解氧的变化	有机物负荷变化引起的生物量变化	检查曝气池中进水负荷、有机物负荷和关键运行参数;检查自动控制程序或手动控制程序。如果是薄膜曝气器,可以尝试伸缩曝气器来释放污染物

观察方法	可能的原因	解决方案
曝气池表面显示出空气分配和气泡的大小	薄膜或管路存在问题	检测空气流速、溶解氧值和有机负荷来确定运行参数的变化。如果管式薄膜曝气器存在问题，制定维修计划

理想条件下，曝气池中曝气装置能够满足需氧量要求，使混合液中溶解氧达到设定值。实际运行时需要不断调整氧气的传递，以保证其能够接近目标值。

目标氧含量与活性污泥处理过程的需氧量要保持一致。需氧量是通过测试或实际的污水处理厂运行经验得到的。对于活性污泥处理过程，需氧量是 $1.5 \sim 2.0 \mathrm{mg/L}$。自控系统比手动系统更易于将氧气供应与氧气需求匹配。

溶解氧随每日负荷的变化而不断变化（高负荷需要高溶解氧，低负荷需要低溶解氧），这比固定溶解氧含量要节省 $10\% \sim 20\%$ 的曝气量。测试点处溶解氧的变化可以通过在线溶解氧分析仪反馈或预控制实现对供氧量的调控（预控制比反馈控制更为实用，因为反馈可能会错过峰值负荷变化）（International Water Association，2006）。

8.4.5　MBR 系统溶解氧的控制

除了生物处理过程需要氧气，MBR 系统还需要空气用于膜的清洗，通过控制曝气减少膜的污堵。一般膜供应商会提供与膜组件相应的曝气系统设计方案，膜清洗需气量和清洗频次也会包含在使用手册中。在一份由 DeCarolis 等人在 2008 年发表的分析报告中指出，用于膜清洗的能耗占总能耗的 38%。

实际情况下，膜池和回流活性污泥中的溶解氧可以高达 $5.0 \mathrm{mg/L}$。在运行中，应该选择一个恰当的回流活性污泥反馈点，通过剩余溶解氧含量的反馈来优化处理过中的总曝气需氧量。例如，MLE（Modified Ludzack-Ettinger）工艺应用于处理市政污水，为了达到出水总氮小于 $10\mathrm{mg/L}$ 的目标，可以利用进入好氧池中的回流活性污泥混合液中的剩余溶解氧。为了实现反硝化功能，则需要在好氧反应器和缺氧反应器之间设计内回流。如果在 MLE 工艺中要达到低出水总氮的目标（如 $5\mathrm{mg/L}$），在回流活性污泥循环中则需增设除氧区和反硝化区，利用内源呼吸和部分反硝化作用去除回流混合液中的溶解氧和硝酸盐。随后不含溶解氧的回流活性污泥进入缺氧区，将使缺氧区的反硝化作用最大化，从而降低出水总氮浓度。

一般出水要求有一定的溶解氧含量（如 $5 \sim 6\mathrm{mg/L}$），MBR 工艺出水与要求的剩余溶解氧含量相近，因此减少了后曝气的能耗。另外，因为 MBR 出水的 BOD 和氨氮浓度比传统活性污泥工艺的出水浓度低，氧气没有完全利用，MBR 出水的剩余溶解氧高。

8.4.6　多孔空气扩散器的污堵

多孔空气扩散器的污堵可以从空气一侧，污水一侧或者两侧同时，并且可以查验是孔隙污堵还是表面污堵。孔隙污堵会使孔径变小，表面污堵则会使没有污堵孔的孔径增大，产生大气泡。导致污水中多孔曝气器污堵的成分和因素有：

（1）混合液中能够穿透曝气器的固体和盐；

（2）生物的生长；

（3）曝气器外表面的矿物沉积物或细沙；

（4）过滤不佳的空气中的固体颗粒

在低于推荐的最小空气流量条件下运行可能会产生生物膜污染。空气量不足使膜上难以产生足够的反弹力来抑制膜表面生物的增长。有些膜材料在其复合基质中融入了杀菌剂，用来抑制附着于膜表面的生物生长。

有些曝气器在挂上生物膜后，会导致曝气孔完全堵塞。如果经常对能量消耗、鼓风机电流和曝气压力进行精确监控，将会在污堵之初得到警告而不会造成完全堵塞。

空气侧的污堵是空气滤清器使用不佳或是过滤后内部材料剥落造成的。例如鼓风机保养用油的渗入或空气干管内的腐蚀等。改善滤清器并使用耐腐蚀的空气管路材料，能够减少多孔曝气器的空气侧污堵。尽管如此，有些空气过滤后面的污垢还需要注意：

(1) 曝气系统腐蚀的副产物，如锈或碎漆片；

(2) 通过裂缝进入空气管路中的混合液中的固体；

(3) 在启动之初就存在于管路里的构筑物碎片或频繁开闭进入的构筑物碎片。

污堵将降低实际氧利用率（增加了鼓风机的供气量），或增大了曝气鼓风机的背压（提供相同量的空气增加了能耗），或二者兼有。

当运行操作被扰乱时，对曝气器是否污堵的评估至关重要。举例来说，曝气器气量不足将导致 MLSS 附着表面，引起曝气孔的污堵（尤其是陶质曝气器）。一部分曝气器不能供气，就需要对所有的曝气器进行清洗，清洗工作非常重要。精确控制空气供给，可以降低能源消耗。通过更换曝气系统某些设备，掌握曝气器的压力损失，如曝气器侧面安装检查阀门，监测曝气池表面小气泡的压力等。

8.4.7 空气扩散器的清洗

1. 空气侧污堵

在安装曝气器之前，针对构筑物和开放式曝气系统应该进行彻底的清洁。安装时，必须安装空气过滤器，并且要经常养护来满足曝气需求和避免空气侧污堵。维护保养不好，黏性物质会堵塞空气过滤器，产生吸成真空的状态使管子渗漏或者能耗增加，增大鼓风机的维护量。一旦曝气器的空气侧发生堵塞，没有经济的处理办法去清洁它们，则必须更换。

2. 液体侧污堵

曝气器的清洁很大程度上或者说完全在液体侧进行。原位清洗就是曝气器在池内被清洁。原位清洁的方法适用于满的、空的以及低水位曝气池，清洗过程人员安全是最重要的。必须有预防措施来减少对曝气系统损坏的危险。聚氯乙烯管子暴露在阳光直射下，容易损坏。预料不到的过热也会使水中的 PVC 材料因胀缩而损坏，尽量避免极端温度时管路成真空。冰块也能破坏设备，当进水跌落时，容易损坏管子和曝气器。

原位清洗的方法有物理方法、化学方法和生物方法。曝气器可以直接用水、气或者蒸汽清洗，这可以将外部松散的生物膜和沉积物清除。化学过程是从空气侧添加额外的气态复合剂，包括氯化氢、氯气、气态生物杀虫剂，或者液态的酸、曝气器表面清洁剂等。浓度为 14% 的盐酸溶液喷洒在曝气器表面，同时通过在前后使用软管冲洗，去除有机和无机的污堵物。有些清洗方法已经申请专利并形成规范，最好咨询曝气器供应商来决定采用何种清洗方法。因为每种材料有自己的特性，虽然他们有统称，但彼此之间会有不同，并且会因处理方式的差异表现出不同的反应。

非原位清洗就是将曝气器从曝气池中移出清洗。非原位的方法包括陶质曝气器的二次煅烧、高压水喷射和用含磷的硅酸盐、强碱、酸或者去污剂清洗。在窑里进行陶质曝气器的二次煅烧，可以去除有机污堵物，但可能在多孔的空隙里留下污物的残渣，可能导致再次堵塞并降低流通能力。非原位处理的效果是不可预知的，且费用高。因此，一般是在原位处理方法失败时再考虑采用此类方法。

某些膜片曝气器生产商建议每周或每月进行气量突变，也称之为挠曲处理。首先，停止通气，曝气膜会贴在支撑托盘上；然后，在曝气器最大允许气量范围内，气量增加至平时气量的 2～3 倍。最后，气量恢复到平常水平。在装有计算机控制的系统里，这些功能可能被程式化了。在手动操作系统里，为了再分配空气到其他的支路，每条支路必须调低到最小，然后再分配气量到合适的区域。然而，靠经验操作这个过程不是每次都能成功。清洗膜片曝气器要先用刷子刷再用软管冲洗。

多孔的硅质曝气器通过在原位注入酸性气体清洗。在气路加注氯化氢或者乙酸气到曝气器。气量控制在曝气器允许的最大气量附近来一同清洗它们的孔隙。安全培训和预防措施是很必要的。气体不断的注射，直到通过曝气器的压差稳定下来，大约通 30min 酸性气体后压差稳定。氯化氢清洗程序是有专利的。在曝气器孔内，氯化氢气体溶解为浓度为28％的溶液。酸性液体溶解某些沉积在孔内的无机盐并且有助于去除生物膜，但酸不能去除空气侧的灰尘和液体侧沉积的硅酸盐。

用于清洗陶质曝气器的方法里除了二次煅烧法和喷砂法，均可以用于清洗硬质多孔的塑料曝气器。

选择何种方法取决于试验。首先会选用简单的过程如软管冲洗，如果先前的清洗方法失败或短期又恶化就采用再复杂一些的过程。当清洗后短期又恶化的现象出现，操作者需要在实验室测试各种去除曝气器污染物的药剂及物理方法。

8.5　扩散曝气工程案例

以下案例概述主要仅局限于空气扩散系统（Chann，2008）。这些工程案例一般都采用微孔曝气改善氧转移效率。在许多情况下微孔曝气工艺的成本优势是非常明显的。在某些情况中预先计算了一般投资偿还期。投资偿还期等于微孔曝气初期投资额除以年储蓄获得。

8.5.1　美国阿肯色州，贝茨维尔市

这个在美国阿肯色州贝茨维尔市的工厂运行着一个活性污泥过程的陶土反应池。该厂设计日处理 BOD 9070kg/d，以使用浮标系统的微孔可变形的膜管扩散器代替了静压管扩散器。原静压管扩散器需要 3 台 373kW 和 1 台 522kW 的鼓风机来运行。改造后，一个间歇周期只需要 1 台 522kW 和 1 台 373kW 的鼓风机运行即可（平均约为 746 kW）。每年节约电量 5.63×10^6 kWh。由于投资成本 100 万美元，则投资偿还期不到 3 年。

8.5.2　美国威斯康星州，伯洛伊特市

美国威斯康星州伯洛伊特市运行着一个活性污泥污水处理厂，其曝气池中使用的是陶瓷盘式扩散器。由于该厂设备负荷太大，4 组曝气池中仅有 2 组投入运行，其余 2 组曝气池处于闲置状态。陶瓷盘式扩散器没有止回阀，为了防止水或混合液倒灌进入管道系统，每个扩散器必须保证 $0.85sm^3/h$ 的最小空气流量。按照每组曝气池中有 2600 多个扩散器计算，两组闲置的曝气池共需要至少 $4420sm^3/h$ 的最小空气流量来维持扩散器的正常状

态。该市将闲置曝气池中的扩散器更换为可变形膜式扩散器。膜式扩散器有防止回流的特点，不需要最小空气流量来维持其使用性能。该市因此节省 $4420sm^3/h$ 的气量，每年可节省电量 6.53×10^5 kWh。

8.5.3 美国威斯康星州，帕尔迈拉镇

美国威斯康星州帕尔迈拉镇有一个三单元氧化塘的污水处理厂。该水厂处理生活污水和工业废水，设计能力为 $871m^3/d$，现实际日平均处理水量 $644m^3/d$。该厂以使用浮标系统的微孔可变形的膜管扩散器代替了静压管扩散器。改造后，全厂每月用电量从 47000 kWh 降低至 22000kWh。曝气系统的改造是全厂电量降低的直接原因，处理过程和其他设备均无变动。

8.6 机械曝气控制

机械曝气器通过扰动水面，增加水与空气的接触面积，从而提高水中溶解氧。为了匹配供氧需求，这种曝气装置调节充氧性能的方式包括：调节浸没度、调节转速、启停控制。

8.6.1 浸没度调节

表曝推进器的相对浸没度影响着曝气机的氧传能力。调节浸没度有助于控制供氧能力与需氧量相匹配。图 8-8 为苏联测试报告的结果，显示了浸没度与能量效率间的关系（WPCF，1988）。曝气器的各项指标随着其浸没深度有着高低转折的变化，这表明了测试用曝气机水力变化敏锐程度。偏离最佳控制点的运行将使能效降低。前苏联测试数据指出，当曝气机浸没深度偏离最佳位置时，其能效将随之衰减。

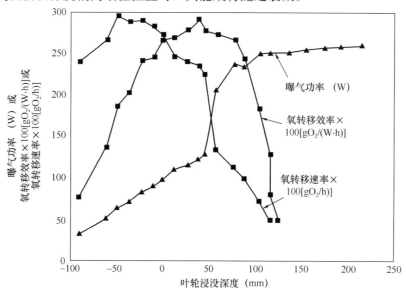

图 8-8　曝气功率、氧转移效率、氧转移速率与叶轮浸没深度之间的关系

给定合适的控制装置和设备，最理想的是通过调节曝气机浸没深度能够实现气量供需平衡下的能源效率，正如节流鼓风机那样。

固定式曝气器利用液位变化从而改变浸没深度，而液位控制是通过调节构筑物的出水

堰高度实现的。一些系统已经在尝试利用电动堰门变位器实现这一功能。浮动式曝气器要依靠增加或减少其安装高度来调节浸没深度，这对于实现需氧量时变化或日变化的匹配并不实际。

8.6.2 转速调节

曝气机的功率和供氧能力是叶轮转速的函数。固定机械式曝气器一般会装备双速电机，可以让使用者更灵活的调节供氧量。调节转速的另一种方式是在曝气池中曝气器的电机上安装可调速驱动装置，根据溶解氧测定值的反馈环路来调节转速。

根据曝气器的特性，其运行转速在一定范围内变化时能量效率是相对恒定的，因此相较于浸没深度调节，变速调节在节能方面更具有优势。变速调节与浸没深度调节，哪种调节方式控制供氧量更具灵活性主要取决于污水处理厂的最初设计。

8.6.3 启停调节

通过控制机械曝气器的启停来调节供氧能力从而满足需氧量可能是最切实可行的方式，但也有缺陷。过于频繁的启停会导致电气设备和控制器过载，而曝气器停机时间又不能太长。为了避免所有曝气器同时启动产生高峰荷载，各组曝气机应保证不同步启停运行。

停机时间过长可能会危害到活性污泥处理系统。混合液中溶解氧若显著低于目标控制水平，则会对微生物产生抑制作用，同时混合液中的悬浮固体也会沉淀下来。一般来说，为使混合液固体保持悬浮状态，搅拌功率不能低于 $35W/m^3$（75 马力/100 万加仑）。由于曝气池中曝气机分布不均匀，为保证曝气池的各个角落得到充分混合就需要更大的功率体积比。过程控制要考虑到整个曝气系统的稳定性，荷载波动、需氧量评估以及单台曝气机供氧量都应考虑在内。

8.6.4 机械曝气机的维护和问题解决

叶轮和叶轮罩的表面或结构损伤都会降低原始能效。及时确认和修复破损点，去除缠绕物质例如绳子，都可以帮助维持原始能效。

由于某些机械曝气机与其电机是一体的，必须定期润滑电机和进行预防性维护。依据制造厂商的建议进行常规维护保养对于保证能效和稳定运行非常关键。运行人员应当注意设备的噪声、振动和日常温度，并进行电气检测和机械检查。

混合液中的悬浮颗粒会包覆住曝气机的电机表面并风干形成一层覆盖层，特别是对于浮置式曝气机更容易发生这种情况。若覆盖层变得足够厚会在电机的散热片表面形成绝缘层，如果不定期清理则会导致电机过热烧毁。定期冲洗电机作为一项预防性维护保养措施应当列入预防性维护计划。在一些寒冷的国家和地区，结冰也是应当注意的问题。为了防止支架变形和电机过载，应及时清理积冰。

第9章　鼓　风　机

削减鼓风机能量消耗是污水厂实现节能减排的关键。污水二级处理系统中，曝气系统消耗的能量占总能量的 50%（见第 7 章和第 8 章）。在污水处理厂中，鼓风机用于沉砂、曝气、污泥好氧消化和后曝气等工艺过程。在污水处理设备中，鼓风机常用于过滤设备的反冲洗。

鼓风机不仅关系到能耗问题，还密切关系到污水的处理效果。只有维持足够的曝气强度，才能保证出水达标。因此，必须在满足处理要求的前提下，考虑鼓风机节能。

鼓风机除了用于空气之外，也可用于污泥厌氧消化产物——甲烷的输送。因此，在利用鼓风机输送除空气之外的任何气体时，鼓风机用户应事先咨询制造商，得到相关的性能操作参数。

9.1　基础知识

水泵和鼓风机之间有许多相似之处（见第 4 章）。两者关于输送压力和流量的设计原理是一致的。它们的能耗由输送流量、压力和设备效率决定。水泵和鼓风机的常用调节手段是变频和节流。污水处理系统的优化需综合分析污水处理工艺和鼓风机/泵性能。但是，空气的可压缩特性使鼓风机的操作与控制比水泵更加复杂。

深入分析鼓风机的操作性能是非常复杂的。风机制造商的选型和设计是一个详细的分析计算过程，其中的某些细节并不一定对常规的能耗评价有明显的影响。因此，本章中的简化公式可用于不同系统的比较，以及节能措施的成本效益分析。但是，在进行最终确认设计方案前还应咨询风机的制造商。

9.1.1　压缩效率

空气是一种混合气体。干空气主要有氮气（75.5% 质量百分数）和氧气（23.1% 质量百分数），其中的微量气体主要有氩气和二氧化碳。大气中的空气还包含水蒸气，其含量的多少取决于空气的温度和相对湿度。

任何流体的密度都是随着温度和压力的改变而改变。对于液体而言，变化范围非常小。但对于气体而言，温度、压力对密度的影响非常大，在实际应用中必须加以考虑。因此，进行空气学统计时必须确定实际的工艺条件。

美国对于污水处理设备使用时规定的标准状态是 101.3kPa，20℃，相对湿度 36%。该状态下，1 立方英尺的空气质量是 0.034kg。空气流量的常用单位是标准立方英尺/分钟（SCFM）。虽然此单位根据体积流量确定，但是由于气体状态（密度等）已被确定，所以它实际上代表的是质量流量。

美国体积流量常用立方英尺/分钟（ACFM）表示。对于鼓风机而言，体积流量常用进气口立方英尺/分钟（ICFM）表示。标准立方英尺/分钟（SCFM）和立方英尺/分钟（ACFM）的换算关系如下所示：

$$ACFM = SCFM \cdot \frac{14.58}{p_b - (RH \cdot PV_a)} \cdot \frac{460 + T_a}{528} \cdot \frac{p_b}{p_a} \qquad (9\text{-}1)$$

式中　RH——环境相对湿度，百分数；

$\quad\quad PV_a$——工况下饱和水蒸气分压，psi；

$\quad\quad T_a$——工况下空气温度，℉；

$\quad\quad p_a$——工况下大气压力，psia；

$\quad\quad p_b$——标准大气压力，psia。

美国以外的国家，常用 m^3/h 这一单位作为体积流量单位，用 Nm^3/h 作为质量流量单位。标准状态确定为 101.3kPa，0℃，相对湿度 0%。该状态下，$1m^3$ 的空气的质量是 1.293kg。

$$\frac{1m^3}{h} = \frac{1Nm^3}{h} \cdot \frac{101.3}{p_b - (RH \cdot PV_a)} \cdot \frac{273 + T_a}{273} \cdot \frac{p_b}{p_a} \qquad (9\text{-}2)$$

式中　RH——环境相对湿度，百分数；

$\quad\quad PV_a$——工况下饱和水蒸气分压，kPa；

$\quad\quad T_a$——工况下空气温度，℃；

$\quad\quad p_a$——工况下大气压力，kPa。

$\quad\quad p_b$——标准大气压力，kPa。

9.1.2　常用鼓风机类型

污水处理领域常用的鼓风机类型可分为离心式和容积式两类。

容积式鼓风机当转动轴旋转一周时，可输送固定体积的气体。其常见的形式由个反向旋转的轴组成，每轴上有 2 或 3 个叶轮。容积式鼓风机在输送压力改变时，能提供稳定的风量（入口 m^3/h 或 ICFM）。

离心式鼓风机是一种"动态"机器。它的常见形式是一个轴上安装一或多个叶轮。离心式鼓风机上的叶轮与离心式泵的相似，均通过叶轮转动产生的动能转化成势能。与容积式鼓风机相比，离心式鼓风机出口压力的微小变化可以使流量大范围变化。

离心式鼓风机又可分为单级和多级两种形式。多级鼓风机是在一根轴上安装一系列叶轮。而单级鼓风机是在一根轴上只安装一个叶片。

其他偶尔用在污水处理上的鼓风机包括液环、翼型和再生式鼓风机。这些鼓风机常用于功率要求低的场合。

9.1.3　鼓风机功率

鼓风机消耗的功率用于为压缩空气提供速度和压力。如式（9-3）所示：

$$bhp = 0.01542 \cdot \frac{Q \cdot p_i \cdot X}{\eta} \qquad (9\text{-}3)$$

式中　bhp——鼓风机的制动功率；

$\quad\quad$轴流量——鼓风机进口体积流量，ICFM；

$\quad\quad p_i$——鼓风机进口压力，psia；

$\quad\quad \eta$——鼓风机效率，%；

$\quad\quad X$——鼓风机绝热系数。

$$X = \left(\frac{p_d}{p_i}\right)^{0.283} - 1$$

式中　p_d——鼓风机出口压力，psia;

　　　p_i——鼓风机进口压力，psia

$$kW = 9.816 \times 10^{-4} \cdot \frac{Q \cdot p_i \cdot X}{\eta} \qquad (9-4)$$

式中　kW——鼓风机轴功率;

　　　Q——鼓风机进口体积流量，m^3/h;

　　　p_i——鼓风机进口绝对压力，kPa;

　　　η——鼓风机效率，%;

　　　X——鼓风机绝热系数。

$$X = \left(\frac{p_d}{p_i} \right)^{0.283} - 1$$

式中　p_d——鼓风机出口压力，kPa;

　　　p_i——鼓风机进口压力力，kPa。

总电机效率中还应包含因轴承系统和润滑系统产生的能量损失，以及电机自身效率损失。

鼓风机的效率不是一个常数，它与鼓风机自身性能的设计有关。但是对于某一特定的鼓风机，它的效率随着流量、压力、风速和进气的条件而改变。一般而言，同一设计类型中，大流量鼓风机比小流量鼓风机的效率高。离心式鼓风机与离心式水泵一样，有一个最佳效率点（BEP）。当实际气体流量远离鼓风机最佳效率点（BEP）所对应流量时，鼓风机的效率将大幅降低。

鼓风机以及鼓风机的最佳效率点（BEP）通常根据最恶劣进气工况设计。然而，鼓风机很少在设计流量或是最坏工况下操作。根据实际流量（小于设计流量）的最佳效率点选择鼓风机可以减少整体能源消耗。因为，当鼓风机流量从设计流量向实际工况流量减少时，风机工作点将靠近和通过最佳效率点。其结果将使鼓风机获得比常规设计更高的平均效率。为准确的确定最佳效率点的影响，应在平均的进气温度和压力下进行评价，而不是在最恶劣工况点下评价。

9.1.4 鼓风机和管路系统曲线

在鼓风机的技术文件中通常用某一进口温度下的流量和出口压力以及进口压力作为设计值。该设计值代表该系统设计中最不利的工况点。正常运行时，鼓风机在某一变化的流量和出口压力范围内工作。鼓风机的特征曲线以气体流量为横坐标、以出口压力为纵坐标，见图9-1。鼓风机的功率曲线是以气体流量对功率所做的一条曲线。这些曲线是在特定的进口空气温度、压力和运行速度下绘制的。这些曲线可分析鼓风机的实际操作性能以及确定其功率要求。

容积式鼓风机的特征曲线近似一条垂线。离心式鼓风机的特征曲线是一条向下倾斜的曲线，最大压力点出现在曲线的左侧。曲线的形状和斜率取决于鼓风机叶轮的类型。后弯形叶轮的特征曲线陡峭，而辐射状叶轮的特征曲线相对比较平缓。对于特定的叶轮，风速和进口状态的改变会使曲线移动。

鼓风机产生气流，系统对气流的阻力产生压力。鼓风机特征曲线本身不能确认系统实际的气体流量和出口压力，它只是代表一系列可能的操作状态。因为实际出口压力随着供

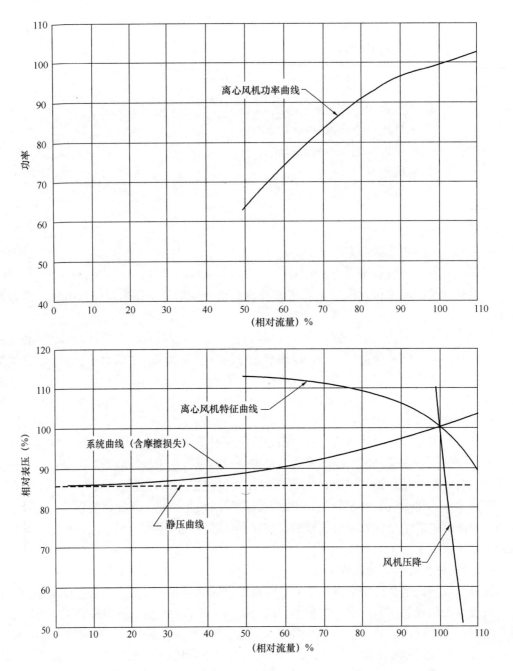

图 9-1 管路与风机特性曲线 (courtesy of Dresser, Inc. [Dresser Roots])

气量的变化而变化 (即系统曲线)。管路特性曲线与水泵系统的管路压损曲线相似 (见第
4章)。由于鼓风机出口的空气处于水面之下,在空气扩散器上方的水将产生静压力,这
部分压力占去鼓风机出口的大部分压力。

管道、阀门和空气扩散器的摩擦阻力也会产生压力损失。压损随着气体流速和阀门的
开闭而变化。曝气系统在最不利工况下的典型设计压损是 7～14kPa (1～2psi)。其中包
括了扩散器和节流控制阀门的压损。

可以利用一系列的公式和技术确定特定管路结构的压损。此类公式与计算水流压损的

公式类似。清洁钢管的压损计算公式如下所示（Compressed Air and Gas Institute，1973）：

$$\Delta P = 0.07 \cdot \frac{Q^{1.85}}{d^5 \cdot p_m} \cdot \frac{T}{528} \cdot \frac{L}{100} \tag{9-5}$$

式中　ΔP——摩擦产生的压损，psi；

　　　Q——气体流量，SCFM；

　　　d——管道内直径，in；

　　　p_m——平均系统压损，psi。

$$p_m = p_{初始} - \frac{\Delta P}{2}$$

　　　T——大气温度，°R；

　　　°R——°F+460；

　　　L——管道当量长度，包括局部零件的阻力当量长度，ft。

按国际单位：

$$\Delta P = 4 \times 10^7 \times \frac{Q^{1.85}}{d^5 \cdot p_m} \times \frac{T}{273} \times \frac{L}{100} \tag{9-6}$$

式中　ΔP——摩擦产生的压损，kPa；

　　　Q——气体流量，Nm³/h；

　　　d——管道内直径，mm；

　　　p_m——平均系统压损，kPa。

$$p_m = p_{初始} - \frac{\Delta P}{2}$$

　　　T——大气温度，°K；

　　　°K——℃+273；

　　　L——管道当量长度，包括局部零件的阻力当量长度，m。

利用补偿系数把零部件的阻力损失转换为当量长度的阻力损（见表9-1），该系数能使零部件产生的压降与相当长度的直管产生的压降相同。这些系数常与零件直径相乘。例如，管径为200mm（8in）直管上的90°弯头的当量长度为30×200/1000（30×8/12）。因此，90°弯头产生的压降相当于6m（20ft）直管产生的压降。

不同类型空气扩散器的压降和气流的相互关系又不相同，并且由于淤堵的影响，将随时间而改变。在实际应用之前，应详细咨询扩散器制造商。在设计流量下，扩散器的压降一般为150～300mmH₂O，或1.5～3.0kPa。

常用管道零部件的当量长度　　　　　　　　　　　　　　　　　　　　　表9-1

零件	当量长度
1.6rad（90°）弯头	30×diameter，m（ft）
0.8rad（45°）弯头	16×diameter，m（ft）
T形接头干管	20×diameter，m（ft）
T形接头支管	60×diameter，m（ft）
100%打开的蝶阀	20×diameter，m（ft）
转换导管	20×diameter，m（ft）

曝气系统通常由多个廊道组成，每个廊道又分为多个曝气单元。并通过避免过度曝气来实现曝气系统的整体优化。阀门控制不同区域的空气流量，在空气或压力要求低的区域，利用阀门调节达到所需的曝气量，使所有区域都达到最佳控制比例。减少阀门开度会产生压损。因此，合理的调整空气控制阀门才能优化鼓风机和曝气系统的能量消耗。合理调节阀门可以使压力损失最低。

阀门压降是 C_v 的函数。其定义为每分钟通过阀门产生 1.0psi 的压降水的体积（以加仑为单位），对应的相关系数即为 C_v。C_v 与阀门的开启度和尺寸有关，相关数据由阀门制造商提供。压降计算公式如下所示：

$$\Delta P = \left(\frac{Q}{22.66 \cdot C_v}\right)^2 \cdot \frac{SG \cdot T_u}{P_u} \tag{9-7}$$

式中 ΔP——阀门压降，psi；

     Q——气体流量，SCFM；

     C_v——阀门流量相关系数，由制造商提供；

     SG——气体相对密度，无量纲（空气=1.0）；

     T_u——气体温度，°R；

     P_u——气体压力，psia。

除了美国以外，阀门压降是 K_v 的函数。当 $1m^3/h$ 的水通过阀门产生 1bar 的压降时，对应的相关系数即为 K_v。C_v 乘以 0.87 即为 K_v。

$$\Delta P = \left(\frac{Q}{4.78 \cdot K_v}\right)^2 \cdot \frac{SG \cdot T_u}{P_u} \tag{9-8}$$

式中 ΔP——阀门压降，kPa；

     Q——气体流量，Nm^3/h；

     K_v——阀门流量相关系数，由制造商提供；

     SG——气体相对密度，无量纲（空气=1.0）；

     T_u——气体温度，°K；

     P_u——气体压力，kPa。

在进行新系统的设计时，通常不能准确预测阀门的实际开启位置。因此，在计算管路压损时，节流阀门的压损常被定为 3.5～7.0kPa（0.5～1.0psig）。对现有系统的能量消耗估算中，建议经常检测节流阀的实际开启位置和实际压降。

管路特性曲线是叠加了管路静压和摩擦压损后的曲线。总压力近似计算公式如下所示：

$$p_{total} = D \cdot 0.433 + kQ^2 \tag{9-9}$$

式中 p_{total}——总的出口压力，psig；

     D——曝气器上部的水深，ft；

     k——设计流量下由压降确定的常数。

$$k = \frac{\Delta P_{ave}}{Q^2}$$

     Q——曝流量，SCFM；

     ΔP_{ave}——设计流量下的平均压降，psi。

按国际单位：

$$p_{total} = D \cdot 9.975 + kQ^2 \qquad (9\text{-}10)$$

式中 p_{total}——总的出口压力，kPa；

　　　D——曝气器上部的水深，m；

　　　k——设计流量下由压降确定的常数。

$$k = \frac{\Delta P_{ave}}{Q^2}$$

　　　Q——气流流量，Nm^3/h；

　　　ΔP_{ave}——设计流量下的平均压降，kPa。

管路系统曲线和风机特性曲线的交叉点就是风机实际工作点（见图 9-1）。

减少鼓风机动力消耗主要是通过优化管路及其附属设备（例如过滤器和阀门）。风机出口管径的缩小将增大局部阻力和压损，并将导致动力消耗的增加。

正常运行下，进气过滤器、消声器、管和控制阀门的尺寸都必须精确确定，以达到最小压降。设计实践中，空气补给点和风机入口之间的压降控制在 3.5kPa（0.5psi）以下。这其中 1/2 的压降消耗在进气过滤器上。因此，增加过滤器的尺寸并增大管路直径将明显减小动力消耗。

进口压损的增加和出口压力上升都将导致风机压力比率（P_d/P_i）的上升，并将增加风机的功率要求，见公式 9-3。

但是也要注意避免管径过大。过大的管径将导致成本的上升，而降低的能量消耗并不能抵消上升的成本。进气阀门用于离心风机节流和曝气池气量调节，阀门在可用的行程范围内必须能够提供足够大的气量调节范围。一般的开度是 $15\% \sim 75\%$。过大尺寸的阀门使气量控制困难。过大的气体流量计将不能提供精确的测量，特别是在低流量的情况下。正确的仪表位置、流量计前后足够长的直管也是获得精确测量的重要条件。

9.1.5　进气条件的影响

进气条件对风机性能的影响很大。通常状况下，风机在较宽的变化温度、压力、湿度的条件下使用。增加温度、降低压力、增加相对湿度将减少进口空气的密度。对于一定质量流量的空气，空气密度的减小将导致风机进口气体体积流量的增加。

完全确定大气条件的改变对风机动力消耗的具体影响是不可能的。大气条件对风机的影响与风机类型、工况下气流和风机控制技术有关。确定气流单位（体积流量或质量流量）也非常重要。

对于恒定的质量流量，进口温度增加将导致进气阀门调节的离心鼓风机（inlet throttled centrifugal blower）能量消耗的降低，但是将导致变速调节离心鼓风机（variable-speed centrifugal blower）能量消耗的增加。而容积式鼓风机的能量消耗几乎不与温度增加有关，但是其气体质量流量将随着温度增加而减少。变频容积式鼓风机为了维持恒定的质量流量，在进气温度增加时，将会增加转速和功率。

对于任何风机而言，为了维持稳定的质量流量，当进口压力增加、空气密度增加和进口流量降低时，如果出口和大气压力恒定，鼓风机的进出口压差将降低，鼓风机功率将降低。

在进行风机能量需求评估和设计方案比选时，必须确保是在同样的条件下进行。而且

127

这些条件必须是典型操作条件，以便于获得合理的能量评估。但是，实际工作状况也许与设定的条件状况完全不同。

9.1.6 其他

大气状况及风机功率的影响超出了设计和操作人员的控制范围。但是，许多设计和操作程序能提升鼓风机的能量效率。

常被忽视的一种能减少系统出口压力的操作手段是合理的调节气流控制阀门。阀门调节的一种方法是保证至少有一个阀门保持全开状态，从而使鼓风机出口压力最低。自控系统中，这意味着将最大开度原则 MOV（most-open-valve）逻辑融入到控制中。MOV 逻辑将判断检测点的压力，或直接调节阀门的开启度，使得至少一个气流控制阀门处于或接近最大开启位置。在手动操作系统中，由操作人员调解阀门开启度。

风机的能耗与气体流量呈正比。因此，风机必须与工艺所需的流量相匹配。但这并不容易实现，因为有的工艺需要的体积流量（m^3/h 或 ACFM），如滤池反冲洗、气提泵，有的工艺需要合适的质量流量（Nm^3/h 或 SCFM），如扩散曝气和污泥好氧消化。

大多数处理工艺的曝气量需要比较大的波动范围。影响曝气量的因素有很多，最主要的两个因素是日负荷的变化和操作与设计负荷之间的不同。在大多数市政污水处理厂中，日负荷都是变化的。一般情况下市政污水处理厂最大日流量与最小日流量之比为 2∶1，最小日流量是平均日流量的 70%。

在污水处理厂设计时，设备的大小常按照未来人口和负荷增加的最不利条件来确定。这导致在绝大多数污水处理厂的使用期限内，实际需气量要低于设计值。有研究表明：大多数污水处理厂以设计负荷的 1/3 运转。虽然系统的设计需要满足未来流量和最不利运行条件，但是能耗评估和设备的优化要基于现实流量和负荷。现存污水处理厂在进行能耗审计和设立节能项目（developing conservation program）时，其中的一个关键是评价现状操作状况。

为了满足风机流量变化的要求，应当设置适当的风机可调比。风机可调比（blower turndown）是最大和最小流量之比，如式（9-11）所示：

$$风机可调比(\%) = \frac{Q_{max} - Q_{min}}{Q_{max}} \times 100 \qquad (9-11)$$

式中　Q——气流流量，Nm^3/h（或 SCFM）。

总系统的可调比设在 80% 即能满足日后发展的需要，又能满足日常负荷的需要。可调比可通过改变风机数量和风机流量两种手段实现。

通常选用开启度能达到 50% 的风机。因为，如果一台风机不能满足对通风量的要求，可以开启第二台风机，然后让 2 台风机在近似最小流量条件下运行。这样既可以减少调节步骤，又可以满足工艺需要，因此可以最小化风机功率。

优化能量利用的前提下，选择设计风量是一项复杂的任务。要想设备费用最低，且设计点效率最高，一种方式是选择大型鼓风机。但是，要想满足长期提供少量气流，常选用多台小型鼓风机。一般来讲，由多台小风机长期运行所节省的能源，能超过选用大型鼓风机所带来的初期能源节省量。

大多数污水处理厂需要备用风机，以确保当任何一台风机不能工作时，还可以提供100% 的设计气体流量。因此，污水厂的风机常采用 3 用 1 备。一种组合是 4 台风机，每台提供系统 33％的风量；另一种组合是 2 台风机提供 50％的风量，另 2 台风机提供 25％的风量。风机配置将直接影响能量消耗。在污水厂运行初期，操作人员如果能减少风量，则能量消耗将与减少的风量成比例的降低。如果风机不能提供这种开启度功能，则风机需要使用过度的能量在最小安全风量下运行。

曝气池鼓风机功率的另一项用途是维持混合。微孔曝气系统的最小混合气量是 $2.2m^3/h/m^2$（0.12CFM/sq ft）。这是保守值，在现场试验时，要进行验证。在进水负荷不足的污水处理厂，最小混合气量常超过工艺需氧量所确定的空气量。在这种情况下，应当关闭一个或多个曝气系列，以使得混合气量与需氧曝气量相近。如果不能关闭曝气系列，可以采用间歇性曝气来减少平均曝气量。非曝气段后的曝气将使得污泥再次悬浮。

多数工艺（如后曝气（post aeration）和扩散曝气（diffused aeration））在操作流量范围内的静压都是固定的。而系统压力中唯一明显改变的是通过空气扩散管路时的摩擦压降。其他工艺在操作过程中的静压在很宽的范围内变化。在淹没的扩散装置上的静压达到 50％以上的改变。因此，鼓风系统必须能满足如此大范围的出口压力的变化。容积式鼓风机的出口压力能自动匹配系统的压力变化要求。而离心鼓风机需要增加自动控制。

鼓风机的选择和优化与很多相互联系的变量有关，因此这是一项复杂的工作。但是，简要地指导方针如下所示：

（1）鼓风机与工艺要求相匹配；

（2）最小化系统出口压力和进口损失；

（3）为满足进水负荷的变化，需要选取灵活、适宜的开启度。

这些指导方针适用于所有类型的风机。具体的实施目标和限制条件随鼓风机的设计而改变。

9.2 容积式鼓风机

9.2.1 工作原理

在叶轮型容积式鼓风机中（图 9-2），驱动轴每旋转一周，叶轮将机壳外部一定量的空气从进口输送到出口。当机壳内侧与叶片之间的缝隙封闭，且两个叶片在中间啮合时，就提供了一个防止回流的密封。每个轴上的齿轮从电机传递力矩，并维持两个叶片的间隙。电机可以与鼓风机轴直接连接，也可以通过"V"形皮带驱动鼓风机，后者可以使鼓风机与电机的转速不同。

对于容积式鼓风机，在一个完整的循环中，被叶轮转移的空气总体积用 m^3/r（或 ft^3/r）表示。在转速和进口条件不变的情况下，容积式鼓风机工作在稳定的流量下。叶轮间相互啮合不够紧密时，会导致空气从鼓风机出口泄漏回到进口，从而降低鼓风机效率。

图 9-2 容积式鼓风机

为了对泄露进行补偿，鼓风机必须工作在稍高一点的转速（泄露转速，r/min）下，以便产生所需的流量。

容积式鼓风机流量可以通过式（9-12）计算：

$$Q = \text{Disp} \cdot (N - \text{Slip}) \tag{9-12}$$

式中 Q——鼓风机容积流量，ft^3/min；

Disp——鼓风机排气量，ft^3/r；

N——鼓风机转速，r/min；

Slip——实际运行中的泄露转速修正，r/min。

换为公制单位：

$$Q = \text{Disp} \cdot (N - \text{Slip}) \cdot 60 \tag{9-13}$$

式中 Q——鼓风机流量，m^3/h；

Disp—— 鼓风机排气量，m^3/r；

N——鼓风机转速，r/min；

Slip—— 实际运行中的转速修正，r/min。

容积式鼓风机功率由两部分组成。用气体功率表示从进口压缩空气到出口状态所消耗的功率，这是总功率中最大的一部分。其他所需功率是由于轴承、齿轮和密封的各种功率损失，通常是指摩擦功率。摩擦功率可以被视为一个常量，表示如式（9-14）所示：

$$\text{bhp} = F_g \cdot N \cdot \text{Disp} \cdot \Delta P_b + FP \tag{9-14}$$

式中 bhp——鼓风机轴功率，hp；

F_g——来自制造商的气体功率常数（通常取 0.00436）；

N——鼓风机转速，r/min；

Disp——鼓风机排量，ft^3/r；

ΔP_b——鼓风机升压，磅/平方英寸；

FP——实际运行中的摩擦功率修正，hp。

换为公制单位：

$$kW = F_g \cdot N \cdot \text{Disp} \cdot \Delta P_b + FP \tag{9-15}$$

式中 kW——鼓风机轴功率，kW；

F_g——来自制造商的气体功率常数（通常取 0.01647）；

N——鼓风机转速，r/min；

Disp——鼓风机排量，m^3/r；

ΔP_b——鼓风机升压，kPa；

FP——实际运行中的摩擦功率修正，kW。

除北美外，容积式鼓风机流量和所需功率通常不是用以上公式计算，而是根据实际运行工况下的流量和功率，在制造商提供的列表或鼓风机工作曲线上直接取值。

如果鼓风机由皮带驱动，则皮带滑动会导致额外的功率损失（通常为 2%～5%）。

9.2.2 控制技术

容积式鼓风机的流量可以通过放空阀排放一部分流量进行控制。然而，这样做无法降低鼓风机能耗，所以应该避免这种做法。鼓风机会通过增加出口压力，来匹配系统的压力要求，所以不要在任何情况下使容积式鼓风机在进口或出口产生瓶颈。曝气池或其他位置的控制阀仅仅是用于按不同工艺要求分配气量。调整这些阀门不会使容积式鼓风机的流量发生变化。

容积式鼓风机最实用的控制技术是调速。在配有恒速电机的小系统中，改变鼓风机流量，满足平均工艺需求的工作可以通过调整鼓风机或电机上的皮带轮来完成。如果鼓风机流量高于工艺需求，通过调整皮带轮大小，可以降低转速，减小流量和所需功率。如果出口压力低于设计值，或者如果电机额定功率超过实际拖动功率，则可以提高鼓风机转速提供额外的流量。这个办法可以避免在低效率点运行额外的鼓风机。当改变鼓风机转速时，保持制造商的速度限制范围和电机额定功率是关键。如果有几台鼓风机可以运行，宜使每一台都运行在不同转速上。运行人员应该根据需要选择运行的鼓风机。

在大型系统中，特别是具有自动控制的系统中，鼓风机流量应该连续调整以精确满足工艺需要。这个方法需要一些设备，包括可变螺距皮带轮、电磁调速电机和磁性联轴器。实际上，最常用的设备是可调频驱动器（AFD）（见第 5 章）。鼓风机流量与转速直接相关联，采用 AFD 和容积式鼓风机，使手动或简单自动控制成为可能。

9.2.3 应用影响因素

应该在系统设计时采取预防措施，将操作人员暴露于噪声的机会减少到最小。进口和出口消音器通常在管路系统中使用。鼓风机房内的管路应该隔声处理，以降低噪声辐射。隔声罩通常被用来容纳噪声。一些设计使用 3 个叶轮使噪声变弱，但是这样的设计会降低鼓风机效率。

容积式鼓风机出口应该安装减压阀。这样可以预防压力过高对设备和管路的损害。

9.2.4 工作限制因素

当空气在鼓风机内被压缩时，温度会上升。温度过高会改变内部间隙，因此必须避免。当转速下降时出口温度会增加，所以鼓风机不得工作在制造商建议的最小转速以下。如果转速下降到某一点，此时会影响到电机通风，也会导致电机过热。

当转速下降鼓风机效率也会下降，所以风机工作在较高的转速是有利的。然而，转速增加时噪音和机械应力显著增加。禁止鼓风机在制造商建议的最大转速之上工作。风机转速的上限取决于轴承润滑和旋转部件的应力。

当进出口压力差上升，机械应力增加，从而限制了风机可承受的压力增加值。对于高压力的应用来说，需要较小的叶轮使此影响最小化。

9.3 多级离心鼓风机

9.3.1 工作原理

多级离心鼓风机采用多个叶轮串联（图 9-3）。离心力推动由叶轮中心进入的空气至外周边。每个叶轮出流直接通过机壳内进入下一级叶轮的进口。每个后一级的叶轮在前一级叶轮之上继续加压。叶轮的级数由所需的

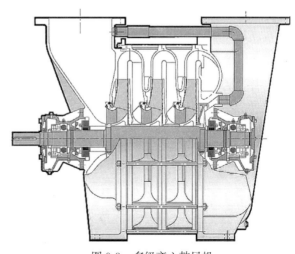

图 9-3 多级离心鼓风机

131

出口压力决定。最后一级叶轮与涡壳直接将空气送至鼓风机出口，进入管路系统。

离心鼓风机的性能取决于进口空气密度。给定空气流量和功率，出口压力反比于空气密度，如式（9-16）、式（9-17）所示：

$$P_a = P_c \cdot \frac{T_{ca}}{P_{inlet}} \cdot \frac{P_{inlet}}{P_{ca}} \tag{9-16}$$

$$p_a = p_c \cdot \frac{T_{ca}}{P_{inlet}} \cdot \frac{P_{inlet}}{P_{ca}} \tag{9-17}$$

式中　P_a，p_a——实际条件和给定流量下的表压和功率；

　　　　P_c——标准条件和给定流量下曲线上读取的表压；

　　　　P_{ca}——标准条件下的绝对压力；

　　　　T_{ca}——标准条件下的绝对温度；

　　　　T_{inlet}——实际进口绝对温度；

　　　　P_{inlet}——实际进口绝对压力；

　　　　p_c——标准条件和给定流量下曲线上读取的功率。

进口空气密度的变化，会改变鼓风机特性曲线和功率曲线（见图 9-4）。需要指出的是，这些曲线只表示在特定的进口条件和恒定转速下，运行流量的可能范围。因此，需要从系统曲线中的出口压力来确定实际流量。

9.3.2　控制技术

具有使用多种设备改变流量的能力是离心鼓风机的优点之一。在某些情况下，通过出口截流阀控制风机流量，可以降低风机流量和功率。但种方法比不上其他技术更有效。控制多级离心鼓风机的最常用技术是进口蝶阀和变频器。

截流阀控制应该安装在进口。进口阀门提供两个功能：第一，它会产生一个压力降，吸收一些风机升压，使工作曲线沿着相对表压向下移动；第二，进口压力降低了空气密度，进一步移动风机曲线，并且降低电耗。

控制离心鼓风机流量最有效的技术是调速运行。通常，使用 AFD 来改变风机转速，也可以使用磁耦合和内燃机。调速运行效率要比阀门控制高 15%～20%。"运行定律"大致预测了离心鼓风机在不同转速上的性能。当鼓风机运行在正常调速范围和运行条件内，性能变化可以通过式（9-18）～式（9-20）计算：

$$Q_2 = Q_1 \cdot \left(\frac{N_2}{N_1} \right) \tag{9-18}$$

$$P_2 = p_1 \cdot \left(\frac{N_2}{N_1} \right)^2 \tag{9-19}$$

$$p_2 = p_1 \cdot \left(\frac{N_2}{N_1} \right)^3 \tag{9-20}$$

式中　Q_1，Q_2——原转速和新转速的风机流量，m^3/h（进口流量）；

　　　　P_1，P_2——原转速和新转速的风机表压，kPa（磅/平方英寸）；

　　　　p_1，p_2——原转速和新转速的风机功率，kW（hp）；

　　　　N_1，N_2——原转速和新转速，rpm。

并非所有离心风机能够使用调速来实现控制。如果风机曲线没有正确的参数，运行会变得不稳定。因此需要与风机制造商沟通，以确认采取的调速控制是合理的。

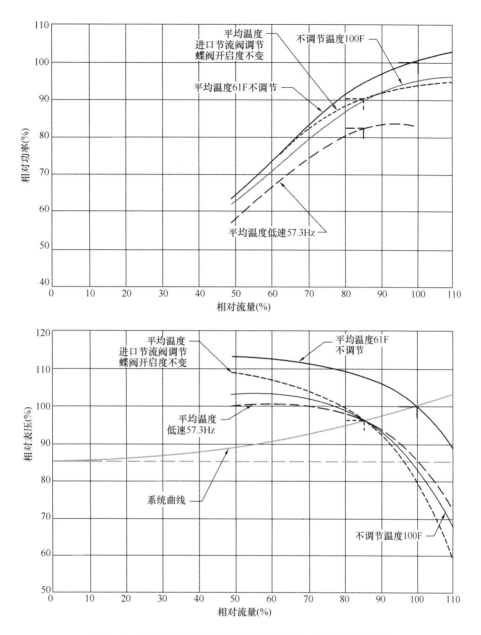

图 9-4 温度与调节对离心风机相对功率、相对表压的影响

水平分割式多级离心鼓风机用于高流量的情况。进口导叶调节（IGVs）是此类型鼓风机最常用的控制技术，与那些用在单级鼓风机上的相似。

9.3.3 使用注意事项

离心鼓风机对于进口条件和出口压力很敏感。有时会在高温天气或高流量的使用过程中遇到鼓风机运行不正常的情况。然而，遇到"超负荷"的鼓风机非常普遍。换句话说，指定的设计条件远超过正常运行的需要。例如，在一个不切实际的进口温度上，最大设计流量和出口压力的要求导致一个无效的操作。另一例，如果指定的出口压力明显高于正常压力，效率将会大幅降低。

离心鼓风机的电机通常按照"非超载"定制，即在最不利点不会超过电机铭牌功率。如果最不利点与正常运行明显不同，将会导致低效率运行。在特殊情况下，可以允许短时间超过电机铭牌功率（在电机保险系数范围内），来提高正常运行的效率。

9.3.4 工作限制因素

离心鼓风机受到其流量和压力范围的限制。把离心鼓风机的最小空气流量称作喘振点。当鼓风机在此点以下工作时，流量发生不稳定的颤动。鼓风机的最大压力通常出现在喘振点及其附近，而鼓风机的最大流量可能受到电机功率系统出口压力的限制。离心鼓风机正常运行又会受制于最高出口空气温度。并影响到轴承温度和内部间隙。高出口空气温度通常发生在鼓风机被调低流量致功率降低时。

9.4 单级离心鼓风机

9.4.1 工作原理

单级离心鼓风机采用单叶轮送风，叶轮高速运转以提供必要的出口压力。

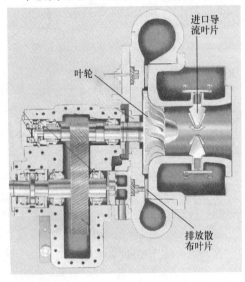

进口导流叶片

叶轮

排放散布叶片

图 9-5 具有齿轮和导叶的单级
离心鼓风机（Dresser，Inc. 提供）

单级鼓风机目前有两种类型。最常见的类型（见图 9-5）是在电机和风机轴之间使用齿轮来提高叶轮的转速，以使叶轮转速高于电机转速。强制润滑可为风机或齿轮箱的径向轴承提供润滑油。

另一种单级鼓风机类型是直接将叶轮安装在一种特殊的、可以高速转动的电机转动轴上（见图 9-6）。专用的变频驱动器是这种设计必不可少的部分，它能提供比供电公司所提供的 50Hz 或 60Hz 高得多的输出频率。这种无齿轮单级鼓风机通常被归类为高速涡轮鼓风机。多数的设计采用特殊的轴承连接风机和电机轴，并且轴承不需要外部润滑。

单级离心鼓风机的工作原理与多级离心鼓风机相类似。两者显示出了改变入口空气的密度和速度的工作特性。单级鼓风机的价格要明显地高于多级鼓风机，但单级鼓风机的效率更高。

9.4.2 控制技术

单级离心鼓风机可以通过导叶（见图 9-7）、调节阀或变速改变空气流速。具有内置变频驱动器的鼓风机可以通过改变单级离心鼓风机的转速来达到调节气量的目的。多数高速涡流鼓风机系统包含内置的控制系统以调节气量和提供喘振保护。

改变鼓风机的转速是最高效的调节气量方式（Morre，1989）。齿轮传动单级鼓风机可以变速。然而，过去这种电机通常配置中压电机（大于 600V 的交流电），那时中压变频驱动器还无法使用或者极其昂贵。通常通过调节进口导叶或者出口导叶来达到流量控制和节能的目的。

进口导叶使空气在进入叶轮眼之前沿着叶轮的旋转方向形成涡流，从而在给定空气流

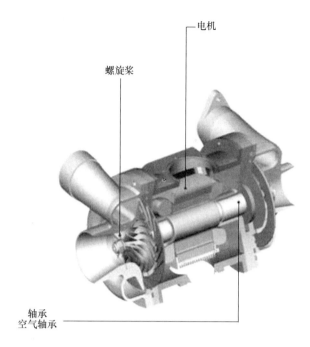

电机

螺旋桨

轴承
空气轴承

图 9-6　高速涡流鼓风机（HIS，Inc. 提供）

图 9-7　进口导叶（上方）和出口导叶（下方）（Dresser，Inc. 提供）

速的前提下降低出口压力和能耗（见图 9-8）。降低进口导叶的开启度可以使鼓风机的特性曲线降档并且左移。

出口导叶（见图 9-9）将离开叶轮空气的动能转换为势能。当出口导叶关闭时，风机曲线左移，在给定出口压力的前提下降低空气流速和能耗。有些鼓风机同时使用进口导叶和出口导叶进行控制。他们使用专利算法协调这两种导叶并优化风机效率。

中压变频驱动器正变得越来越普遍，并且有了低功率的模型。这就使齿轮传动单级鼓风机使用变频驱动器进行节能在经济性上成为可能。但这需要进行认真分析，并且鼓风机生产商需要确定必要的运行参数。

阀门调节同样可以控制单级鼓风机的流量，但这种方式不如其他控制技术效率高。

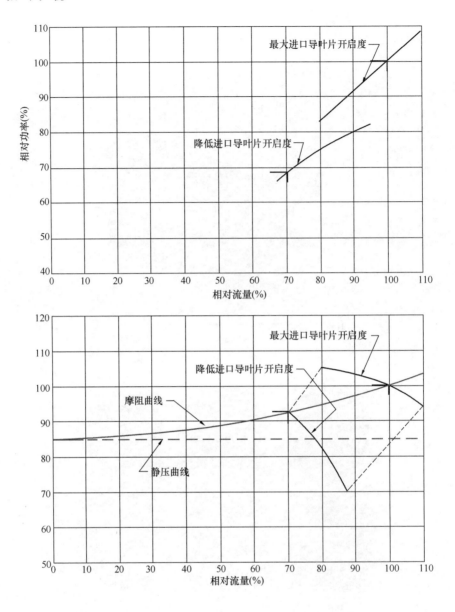

图 9-8　进口导叶控制（Dresser，Inc. 提供）

9.4.3　使用注意事项

多级离心鼓风机的使用注意事项同样适用于单级离心鼓风机。单级鼓风机相对于多级鼓风机对喘振更加敏感。通常设置放空阀以防止启动过程中发生喘振。放空阀的开启度要尽量减小以避免浪费电能。

由于叶尖速度高，单级鼓风机可能产生很大的噪声。通常使用隔音罩以及进口、出口和放空管的消音器来降低噪音对操作人员的影响。当评估鼓风机能耗时，隔音罩的通风设备所耗得电能应该计算在内。

9.4.4　工作范围

单级离心鼓风机的流量和压力的工作范围与多级离心鼓风机相同。

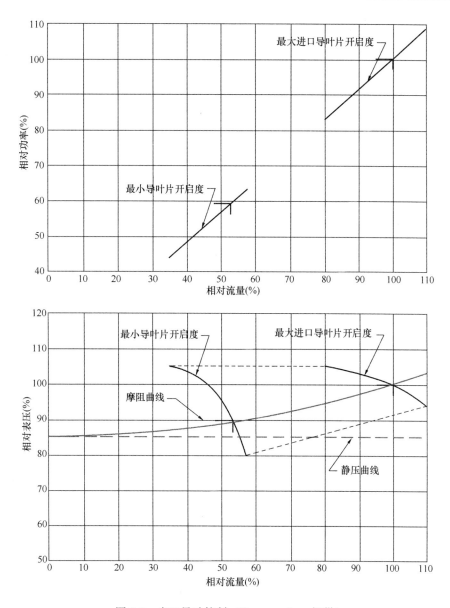

图 9-9 出口导叶控制（Dresser，Inc. 提供）

9.5 改进鼓风机系统的可能性

9.5.1 自动控制

在多数情况下，鼓风系统运行状态的不断变化需要应用自动控制以实现鼓风机经济运行。根据工艺需求匹配鼓风量能够达到明显的节能效果，并同时达到同样甚至更好的工艺效果。

自动控制首先应能针对单个鼓风机进行。鼓风机控制能够将鼓风机预警保护功能和风量控制功能整合在一起，使操作人员非常方便地改变鼓风量并且在不影响设备使用寿命的前提下使鼓风机靠近极限工况运行。对于离心式鼓风机，自动控制可以通过对周围环境和出口条件的波动进行补偿来维持恒定风量。正确的自动控制同样能够使离心鼓风机应用于

137

变水压工艺，如污泥好氧消化工艺和 SBR 工艺。对于容积式鼓风机，增加变频驱动器和自动控制能够允许鼓风量频繁地变化以匹配工艺需求。

一般的鼓风机控制系统应用于维持恒定的出口压力。这种控制策略是防止多个曝气池气量之间的交互作用。然而过高的工作压力或者错误的阀门调节将导致电能的浪费，因此在调整这种系统时必须注意。

应用溶解氧自动控制系统能够比手动控制降低 25%～50% 的电能消耗。溶解氧自动控制系统的目标是根据工艺需求匹配以合适的风量，通过维持恒定的溶解氧来实现。如果应用于小型风机（通常小于 110kW/150hp），通常只对总风量进行自动控制，而多个池体间的气量分配仍采用手动控制。对于大型系统，对每一座曝气池进行风量自动调节是非常经济的。这样能够缩小不同池体中的溶解氧差异。对于大型系统，对每一座曝气池内的特殊区域进行自动控制甚至也是经济的。这就需要整个池体内的溶解氧达到最优化的程度以降低能耗。

在所有的溶解氧自动控制系统中，曝气池控制逻辑以及使用的仪表应能够与鼓风机的自身控制相结合。如果对不同池体或不同区域进行气量自动调节，那么应采用 MOV 逻辑以使鼓风机系统压力最小化。

9.5.2　其他的节能方法

鉴于鼓风机对于整个污水处理厂节能的显著效果，鼓风机应该使用高效电机。旧式的鼓风机电机效率较低，将它们更换为高效电机通常将会是经济的。

在考虑电机更换时，更换与现存电机同规格的新电机是不明智的。正如之前所述，现有电机通常是按照最恶劣工况设计的。应该搜集一系列实际运行工况的数据，通过更换一台规格上更接近实际需求的电机能够提高鼓风机的效率。

如果供电公司进行针对功率因数的处罚（参见第 2 章），那么增加恒速鼓风机电机的电容通常能够提高鼓风机的经济性。当应用功率因数校正电容降压固相启动器补偿电压，应该遵循启动器生产商的建议以防损坏启动器。

对于容积式鼓风机，可能一个简单的轮槽变化就足以达到提高鼓风机效率的效果。

预防性维护在影响设备使用寿命的同时，也能影响能耗。皮带驱动装置应该保持合适的皮带张力。张力过大会降低轴承寿命并增大轴承摩擦力；张力不足则会导致皮带打滑，浪费电能并且加速皮带磨损。电机和鼓风机的正确润滑能够降低能源消耗，需要特别注意的是过度的润滑不但会降低效率，也会缩短设备使用寿命。进口过滤网需要定期进行清洗，并定期检测以防止压损过度增加。阻塞的过滤网会增加压力损失，从而导致更高的能源消耗。很多污水厂对进口过滤网的颗粒物去除效率的要求过于严格（US. EPA, 1989），以致造成了很高的压力损失。现场运行的经验表明，进口过滤网对超过 $10\mu m$ 直径颗粒的捕集率达到 95% 时对于大部分微孔曝气系统就已经足够了，并达到了大部分鼓风机生产厂家规定的要求。因此，采用 95% 颗粒去除效率（或者是更高过流能力）的过滤网可以减少能耗，并且不会影响鼓风机和曝气器的寿命。

对鼓风机进行改进是提高离心鼓风机运行效率的一条有效方法。使叶轮更加匹配实际的运行工况可以极大的提高鼓风机的运行性能。特别是在正常运行条件下实际出口压力低于设计值时，这种方法更加有效。在极端情况下，当安装的鼓风机不能通过叶轮的改变降低到实际的运行工况，把一部分鼓风机更换为更小的鼓风机是一种经济高效的方法。表

9-2 列出了部分节能措施。

节能措施示例

表 9-2

措　　施	备　　注
减少进口滤网压力损失	采用较低阻力的滤网替换现有的滤网 定期更换滤网，进行预防性维护
采用高效电机替换老电机	验证新电机与实际负荷相匹配
对容积式鼓风机可以通过改变轮槽以增加（或减少）鼓风量	使鼓风机的输出与实际负荷相匹配。确认电机转速与新输出负荷相匹配
对离心式鼓风机可以进行切割或者替换叶轮	使鼓风机的输出与实际风量和压力相匹配。确认鼓风机的新风量和压力可以降低能耗
采用 AFDs 调节流量	确认电机绝缘（优于 F 级）和接地。确认离心鼓风机的性能曲线适合变速控制
采用鼓风机自动控制系统来调节风量	使风量和负荷更加匹配
采用溶解氧自动控制系统来调节风机	使鼓风机的流量与曝气需求量实时匹配
采用 MOV 逻辑进行曝气控制	使鼓风机出口压力最小
增加鼓风机和电机的维护	检查皮带松紧，保证合适的润滑，定期更换滤网
安装小鼓风机，或者安装调节幅度足够大的鼓风机	使鼓风机的输出与工艺要求更加匹配

第10章 污 泥 处 理

10.1 概述

污泥是污水处理过程中的产物，通常按其产生的工艺单元进行分类（例如初沉污泥、剩余污泥、消化污泥）。一般来说，相似工艺排出的污泥具有相似的无机物浓度和脱水性能，不同工艺排出的污泥具有不同的特性。从能量角度看，污泥最重要的两个特性是含水率和干物质的焓或热量。

污泥脱水比较难，除了简单的沉淀（重力浓缩）外，一般需要化学药剂或外力辅助进行深度处理。脱水成本随污泥含水率的降低呈指数函数增加（即干化成本比脱水成本大很多，脱水成本比浓缩成本大很多）。污泥中的有机物代表未燃烧的燃料，因此污泥本身具有能量。污水行业经常用 VSS 代表有机物，可间接表示污泥中的热含量。在大部分文献的热值计算例子中，热含量与 VSS 的比值大约为 23000kJ/kgVSS（10000Btu/lb）。实际上，热含量与 VSS 比值是随污泥类型和分解程度变化的，即消化污泥比未消化生物污泥的比值低，生物污泥比初沉污泥的比值低。

10.1.1 回流液

在污泥回流时，其中一个重要目标是使污染物含量最小。污泥浓缩回流液不仅包含固体和生化需氧量（BOD），同时将不需要的氮、磷和有机酸也带回了污水处理工艺。所以，浓缩回流液会导致污水处理厂的处理能力降低，造成不必要的能源浪费。了解回流液对处理工艺的影响并对其进行控制，对整体工艺的运行控制很重要。大量的文献和技术论文都强调了该问题的重要性。

重力浓缩池应提供合适的污泥浓度，以免回流液中发生污泥老化或固体损失。在污泥浓缩和脱水单元，带式及转鼓式浓缩机通过药剂的辅助，尽可能地提高固体回收率，从而获得最大的污泥浓度和脱水效果。污泥的固体回收率可达到 90% 以上，即使以少许浓缩固体为代价，固体回收率也应以 90% 为目标。

通过对氮循环的微生物学研究，使我们能够开发出回流液生物脱氮的节能工艺。污泥厌氧消化后的脱水回流液中氨氮浓度很高（1000~1500mgN-NH$_3$/L），要求污水处理厂增加曝气、投加化学药剂控制 pH 和（或）投加外部碳源进行反硝化。传统脱氮方式是在硝化工艺中将氨转化为硝酸盐，然后在反硝化工艺中将硝酸盐转化为氮气。反应方程如式（10-1）~式（10-3）所示。

$$NH_4^+ + 1.5O_2 = NO_2^- + H_2O + 2H^+ \quad \left.\right\} \text{硝化反应} \tag{10-1}$$

$$NO_2^- + 0.5O_2 = NO_3^- \tag{10-2}$$

$$6NO_3^- + 5CH_3OH + CO_2 = 3N_2 + 6HCO_3^- + 7H_2O \text{ 反硝化反应} \tag{10-3}$$

根据上面的反应方程，硝化反应和反硝化反应过程分别要消耗 4570g O$_2$/kg NH$_3$-N（4.57lb/lb）和 2000g 甲醇/kg 硝酸盐（2lb/lb）。目前，已经开发出采用 NO$_2^-$ 进行反硝

140

化的工艺，这样就避免了从亚硝酸盐到硝酸盐的反应。从而氧消耗减少了 25%，即耗氧量减少为 3400g O_2/kg NH_3-N（3.4lb/lb）。另外，根据下面的反应方程式可以推算出反硝化反应所需碳源节省了 40%：

$$6NO_2^- + 3CH_3OH + 3CO_2 = 3N_2 + 6HCO_3^- + 3H_2O + 细菌生长 \qquad (10-4)$$

欧洲有许多污水厂采用了该工艺。此外，该工艺可以进一步优化为用氨代替甲醇进行反硝化，反应方程式如下：

$$NO_2^- + NH_4^+ = N_2 + 2H_2O \qquad (10-5)$$

式 10-5 即厌氧氨氧化（ANAMMOX）反应，负责进行该反应的细菌为浮游生物类。由于污泥处理过程中回流液的氨氮浓度高、C/N 值低，因此更适合采用 ANAMMOX 工艺。该工艺只进行部分硝化反应，即将 50% 的氨氮硝化为亚硝酸盐（部分亚硝化），用剩余的 50% 氨氮进行反硝化，这样不需要消耗碳源就可以完全脱氮，减少了 60% 的需氧量，仅需 1700g 氧气/kg 氨氮（1.7lb/lb）。但在实际生产中，会有一些硝酸盐产生，碳的消耗量可以降低 90%，而不是反应方程中的 100%。

2004 年，澳大利亚曾在脱水回流液处理工艺中采用 SBR 技术。在该工艺中，部分硝化反应和厌氧氨氧化反应是通过控制反应器的 pH 值和曝气周期实现的。该厂测得的除氨耗能值比理论值降低了 60%，反硝化反应消耗的碳源也减少了。在美国哥伦比亚地区，水利管道局也进行了该工艺的小试研究。由于该工艺中的微生物增长速率很慢，所以工艺的启动时间较长。

10.1.2　处理工艺

节省污泥处理工艺资金和能耗的最好方法是优化初级处理工艺。但必须注意避免下面情况造成的初沉池泥龄过长，一是用过多的初沉池处理特定流量，二是初沉池泥层过深。在初沉污泥与剩余生物污泥混合沉淀时，避免泥龄过长这一点尤其重要。如果包含大量微生物的有机污泥贮存时间过长，就会进行厌氧分解的第一步反应——酸性发酵，导致 pH 值下降、碱度降低、释放 CO_2 产生气泡，这会对后续生物处理工艺产生危害。

采用化学药剂可以有效提高初沉池去除效率。应用化学药剂可以使初沉池的 SS 和 BOD 去除效率翻倍，降低二级处理的有机负荷，减少曝气量。但也需要考虑其优缺点：优点是二级处理时节省了电能，厌氧消化池中产气量增加，脱水化学药剂成本较低，产生泥饼含水率低；缺点是增加了化学药剂成本，与污泥（投加化学药剂增加的污泥）相关的成本也会增加。

10.1.3　浓缩工艺

浓缩工艺对后续稳定工艺的作用不言而喻。稳定工艺前的污泥浓缩预处理可以减少污泥体积，增加消化池中的污泥停留时间（SRT）。好氧和厌氧系统中的消化性能都与 SRT 有很大关系。SRT 长的工艺，污泥的稳定性好，病原体密度也较低。污泥浓缩除了改善污泥性能，对于消化也很重要，因为浓缩工艺：

（1）减少了厌氧消化或自动升温高温好氧消化工艺（ATAD）中需要加热的污泥量。污泥加热是厌氧消化池中最主要的能量消耗；

（2）使 ATAD 系统中的消化污泥可以自加热；

（3）影响消化池运行的污泥浓度，影响搅拌和氧转移过程；

（4）减少污泥消化后侧流回流液的体积，降低水力负荷。

10.2 厌氧消化工艺

在厌氧消化工艺中，有机物被分解成甲烷、二氧化碳、氨氮和水，它符合自然规律，实现了能源的高效利用。如果工艺应用得当，相对那些耗能的稳定方法，厌氧消化甚至能够实现产能。但目前，即使在适合采用厌氧消化工艺的情况下，该工艺也经常不被采纳，而采用了该工艺的工厂也不能充分发挥出其能源再生利用的优势。此外，污泥厌氧消化还可以实现污泥的减量化，减少后续脱水的污泥量，从而减少污泥外运量，节省后续处置能源。

厌氧分解的温度介于冰点和沸点，产生甲烷的最佳温度在32~35℃（90~95℉）中温段和54~57℃（130~135℉）高温段。收集并燃烧这些富含甲烷的沼气，可产生能量。消化后的沼气通过处理可以达到天然气标准，用于天然气供应或者压缩后用于汽车燃料。因为传统消化工艺必须在35℃（95℉）左右运行，所以工艺本身需要少量能量进行生泥预热、搅拌和污泥循环。除了北方寒冷的冬季期，只要设计和运行合理，消化池就是产能设施。沼气燃烧可以驱动相关设备运行或者发电。燃烧过程产生大量的废热，可以用来维持中温消化温度。除了加热消化池，废热还可用来加热设施。表10-1列出了污泥厌氧消化工艺的优缺点。

污泥厌氧消化工艺的优缺点   表10-1

优　点	缺　点
稳定性好	产甲烷菌生长速率低
灭活病原体	固体停留时间长
减少污泥最终处置量	需要辅助加热
营养需求少	投资大
耗能低	维护难
富含甲烷的沼气可再利用	产生的回流液性能差
稳定后的污泥可资源化利用	甲烷属于温室气体，需要收集
	沼气有臭味

10.2.1 工艺温度

尽管高温消化工艺（温度在50~60℃，即122~140℉）的应用越来越广泛，但大多数厌氧消化工艺仍属于中温消化，工艺温度在32~38℃（90~100℉）。据记载，大多数高温厌氧消化的运行温度在54~55℃（130~131℉），目前稳定运行的高温消化工艺均在该范围运行。因为厌氧嗜热菌对温度变化十分敏感，所以反应器温度的稳定性是高温厌氧消化成功运行的关键。要保持稳定的温度，就需要消化池内有充分的搅拌，这样在温度变化时可以避免污泥中形成气囊。

与中温厌氧消化相比，相同SRT下高温厌氧消化能够分解更多的挥发性固体。有机物降解率（VSR）的提高取决于许多因素。在较短SRT（15~20d）时，高温系统会增加4%~8%的VSR。例如相同的SRT下，如果中温消化系统的VSR能够达到50%，那么高温消化系统可达到54%~58%。而在长SRT（30d）时，两种消化工艺的差别变小（Willis和Schafer，2006）。同样，如果用高温厌氧消化代替中温厌氧消化，可以缩短固体停留时间（SRT）或者减小消化池容积，即可达到同样的 VSR。

为了达到要求的运行温度，高温厌氧消化工艺需要对系统进行加热。图 10-1 中对传统中温和高温厌氧消化工艺的能量平衡进行了比较，由图可知，高温厌氧消化工艺在冬季加热生泥的能量是中温厌氧消化的 2 倍。而加热生泥是消化池的主要耗能。高温厌氧消化工艺中该部分的耗能明显增加。对于小型消化池而言，为了维持消化池温度而造成的热损失可以忽略，对系统能量平衡影响不大。污泥高温厌氧消化产生的沼气增加量不足以与加热生泥所需的能量相平衡。因此为了减少所需热能，设计和运行人员常常提高进泥浓度。一般消化池的进泥含固率至少为 5%，有的可达 6% 或更高。另外，可回收排泥中的热量用于生污泥预热，以降低总能量需求。

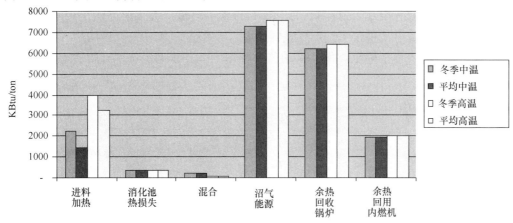

图 10-1　中温和高温厌氧消化工艺能量平衡比较（进泥含固率 4%）

高温厌氧消化的一个缺点是消化后污泥中残留的挥发性脂肪酸含量较高，所以常在一级高温厌氧消化后进行一系列的二级中温消化，以提高污泥质量，这种工艺称为两相厌氧消化（TPAD）。与传统中温消化工艺相比，该工艺能够达到更高的有机物降解率（VSR）和更好的杀灭病原菌效果。从能量角度看，在池容基本相同的条件下，需要权衡 TPAD 工艺中 VSR 较高时增加的产气量和运行高温消化工艺时额外的需热量。据相关记载，与其他城市污泥厌氧消化工艺类似（Krugel et al.，2006），TPAD 工艺的沼气产率为 0.9m³/kg（15ft³/lb）VS。全寿命周期成本分析比较结果与当地情况有关。

A 级——厌氧消化：公用事业工作者和工程师都认为高温厌氧消化市政污水污泥可以生产 A 级污泥。虽然高温厌氧消化工艺在美国 40CFR503 条例中并没有作为进一步降低病原菌数量的工艺列出，但已有实际案例证明，采用该工艺能够达到美国环境保护局（U.S.EPA）颁布的 40CFR503 条例中定义的 A 级病原菌标准（U.S.EPA，2009）。近几年，一些研究人员已经对高温消化和中温消化结合的各种反应器结构进行了评估（Willis等，2005）。

10.2.2　分级厌氧消化工艺

分级厌氧消化是传统单级中温消化的替代工艺。在两级厌氧消化工艺中，反应器是分级的，而不是并行，这样的结构有利于提高有机物降解率（VSR）和病原菌灭活率。近年来的几个工程实例表明，两级厌氧消化的运行效果很好。为了减少短流的影响，各反应器通常以间歇方式运行。在连续进泥模式下运行，采用两级厌氧消化能提高消化效果和运行稳定性。

10.2.3 两相消化

两相消化是分级消化工艺中的一种，该工艺中污泥厌氧分解的两个主要阶段产酸和产甲烷段分别在两个不同的消化池中进行。这样可以使每个阶段在最佳条件下运行，发挥各自最大的代谢能力。在两相消化工艺中，第一相消化池为产酸消化池，固体负荷高达 32kgVSS/（m³·d）（2lb/d/ft³），固体停留时间（SRT）短，为 1～2d。第二相消化池产甲烷（即产气阶段），进泥为产酸消化池发酵后的污泥。当消化初沉和剩余污泥的混合污泥，固体停留时间（SRT）为 12d 时，两相厌氧消化工艺比中温消化工艺的有机物降解率高 10%。在产气量方面，两种工艺均为 0.94m³/kg（15ft³/lb）VS。两相厌氧消化产酸阶段产生的气体中 1/3 为甲烷，2/3 为二氧化碳，该比例与传统消化工艺相反。然而，在产酸阶段产生的沼气量不到整个工艺产气量的 10%。从整个消化工艺产生的沼气成分来看，两相厌氧消化工艺提高了甲烷比例，平均值可达 65%。产酸段运行控制的关键参数是污泥负荷和 SRT。

10.2.4 Torpey 工艺

在 Torpey 工艺中，消化后的部分污泥回流到前端，与原泥混合后进入消化工艺前端的浓缩工艺。此工艺类似污水处理阶段的二沉池活性污泥回流到曝气池。20 世纪 60 年代，纽约市首次应用了 Torpey 工艺。近几十年，改良后的 Torpey 工艺得到了应用，在改良工艺中，首先利用溶气气浮系统对部分消化污泥进行浓缩，然后再回流到消化池前端。该措施在不影响水力停留时间的情况下有效提高了消化池的固体停留时间。也就是说，该工艺在不影响工艺 SRT 的情况下能获得更高的容积负荷率。应用 Torpey 工艺可将 VSR 提高 10%～15%，沼气产量也相应增加。在最初纽约市应用该工艺且采用重力浓缩时，能够将后续污泥处置量降低 20%（以干污泥计）。

10.2.5 共消化工艺

共消化工艺是指将可消化的其他有机物投入到消化池中与水厂污泥共同消化，从而提高甲烷产量。可消化的典型物质有：

（1）脂肪、油和油脂（FOG）；

（2）餐厨垃圾；

（3）垃圾中的有机物（OFMSW）；

（4）工业处理过程中的有机废物。

表 10-2 总结了近几年污水处理厂污泥和其他物质共同消化的研究情况。由表可知，共消化工艺在实际工程中得到了成功应用，该工艺能够提高消化池的产甲烷率。在共消化工艺中，对混合物质的预处理非常重要，它能够减少消化工艺和设备（如消化设备、搅拌器、泵和热交换装置）的运行问题。在消化餐厨垃圾和城市固体垃圾中的有机物时，预处理是成功消化的前提。

共消化工艺的主要特点之一是消化池中总固体浓度的增加，这是由共同消化物质的含固率较高造成的。加入垃圾中的有机物进行厌氧消化时，固体浓度明显增加，因为该物质可生物降解性比较差。当可生物降解有机物转化为甲烷后，相当一部分的惰性生物固体仍然留在消化池内。随着总含固率的增加，污泥黏性增加。它可能会影响污泥泵对污泥的输送和消化池内混合液的搅拌。因此，进消化池的混合物的含固率一般维持在较低的水平

（大多为 4%），见表 10-2。在消化池内，油脂类废弃物很难增加固体含量，因为它的生物可降解率非常高（文献报道 95%），消化后几乎无生物惰性物质残留。然而，当污泥与 FOG 一起消化时，必须有高效的搅拌和循环系统，避免形成浮渣层导致严重的运行问题。据报道，餐厨垃圾制浆，去除了难生物降解固体，处理后的物质可生物降解率能提高到 80%，同时也减少了固体累积的影响。在共消化工程运行前，必须对整个系统的混合能力进行评估。

共消化研究资料
表 10-2

项目	单位	研究实例			
		Treviso 污水厂	东奥克兰海湾	Frutigen	加拿大 Riverside
污泥		剩余污泥	无	初沉＋剩余污泥	初沉＋剩余污泥
混合物质		垃圾的有机物	餐厨垃圾	餐厨垃圾	油脂
预处理		去除金属和塑料、碎片、漂浮物、除砂、	稀释、磨碎、除砂、制浆	去除金属和塑料、碎片、除砂、浸泡	筛分、加热存贮、混合
进水 TSS	%	4	4～10	6.5	1.2～12
消化池 TSS	%	3	2～3	3.3	
VSR	%		50～80		
消化池负荷	lbVS/(ft³·d)	0.048	0.2～0.6		
混合物负荷	%	25	100	20	30
沼气产率增长	%	360	N.A	27	90
混合物沼气产量	ft³/(lbVS·d)	12.5	7	9-2	13
混合物 TVS	%TSS	67	90	91	95
消化池 TVS		56	65		
污泥产量	lb/lb		0.28		减量 30%
沼气产率	ft³/(ft³·d)	0.34	4	0.95	
沼气产量	ft³/lbVS	7.0	7.0	9-2	13

消化池中不产气的惰性颗粒随排泥排出，导致后续脱水的固体量和最终处置的处置量增加。增加污泥以外的其他物质，对整个消化系统会产生影响，有必要对整个工艺过程进行整体成本核算，从而对共消化工艺的优缺点进行评估。有报告称，增加共同消化物质能够改善消化池污泥的 VSR。在共消化工艺中，一方面由于混合物质残留的惰性物质增加了总固体含量，另一方面由于混合物质的加入使污泥的可生物降解性提高，导致消化后的固体含量降低。这使评价该工艺变得更加复杂。当在污泥中添加 FOG 时，至少有一篇报道证明，共消化工艺可以减少最终污泥处置量。

增加混合物质后对系统甲烷产率的影响似乎都是正面的，沼气产率可以增加 30%～300%。近来有污水厂数据表明只消化活性污泥不能够达到消化池的处理能力。据报道，增加 30%（按重量计）的油脂类物质可将产气量提高 1 倍。这不仅因为油脂类具有很高的可生化降解率，主要是当油脂类物质作为消化原料时，它的甲烷菌产率是初沉和剩余混合污泥的两倍，是剩余污泥的 3 倍。

10.2.6 污泥预处理

目前，人们对研究城市污水处理厂剩余污泥的预处理技术产生了浓厚的兴趣，它可提高污泥的生物降解能力或者降解速率。剩余污泥的分解技术研究有的还处在实验室研究层面、有的已经进行了中试研究、有的已进行工程应用。污泥分解主要是通过细菌细胞的降解来完成的，其关键步骤是细胞壁和细胞膜的溶解。将细胞破坏后，细胞内的原生质释放出来，从而可以提高物质的可生化性和降解速率。污泥可生化性的提高，意味着污泥产量的减少或最小化，同时降解速率的提高可以减少运行的消化池。针对剩余污泥和部分回流污泥进行了下列物理和化学处理试验：臭氧、超声波、强力剪切、热水解、集中脉冲处理、化学—压力预处理和酶水解。

如果将上述预处理工艺用于部分回流污泥的处理，那么主要目标是减少剩余污泥的产量。如果预处理工艺用在消化前活性污泥的处理，那么其目的不仅是减少消化污泥量，主要是强化消化效果。在评价上述预处理技术时，需要重点关注以下几个方面：

（1）能量消耗：预处理工艺不同，其处理单位固体的能耗从 0.1kWh/lbTSS 到 1kWh/lbTSS 不等。在某些热水解工艺中，蒸汽加热装置和泵的运转是主要耗能部分。

（2）细胞分解过程中释放出的氨和有机氮：MLSS 中大约 1％是有机氮，这部分物质随着细胞的分解溶解到混合液中。该部分有机氮硝化时将增加水厂的需氧量。

（3）分解过程产生可降解 COD：当预处理分解工艺应用于回流污泥时，由于分解时会释放可溶可降解有机物，它为反硝化提供碳源，或者是增加好氧池的需氧量。当评估产生有机物的影响时，预处理工艺设置在浓缩前还是浓缩后很重要。

（4）从厌氧消化工艺获得的能量：当预处理工艺置于厌氧消化前时，可以改变有机物的降解动力学，提高挥发性固体的分解率，增加沼气产量。然而，近来的工程应用研究表明，有机物分解率的提高和甲烷产量的增加并不是成比例的。有机物分解影响消化降解动力学，但对甲烷产率的影响并不明显。目前还没有对所有工艺进行总结，每种工艺对厌氧消化的影响均不同，因此需要进行单独评价。

（5）黏度变化：活性污泥分解前后，黏度变化很明显。黏度低有利于厌氧消化池中混合物的搅拌混合。

（6）后续污泥处理成本的降低：降低了后续污泥处置量，可降低运行费用，例如可减少脱水时的絮凝剂投加量和最终处置费用。研究报道，某些预处理工艺（如热水解）能够显著降低脱水时的絮凝剂投加量，并提高脱水后泥饼的含固率。

10.2.7 沼气组成

消化沼气中约 55％～70％为甲烷，30％～45％为二氧化碳，另外还有一些微量气体（以体积计）。然而，甲烷和二氧化碳的比例随消化污泥成分、消化池内的碱度和 pH 的不同而变化。为了更好地回收、净化和利用沼气，预测设计系统产生沼气的组成非常重要。

10.2.8 传统消化池的耗能

传统消化池的耗能主要为加热所需燃料、加热循环泵所需的电能、搅拌所需的能量。

1. 消化池预热耗能

尽管目前高温消化工艺[50～60℃（122～140℉）]应用越来越多，但传统的消化工艺仍为中温消化[32～38℃（90～100℉）]。在消化工艺中，没有比中温消化运行温度还低的案例，这是因为低温条件下，为了使有机物分解和去除病原菌稳定运行，系统的固体停留时间(SRT)会很长。因此，大部分传统消化系统都设有预热污泥设备。一般情况下，消化厂采用的预热污泥能源为天然气、沼气或两者都用，有时也会用燃油。耗能大小是进泥温度、消化池运行温度、环境温度和反应器结构和保温措施的函数。优化消化前的污泥浓缩工艺是消化运行节能的重要手段，因为良好的浓缩可以降低含水率，从而减少待预热的水量。预热进消化池的混合液所需的能量可通过式(10-6)计算：

$$Q_s = W_s C_s (T - T_i) \tag{10-6}$$

式中　Q_s——热量需求，kJ(Btu/h)；

　　　W_s——投配量，kg/h(lb/h)；

　　　C_s——进泥的比热容，kJ/(kg·℃)(Btu/(lb·℉))(与水的比热容一样，4.18kJ/(kg·℃)或1.0Btu/(lb·℉))；

　　　T——消化温度，℃(℉)；

　　　T_i——进泥温度，℃(℉)(与熟泥热交换后的温度)。

例如，假设冬季城市污泥的进泥温度为50℉，消化温度为95℉，则能量需求为：

$$Q_s(Btu/hr) = 8.34lb/gal \times q \times 1.0 \times (95 - 50)℉ \tag{10-7}$$

$$Q_s = 375Btu/gal \times q$$

式中，q为污泥流量，单位为gph。

注意，上述计算出的能量不包括燃料源（例如，锅炉和热交换器）热交换的效率损失或进泥热交换过程获得的能量。

弥补消化池墙壁热损失的能量计算公式如式（10-8）所示：

$$Q_r = UA(T - T_a) \tag{10-8}$$

式中　Q_r——环境能量损失，kJ（Btu/h）；

　　　U——综合换热系数，kJ/（m²·s·℃）(Btu/（h·ft²·℉）)；

　　　A——垂直加热面积，m²（ft²）；

　　　T——消化温度，℃（℉）；

　　　T_a——环境温度，℃（℉）。

单位面积的综合换热系数（U）可以通过不同流向的单个换热系数得出，公式如式（10-9）所示

$$U = (1/U_1 + 1/U_2 + \cdots + 1/U_n)^{-1} \tag{10-9}$$

式中，U_1、U_2、U_n为消化池中的污泥与空气或消化池外部地面的单个单元换热系数。

表10-3为典型消化池建筑材料的换热系数。不同建筑材料面积和温度梯度计算所得热损失（例如，暴露在空气中的消化池顶部或侧壁，与土壤接触的消化池底部等）相加得到消化池壁总的热损失。

美国北部典型的热损失值为97kJ/(m³·h)(换算为反应器容积为2.6Btu/(h·ft³))。中部和南部州的典型热损失分别为48kJ/(m³·h)和37kJ/(m³·h)(1.3Btu/(h·ft³)和1.0Btu/(h·ft³))。基于上述情况，表10-4列出了不同水力负荷下，美国北部单级污泥消化工艺所需的热量，从中可知通过对构筑物进行绝热处理可以减少热量损失。

厌氧消化池不同部位材料的换热系数 表 10-3

材 料	热交换系数（U，Btu/（h·ft²·°F[a]）
固定式钢盖（0.25in[b]厚薄板）	0.91
固定式混凝土池盖（9in厚）	0.58
浮动池盖（木制顶棚）	0.33
暴露在空气中的混凝土外壁（12in厚）	0.86
混凝土外壁（12in厚），1in空气空间，4in砖体	0.27
暴露于湿润土地（10ft[c]厚）的混凝土外壁和顶层（12in厚）	0.11
暴露于干燥土地（10ft厚）的混凝土外壁和顶层（12in厚）	0.06

[a] Btu/（h·ft²·°F）×5.678=J/（m²·s·℃）

[b] in×25.4=mm

[c] ft×0.3048=m

美国北部完全混合单级消化池的热量需求 表 10-4

水力停留时间 （d）	流体从 50°F 到 95°F 所需热量[a] （But/gal[b]）	消化池热损失 （But/gal）	消化池热消耗总量 （Btu/gal）	考虑了热损失后的总需热量[c] （Btu/gal）
10	375	83	458	573
15	375	125	500	625
30	375	250	625	781
50	375	417	792	990

a. （°F−32）0.5556＝℃

b. Btu/gal×278.7＝kJ/m³

c. 使锅炉能量效率达80%的燃料

表 10-4 给出美国北部不同水力负荷下单级污泥厌氧消化系统典型热需求，从中可知通过额外的隔热可以减少热损失。

影响消化污泥稳定程度的因素有污泥特性、消化温度和SRT。在完全混合（假设搅拌相对均匀）的消化池中，SRT等于水力停留时间（HRT）（当消化池间歇运行时，SRT与HRT不同）。因此，通过浓缩降低消化进泥含水率，不但可以实现原泥预热过程的节能，而且对同样容积的消化池而言可以延长消化时间，从而使消化后污泥的稳定化程度更高。如果反应器混合效果好，含固率高达6%的进泥仍可得到有效处理。

进泥含固率对热量需求的影响见图 10-2。由图可知，随着进泥浓度升高，原泥预热所需的热量成指数规律下降。进泥浓度低不仅会增加预热所需热量，也会缩短运行 SRT（HRT），因此它的作用是双重的。SRT（HRT）缩短导致有机物分解率降低，从而单位质量进泥的产气量也降低。

2. 污泥预热和循环泵的耗能

一般在锅炉中燃烧沼气或天然气加热消化池，再通过热交换器把热能传递给原污泥，从而达到加热效果。污泥预热的热能效率通常在 70%～85%，要获得更高的热能效率必

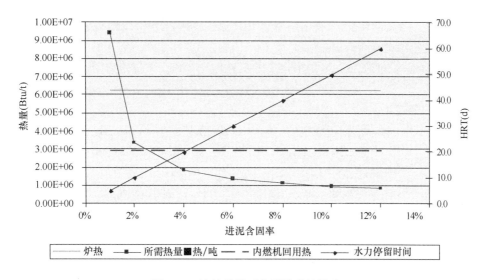

图 10-2　浓缩效果对热量需求的影响

须采用较新的维护较好的设备。热交换器的缩放比例会显著降低其效率。另外，循环泵和各种水泵的运转也消耗电能。热交换器容量大约为 15.3~25.4mW/W（6~10hph/（mil·btu）），相应的热交换电能消耗为 6mW/kJ（6kW/（mil·btu））左右。蒸汽直接喷射加热（DSI）可提高热交换效率。最近有报道称，伊利诺斯州的克里斯特尔莱克市在厌氧消化工艺中成功应用了一套 DSI 系统。该工艺运行中可形成类似鸟粪石的物质，对消化工艺也没发现什么负面影响（Huchel et. al.，2006）。马里兰州巴尔的摩市 Back 河污水厂也已经应用 DSI 多年。

3. 搅拌耗能

消化池的搅拌由泵、循环和反应器内其他设施完成。一般通过外加泵或压缩机使沼气或液体循环，或者在消化池内部设叶轮搅拌器。

关于消化池搅拌，在设计上存在很大差别，对不同搅拌方式的效果认同也存在争论。大部分设施的搅拌效率较低：只有不到 50% 的混合液能得到高效搅拌。早期设计的消化池搅拌用来控制浮渣层，因此搅拌不能混合整个反应器的混合液。平底型消化池底部会沉积碎屑和砂粒，降低了消化池的有效容积。因此，为了维持消化池正常运行需要经常清洗。为了解决这个问题，一直在研究卵形消化池，并已成功应用。这种形状的消化池循环效果好，而且能够强化时间和 VSS 消减之间的关系。一般认为卵形消化池能够减少搅拌的能量需求，从而使运转的周期成本降低。虽然卵形消化池搅拌更有效，VSS 消减更多，但是其建设费用较贵，另外由于其暴露在空气中的面积较大，因此热损失可能更大。

人们一直采用的消化池单位体积的耗能范围比较大。搅拌能耗可高达 13W/m³（0.5hp/1000ft³），经常取值为 5~8W/m³（0.2~0.3hp/1000ft³）。最近，科研工作者和工程师非常关注消化池搅拌效率，因为水厂更愿意在较高固体浓度下运行消化池。随着固体浓度的增加，消化污泥的黏度和抗剪切性发生了明显变化。即使消化污泥总固体含量增加较少（从 2% 到 4%），也会严重影响消化池的搅拌效果。尽管进泥含固率增加导致污泥黏性增加，但通过监测消化污泥的流变特性及进行计算流体动力学研究，仍可以优化消化池的搅拌系统。Tracer 在中试和生产规模的研究验证了模拟结果。据报道，消化池进泥含固率在 7％～8％ 之间运行（采用热水解预处理工艺），应用气体搅拌时，能耗可低至 4W/m³（0.14～0.3hp/1000ft³）。

通常情况下，搅拌耗能占整个消化工艺能耗的一小部分，消化工艺的主要能耗集中在原泥预热阶段。

10.2.9 能量回收

消化沼气中甲烷含量为 40％～75％，大多数情况下为 60％。由于甲烷的热值高达 37000kJ/m³（1000Btu/ft³），因此消化沼气的热值一般可达 22000kJ/m³（1000Btu/ft³）。在厌氧消化池中，分解 1kgVSS 约能产生 0.75～1.25m³ 沼气，常用值为 0.8m³/kg（13ft³/lb）。后者相当于热值为 17000kJ/KgVSS（8000Btu/lb）。表 10-5 列出了一些沼气的常规利用方式。

沼气常用来加热消化池，维持系统温度稳定在 35℃（95°F）（中温消化工艺）或者 55℃（高温消化工艺）。在某些消化沼气充足的场合，会安装沼气发动机。沼气发动机可以驱动泵、鼓风机或发电机运转。当采用合适的热交换器时，机器冷却水可作为消化池污泥预热的传热介质。沼气驱动发动机后的余热也可用于污泥干化或者普通设施的加热。锅炉中产生的热蒸汽可用于污泥巴氏杀菌工艺或者消化前的热水解工艺。沼气也可出售给电力站、工厂或者沼气利用部门。内燃发动机、微型燃气轮机、燃料电池最近变得越来越流行。表 10-6 比较了常用技术的热电效率。

消化沼气的常规利用方式　　　　　　表 10-5

利用方式	设备
消化池加热	锅炉、热回收设备、热交换器
发电	沼气净化设备、IC 发动机、微型燃气轮机、透平机、燃料电池、斯特林引擎、蒸汽轮机
建筑供暖	热回收设备、热交换器
空调	热回收设备、冷水机组
污泥干化	干燥机、热回收设备
污泥巴氏杀菌	锅炉、热回收设备、热交换器
热水解	锅炉、热回收设备、直接喷射加热设备
甲烷销售	沼气处理设备
驱动泵/鼓风机	能够驱动泵和鼓风机的沼气发动机组
燃烧	燃烧器

沼气利用设备典型参数　　　　　　表 10-6

设备	电效率		热效率		规模
	范围	典型值	范围	典型值	
	％	％	％	％	kW
内燃机（ICE）	25～45	33	40～49	40	50～5000
内燃机，稀燃		37			
气体涡轮机，燃气轮机	23～36	30	40～57	40	250～250000
微型燃气轮机	24～30	27	30～40	35	30～250
磷酸燃料电池	36～40	35	30～40	40	200

设备	电效率		热效率		规模
	范围	典型值	范围	典型值	
	%	%	%	%	kW
熔融碳酸盐燃料电池	40～45	50	30～40	40	300～1200
蒸汽涡轮	20～30	25	20	45	500～1300000
斯特林引擎	25～30	27	45～65	60	1～50

表10-6中的有些设备利用沼气前需要进行预处理。根据消化池进泥中硫酸盐（硫酸）或含硫物质的含量不同，消化系统产生的沼气中硫化氢的浓度也不同。硅氧烷是一种含硅的有机物，它在沼气中为痕量物质，是由污泥中存在的个人护理产品产生的。硅氧烷燃烧时会形成二氧化硅粉末，对某些设备产生磨损，因此需要从沼气中去除硅氧烷。在消化池的高温环境中，沼气在水蒸气中能达到饱和状态。根据后续应用，水蒸气也要去除。去除沼气中硫化氢的技术很多。在工程运行费用中必须考虑处理沼气的成本。

由表10-6可知，将燃料转变成电能的效率很低。当采用非纯燃料，例如含有二氧化碳、硫化氢和饱和水蒸气的沼气作为燃料时，上述观点更合理。在沼气发电中，沼气发电机使用的沼气中大约有33%的热量做有用功，沼气发电机能量转换效率在90%时，只有30%的能量真正转化成了电能。从机组冷却系统和尾气中回收热能非常重要。只有沼气利用过程包含热能回收时，总能量回收才会效果显著。一些实用的沼气能量计算参数见表10-7。

沼气潜在能量计算实例　　　　　　　　　　　　　　　　　　　表10-7

参数	单位	数值	范围
甲烷气体蕴含的能量	Btu/ft³	1000	无
沼气中甲烷含量	%	60	55～65
人均沼气产量	ft³/（人·d）	1	0.75～1.25
人均污水产量	gal/（人·d）	100	70～120
沼气产量	ft³沼气/lb 污泥分解	13	11～18

10.3 好氧消化

好氧消化和厌氧消化都是稳定污泥中有机物的工艺。厌氧消化是通过厌氧生化工艺降低污泥中的有机物，而好氧消化是在好氧环境下通过生化氧化工艺降低污泥中的有机物。好氧消化耗能多，产生的污泥很难脱水。另外一旦氧气缺乏，污泥会进一步厌氧分解产生臭味。好氧消化的优缺点见表10-8。

由于初沉污泥不管在二级处理系统还是在好氧消化系统氧化，都需要相同的氧气和能量，这样初沉池就成了多余的构筑物，因此从经济角度考虑，采用好氧污泥消化的污水厂一般不设初沉池。

好氧消化工艺的优缺点 表 10-8

优 点	缺 点
适度稳定；病原体不活跃	常会产生大量带臭味的泡沫
减少最终处置污泥量	污泥不能完全稳定；厌氧后会进一步分解，产生臭味
易于运行	SRT 长
比厌氧消化投资小，易维护	能量消耗高
产生的回流液性能比厌氧消化好	污泥脱水难且成本高

然而，如果不设初沉池，活性污泥好氧池的容积必须扩大以满足增加的负荷。一般好氧消化池比二级处理工艺安装的有效曝气器少，因此希望尽可能多地在好氧系统氧化初级污泥，而不是在好氧消化池。剩余污泥进行好氧消化是二级处理工艺中开始的内源呼吸过程的延续。该过程需要机械曝气或扩散器供氧。工艺一般需要 $1500 \sim 2000 gO_2/kg$ VSS（$1.5 \sim 2lb/lb$）。如果要同时氧化呼吸过程中产生的氨氮和 VSS 则需要更多的氧气。在好氧消化池中蛋白质分解，释放出氨氮，并氧化为硝酸盐。氧转移效率由选择的曝气装置类型和其他因素决定，详见第 8 章。

10.3.1 节能措施

好氧消化剩余污泥时，可以采取下面的节能运行策略：

（1）好氧-缺氧运行；

（2）低溶解氧运行；

（3）减少消化时间，采用比耗氧速率（SOUR）判定是否满足带菌物的吸引标准；

（4）确定合适的污泥浓度。

在不含缺氧周期的好氧消化池中，消化污泥中的氮根据下面的反应式转化为硝酸盐：

$$C_5H_7NO_2 + 7O_2 + HCO_3^- = 6CO_2 + 4H_2O + NO_3^- \tag{10-10}$$

在好氧-缺氧运行时，消化池中的曝气交替开关。缺氧时发生反硝化，将好氧周期累积的硝酸盐转化为氮气。好氧-缺氧运行时总的消化反应见下式：

$$2C_5H_7NO_2 + 11.25O_2 + HCO_3^- = 11CO_2 + 7.5H_2O + N_2 \tag{10-11}$$

这样氧气消耗从 $2000 gO_2/kg$ VSS（2lb/lb）减少为 $1600 gO_2/kg$ VSS（1.6lb/lb），降低了 20%。另外，反硝化使碱度升高。缺氧周期不需要搅拌，如果消化池中维持足够高的 MLSS 浓度，就可以进一步降低能量消耗。

低 DO 浓度（$0.1 \sim 0.5mg/L$）运行时会发生同步硝化反硝化，这样不需要交替好氧周期，也会获得同样的效果。该运行方式的另一个优点是低 DO 可以减少曝气成本。有文献报道，低 DO 的缺点是 VSS 的降解速率较低。为了克服该问题，消化池可以采取高浓度运行，有效增加系统的 HRT。

另外还可采取第 8 章和第 9 章中讲的控制 DO 来节能，即根据消化程度按比例供氧而不是按恒定速率供氧。

另外一个运行调整措施见美国环境保护局（EPA）手册中 40CFR 503 条例对降低带菌物吸引指数规定的第 4 项。降低带菌物吸引指数可以通过控制 SOUR 为 $1.5mgO_2/(gTSS \cdot h)$ 实现。当剩余污泥来自 SRT 较长（如延时曝气法）或脱氮除磷工艺的污水处理厂时，某些情况下，污泥开始消化时的 SOUR 比较低。此时，在达到降低 38% 的标准前就达到了 SOUR 标准。消化池中 SRT 相应降低，能量消耗也降低。此时，或许病原体密度的 B 级要求决定了根据 SOUR 要求运行的消化池的停留时间。

最后需要注意的是，随着好氧消化池中污泥浓度的增加，α因子（污水与清水中氧转移系数之比，见第 8 章）降低。污泥浓度高时会大大降低氧转移系数，增加曝气的动力需求。好氧消化池中通常采用穿孔管曝气，因为它的α因子低，增加单位容积空气时实际净能量增加不多。污水处理厂设计和运行人员应当考虑增加污泥浓度对需气量和能耗的影响。

10.3.2 自动升温高温好氧消化工艺

自动升温高温好氧消化工艺（ATAD）是传统好氧消化工艺的改进，它是在保温的反应器中处理高浓度的污泥。与其他氧化工艺一样，好氧消化为放热过程，以热能的形式释放能量。传统消化工艺也产热，但由于温度上升很少，在较大体积的污泥中很快散发。

在 ATAD 工艺中，反应器容积较小，进泥浓度高，停留时间短，反应器保温。对于市政污泥，必须进行浓缩预处理。要求的典型进泥指标是挥发性固体最小 3％～4％且总固体浓度小于 7％。污泥氧化放热导致温度上升，同时加速消化反应。在低温时，反应器需要外部加热以维持所需的温度。水力停留时间一般为 8d，有时高达 15d。一般一个系列至少两个反应器。搅拌所需能量比典型的厌氧消化池高一个数量级。Kelly 和 Warren（1995）的报告中，好氧消化搅拌功率为 $130W/m^3$（$5hp/1000ft^3$），而厌氧消化为 $7W/m^3$（$0.25hp/1000ft^3$）。

已经证明 ATAD 工艺能满足美国 EPA40CFR 中 503 条例"进一步减少病原体"的规定。在获得 A 级产品的推荐工艺中包含了 ATAD 和中温厌氧消化的结合工艺。在应用时，采用的好氧停留时间为 18～24h。进入 ATAD 系统的污泥采用热交换器进行预热。

Kelly 和 Warren 指出，ATAD 反应器并不是真正的好氧，产生的废气包括短链脂肪酸、二甲基硫化物、二甲基二硫醚（堆肥系统也产生同类型的臭味产物）和硫化氢。这就要求对 ATAD 工艺排出的废气进行除臭，因此增加了能耗和系统投入成本。建议 ATAD 系统中的挥发性脂肪酸作为生物除磷工艺的碳源加以利用。ATAD 工艺污泥的脱水性能易受工艺中初沉池的效率影响。许多厂已经将传统的消化池改为 ATAD 反应器，并且发现脱水单元的带式脱水机投药量增加了两倍，而泥饼的含水率也相当高。这种现象已经得到一个带式脱水机的主要供应商的证实。

10.4 焚烧

在焚烧工艺中，脱水污泥被干化燃烧，残留物质为惰性灰分，极大地减少了体积。根据处理的污泥类型、污泥湿度和有机物含量不同，以及采用的焚烧工艺类型、空气污染要求和运行方式不同，工艺的耗能有所不同。能量主要集中在蒸发水的过程中。大部分情况下需要补充燃料维持燃烧，但所有情况下都可以回收大量的热能。

最普通的焚烧炉是流化床炉（FBF）和多膛炉（MHF）。每种焚烧类型的常见工艺见图 10-3 和图 10-4。近 20 年来，几乎所有热氧化设备都使用了流化床工艺。从能量角度看，两种焚烧炉存在许多相似之处。例如，如果它们处理的湿污泥类型相同，则焚烧后产生的灰分类型也相同，包括污泥中挥发性物质在氧气中燃烧的过程也相同，热动力学原理以及热损失模式也相似。MHF 在污泥干化、燃烧和灰分冷却等运行方面比 FBF 复杂，这是因为在 MHF 中各个过程是在污泥从顶部到底部的不同区域内完成的，而在 FBF 中干

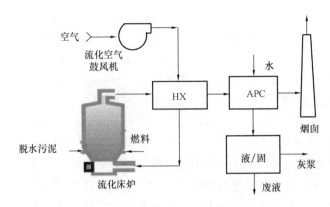

图 10-3 流化床工艺流程

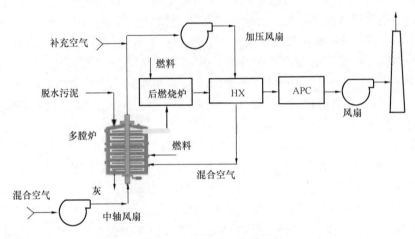

图 10-4 多膛炉工艺流程

化和燃烧在同一个反应区域完成。因为干化发生在 MHF 的上部分,所以 MHF 的尾气(不燃烧)温度为 500～650℃(900～1200℉),而 FBF 的尾气温度接近燃烧温度,大约在 750～850℃(1400～1600℉)。因此,为了维持较高的温度,FBF 中的燃烧有时需要更多的热量。然而,FBF 尾气的污染少,尾气回收潜力大。另外需要注意,与大部分 FBF 相比,MHF 的尾气处理要求高,FBF 的尾气可利用高温燃烧空气预热,可设计为接近自持燃烧条件运行。

10.4.1 焚烧的可行性

在许多地区,应用污泥施肥的土地或者用污泥填埋的土地的缺乏,促使人们寻找污泥处置的新路线。焚烧可以减少 90％以上的湿污泥体积和重量,从而减少污泥处置要求的土地面积。最近,在污水处理厂进行能量回收和在焚烧工艺中回收热能均取得了很大进展。这就提高了焚烧工艺的成本效率。浓缩和脱水工艺的改进使我们能由初沉和剩余污泥的混合物获得较干的泥饼。泥饼干就减少了焚烧工艺对燃料的要求,降低了焚烧成本。改进控制尾气排放的工艺,可以使气体排放达到现行的标准。然而,一些州政府正在控制其他污染物,这就增加了根据空气限值计算的投资成本和运行成本(Burrowes 和 Bauer,2004)。

10.4.2　气体排放

美国要求焚烧炉尾气符合新能源性能标准、国家环境空气质量标准、国家有害气体污染标准和污水污泥处置 40CFR 503 条例。各地空气标准是由联邦、州或当地政府协商制定，且满足前述的标准。大部分焚烧炉通过使用湿式文丘里管或填充床气体洗涤器能达到气体排放标准，某些情况下，也使用静电沉淀器燃烧或再生热氧化剂。如果以颗粒物质、二氧化硫和重金属为控制指标进行评价，这些空气污染控制装置及其组合是最佳可行技术（BACT）。然而，一些州要求 BACT 能控制汞、挥发性有机化合物（VOCs）和 NOx。这就要求采用其他的污染控制工艺。

工业预处理大大降低了焚烧炉的尾气排放。在管道源头就控制和消除了可能污染污水污泥的高浓度污染物。从而减少了焚烧设施的尾气排放量。

10.4.3　工艺稳定性

污泥焚烧工艺高效运行的关键是稳定和控制。工艺不稳定的原因是焚烧炉的进泥速率不稳定，这是由脱水设施的性能变化引起的。如果脱水系统直接排放泥饼到焚烧炉进口，而不像 MHF 有中间贮存，就会导致进泥速率更不稳定（Lewiset et al.，1989）。

由于加压燃烧间可能会有后压力，因此安装流化床时，通常有一定程度的缓冲贮存或系统容量，例如在进泥螺旋或泵上安装一储料斗。即使是一个较小的（停留时间 30～45min）进泥调节池，也能改善 MHF 的整体运行效果（Lewiset et al.，1989）。

MHF 的污泥贮存量很大，一般停留时间约 1h，而 FBF 中只能以秒计。MHF 中每个炉都有各自的污泥存量，各炉受工艺故障的影响也不同。污泥存量的大小不一定能改善工艺的稳定性，但短时间内改变污泥存量肯定会影响工艺稳定性（Lewis et al.，1989）。

40CFR 中的 503 条例规定，污泥焚烧会影响各种金属和 VOC 的排放，而且要求增加特定装置控制关键系统运行参数，如进泥速率、尾气含氧浓度、燃烧温度和总碳氢化合物。实际上，不能单独优化燃烧或净化系统，因为就工艺稳定性来说两个系统的性能是相关联的。要满足严格的空气污染控制规定，必须考虑的基本要素是提高工艺稳定性。

1. 多膛焚烧炉

焚烧污泥时最常用的就是多膛焚烧炉。从炉顶部进脱水泥饼，从上到下经过 3 个阶段：干化、有机物燃烧、灰分冷却。MHF 较难运行，需要精心控制。当进泥速率或湿度急剧变化时，整个焚烧炉的稳态条件会很快破坏。

由于焚烧炉内的空气流不规则，易发生短路和混合不均匀现象，这时需要过量空气供污泥燃烧。空气利用率低导致 MHF 产生大量的热损失。

1991 年 2 月，美国环境保护局颁布的 40CFR 503 条例中规定了污水污泥进行土地利用、处置和焚烧的标准（U. S. EPA，2009）。这些规定要求所有 MHF（和 FBF）系统设置尾气含氧量分析仪，这样焚烧炉可结合氧控制运行。503 条例还要求在 MHF 的燃烧区提供至少两个独立的热电偶。因为燃烧区是动态的，会影响许多炉膛。即使应用两个热电偶也不能提供可靠的和具有代表性的温度测量值，除非热电偶放在炉子中适当的位置且插入合适的长度（Sieger 和 Maroney，1977）。

许多多膛炉代理商要求厂商改进设备和运行控制以达到更严格的气体排放标准。这些改进包括增加补燃器、废气循环、添加热氧化剂和改进净化器。其他措施还有提高排气后燃器的运行温度以减少"黄色羽毛状絮体"排放或净化水中的氰化物浓度。这两种物质的排放均是不完全燃烧的信号。

2. 流化床焚烧炉

FBF 启动时对燃料的要求比较低，暂停一夜后仅需一点燃料即可再启动。在一个 FBF 中，砂床作为一个很大的热存储器，使重新启动系统时所需的燃料减少，这使 FBF 成为间歇运行的好选择。FBF 的尾气温度超过 750℃（1400℉），尽管按照空气污染规定应当设置补燃器，但通常不需要补燃器（需要追加燃料）。FBF 中投入高热值污泥（如脱水浮渣）时，进料系统和温度控制经常会出现问题（Lewis 等，1989）。

流化床内剧烈的搅拌保证了燃料和空气均匀分布，因此热转移和燃烧较好。流化床本身提供了大量的热容，有利于减少由进泥速率和热值变化引起的温度变化。污泥颗粒在砂床中变成无机灰。砂的剧烈运动将灰物质研磨得很细，便于被上升气流吹脱（Sieger 和 Maroney，1977）。

一般情况下 FBF 系统比 MHF 稳定，但工艺的稳定性和控制与进泥的稳定相关。另外，由于砂床内的砂具有很大热容，编写运行和控制逻辑程序变得更复杂。相对一般的运行程序，砂床温度趋于缓慢变化的假象，经常导致运行人员产生假的安全感，导致了控制系统的设置进一步复杂化。

另一个重要的区别是流化床具有较好的控制燃烧空气的能力。流化床系统一般仅需要 30%～50%的过量空气，而 MHF 系统需要 50%～150%的过量空气。

对于 FBF 系统，要开发一套可靠的控制方法，关键考虑是否能提供具有代表性的床温测量。40CFR 中 503 条例要求床区仅设一个单一的热电偶；然而，大部分系统都不够用。由于砂床的湍流运动，FBF 系统的垂直混合非常好，而横向的混合大部分情况下不好，因此床区进料分布成为一个重要的设计参数。即使分布比较好，从战略高度上讲也应该使用多个热电偶，并且沿着床周布置（Lewiset *et al.*，1989）。

10.4.4 热能需求

不管采用何种类型的焚烧炉，都要用热平衡估计热能消耗和需求。下面列出了焚烧炉中必须考虑的主要的热输入和损失。输入的热量有：

(1) 污泥中挥发性物质的燃烧；

(2) 助燃燃料的燃烧；

(3) 预热的燃烧空气（循环冷却空气或者是尾气的热交换）。

热损失（输出）包括：

(1) 污泥中的水分蒸发；

(2) 燃烧气体的排放；

(3) 加热的剩余空气和氮气（夹杂燃烧空气）的排放；

(4) 焚烧炉壁散热；

(5) 炉中排出的热灰；

(6) 排出的通风冷却空气（MHF）；

(7) 冷却喷射水蒸发时产生的气体（FBF）。

影响自助燃料使用的主要因素有：

(1) 进料中的水；

(2) 进料的挥发性固体含量；

（3）焚烧炉尾气温度；

（4）污泥燃烧时的过量空气；

（5）通风冷却空气（仅 MHF）。

与水相关的能量损失较高，因此焚烧炉燃料的使用和能量回收十分重要。尽管水作为燃烧的产物，在燃烧空气时包含在湿度中，但焚烧炉热平衡中的大部分水来自污泥中所含的自由水。

1. 水的热损失

由于水导致的热损失对于能量回收很重要，因此我们应该明白为什么损失如此大，而能量回收如此少。即使脱水效果非常好，泥饼中包含的水也比固体多。污泥处理时，焚烧炉的进泥含水率几乎都大于 60%，通常在 75% 以上。

当污泥由环境温度加热到尾气温度时，水由液体变为气体，所含水的热容（热容代表单位重量物质升高单位温度或进行相变化时所需要的热量大小）经历了下面三个重要变化。温度增加到沸点前污泥中的水保持液态，沸点为 100℃（212℉），或与之接近。在标准大气压下，当液体温度接近 100℃（212℉）时，需要大量的热使水蒸发。一旦蒸发，气态水的温度就又增加。要确定热水从环境温度升到尾气温度所需的总热量，必须采用蒸汽表或进行以下 3 个独立的热量计算：

（1）液态水——将原污泥中的液态水从环境温度加热到沸点。原污泥中 1kg(1lb) 水每升高 1℃(1℉) 大概需要 4.18kJ(1Btu) 热量。4.18kJ/ kg·℃(1Btu/(lb·℉)) 就是水的热容。

（2）沸水——在沸点，水从液态转化为气态，温度不变，但需要大量热能。从液态到气态的相变需要 2257kJ/kg 水（970.3Btu/lb）。（水从液态到气态的相变需要的热值称为汽化潜热）

（3）气态水——一旦水转化为蒸汽，每 1kg(磅) 蒸汽升高 1℃(1℉) 所需热量更多，直到升至尾气温度。蒸汽（气态水）的热容随温度上升而增加，但大约为 1.97kJ/kg·℃（0.47Btu/lb/℉），小于液态水热容的 1/2。

因为蒸汽是在标准大气压下产生的，所以它不能像蒸汽机中加压蒸汽一样做有用功。实际上，因为热回收装置的烟道气体排放温度一般不会低于 200℃（400℉），所以水蒸发使用的大部分热能在尾气中以非压缩蒸汽的形式被浪费了。尽管从技术上讲这些热是可以回收的，但实际不可操作，因为：

（1）减少水蒸气体积需要大表面积的热交换器。

（2）要提取大部分热能，任何热转移介质的温度至少要低于 100℃（212℉）。

（3）由于尾气的腐蚀性，热交换器需要昂贵的防腐材料。

2. 污泥能量

由于产生污泥的工艺不同（如初沉污泥和剩余污泥混合）以及消化工艺处理的程度不同，脱水污泥有机物含量范围为 50%～85%。另外，1kg（lb）挥发性固体有机物包含的能量为 19800～30200kJ（8500～13000Btu）；城市污水处理厂产生的污泥该值常在 23300～25600kJ（10000～11000Btu）之间。生污泥通常比消化污泥能量高，因为前者有较高的挥发性固体含量。图 10-5 解释了获得较干的污泥对满足自持燃烧（不用补充燃料）要求的重要性。

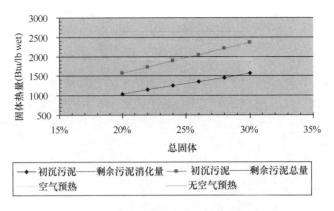

图 10-5 总固体含量对自持燃烧的影响

3. 自持燃烧

图 10-5 为典型流化床焚烧炉耗能作为总固体含量函数的计算实例。对于预热空气为 540℃（1000℉）的流化床系统，湿污泥自持燃烧所需的典型热量为 4478kJ/kg（1925Btu/lb）；对于不进行空气预热的湿污泥系统，自持燃烧需热量为 6164kJ/kg（2650Btu/lb）。图中表明进泥挥发性固体含量为 75% 时（初沉污泥和剩余污泥的混合物），含固量 26% 左右的污泥可以自持燃烧。挥发性固体含量为 50% 的消化较好的污泥需要较高的空气预热温度才能自持燃烧。流化床的优点之一就是它可以在高温[540~650℃（1000~2000℉）]燃烧空气下运行。

4. 电能

电能用来驱动风扇、泵、输送带和其他驱动装置，同时也可供空气污染控制设备使用。所需电能主要受风扇动力要求影响，而风扇动能是干化空气数量和空气污染控制设备处理尾气量的函数。转移燃烧空气和尾气所需压力受空气污染控制设备的直接影响。据报道，使用空气预热器和文丘里/盘式或填充床洗涤器的 FBF 需要的装机功率为 160~230kW/Mg（200~275hp/干吨）（Burrowes 和 Bauer，2004）。FBF 所需电能一般为 790~1440kJ/kg（220~400kWh/干吨），而 MHF 一般为 470~860kJ/kg（130~240kWh/干吨）。

5. 能量回收

在有预热交换器的 FBF 中，尾气的温度一般在 540℃（1000℉）。使用蒸汽锅炉和透平发电机可以回收 540℃（1000℉）与 200℃（400℉）之间的热量。也可以使用高温油加热交换器。高温油可用来进行污泥干化、建筑/工艺加热、预热离心进泥（泥饼固体含量高和絮凝剂使用量少）、或者用于有机朗肯循环发电系统。后者与蒸汽涡轮机相似，但具有一定的工艺和运行优点。根据预热程度不同，能量回收范围为 1200~2400kJ/kg（300~600kWh/干吨）。前面讨论过，通过冷却低于 200℃（400℉）的废气回收能量是不可行的。

10.5 干化

热干化是去除脱水污泥中的水分，从而减少污泥体积和重量。热干化的另一个优点是干化后的产品含有营养物质。一般情况下，脱水泥饼（含固率大约为 18%~30%）输送到热干化系统，在干化系统中蒸发掉大部分水，含固率升高到约 90%。在热干化过程中，由于湿污泥温度升高，污泥中的水分蒸发变成水蒸气。通过去除污泥中大部分的水分，热干化可明显减少污泥的体积和重量。

在干化工艺中将热能转移到污泥中，以提高污泥温度。获得所需热能有以下几种来源：各种燃料（天然气、沼气、热油、木材等）的燃烧、废热再利用、电能转化为热能。

热干化中的高温符合美国 EPA 标准中杀灭病原菌所需的时间和温度。在干化中将污泥干燥到含固率 90% 以上（如果干化前进行了稳定处理，则污泥含固率大于 75% 即可），干化后的污泥符合美国 EPA 中对带菌物吸引指数降低的标准。尽管在热干化中需要采用高温，但是这个温度不会导致有机物氧化（即有机物燃烧）。因此，大部分有机物仍然存在于干化污泥中。

污泥机械干化的作用如下：

（1）将污泥变为干燥的粉状物质，可作为土壤改良剂和肥料应用；

（2）去除部分水分以便焚烧、热解、气化；

（3）降低污泥回用或处置前的体积和重量；

（4）生产一种燃料，可作为水泥窑或热电厂电煤的替代品。

干化前必须进行污泥脱水。根据污泥的用途不同，污泥干化后的含水率也各不相同。泥饼含固率仅增加 5%～10% 时称为预脱水。这就使得利用焚烧炉余热蒸发部分湿污泥的水分变得有意义，以便进泥在焚烧炉中可自持燃烧。对于填埋处理，将污泥脱水到含固率 50%～65% 比较合适。如果不造粒，污泥含固率过高可导致严重的粉尘污染，处理后产生的轻质蓬松的污泥产品也较难处置。一些商用干化机都会进行特别设计，使烘干后的产品为颗粒状或进行造粒，以降低粉尘。

一般含固率在 30%～40% 之间时，污泥比较黏。根据污泥类型不同，某些污泥含固率在 40%～60% 之间比较黏。为了避免污泥粘附于干燥机构件上，必须将干燥后的污泥部分回流与进泥混合，从而使干燥设备进泥更疏松。

干化后的污泥成为一种富含有机质和营养物的干燥物质，它可作为低品质的肥料和土壤改良剂，或者作为市场销售的高品质肥料的生产原材料。一般情况下，用于干化的污泥没有进行生物稳定化处理，一旦变湿，污泥中的微生物和病原菌会复活，污泥发热，常会产生臭味。然而，美国一些大城市仍多年在农业上应用这种干化污泥。干化污泥还可作为工业和热电厂的替代燃料。

干化工艺没有必要去除污泥中所有的水分，通常只去除部分即可。因此，可将全部污泥半干化，或者将部分污泥全干化，然后与湿污泥混合使最终产品达到期望含水率。若后续处置方式为填埋和焚烧，则污泥半干化能降低成本。

在那些填埋处置占地比较昂贵的地方，如美国东北部，在填埋处置前首先进行污泥干化是比较经济的。因为蒸发 0.9Mg（1t）水大约需要 75L（20gal）的燃油，即使没有废热可利用，干化也是一个具有吸引力的选择。

干化程度较高的污泥常常会产生大量的粉尘，后续处置很困难。对填埋而言，为了便于处置，需要将污泥干燥至含固率 80% 以下。

干化是焚烧工艺的一部分，大部分情况下，设计一个焚烧设备完成两项功能比采用干化/焚烧设备共同处理更有效、更经济。例外情况如下：

（1）由于进泥含水率较高，现有焚烧设备的处理能力不够。这种情况下，增加一套干化设备降低污泥含水率，从而将原有设施的处理能力最大化。将部分或全部污泥预干化可以提高焚烧炉的处理量。

（2）焚烧系统具有带热量回收的补燃器，且回收后的热量没有有效利用。利用废热干燥污泥，使整个工艺系统能源利用更有效，也更经济，反之将造成浪费。

（3）厌氧消化产生的沼气有剩余，可提供干化热源。

（4）干化厂附近有热电厂或水泥厂，有可利用的热源。

一般情况下，与干化和焚烧结合相比，单独污泥干化效率不高，且不够经济。然而，也有工程应用证明并非如此。这些应用案例通常位置特殊、受经济制约或者缺乏昂贵的焚烧设施。

干化工艺的热平衡计算与焚烧热平衡计算类似。由于干化工艺不产生热量，大部分的热量损失源于污泥中水分的蒸发。从干化废气中回收热量不可行，因此几乎不采用这种方式。干化能与其他一些热处理设施（如沼气发电机组）或者焚烧设施相结合回收热能。

热干化系统的耗能通常包括燃料/热能和设备运行消耗的电能。热能消耗量与待蒸发的水量和干化系统的热效率有关。干化系统的热效率指蒸发 1kg（lb）水分所需热量，其值为 3300～4000kJ/kg（1400～1700Btu/lb）。对所有的干化系统而言，燃料成本是总成本中比例较大的部分之一。如果有沼气和废热作热源，可实现燃料成本的大幅降低。同样，在脱水单元进一步降低泥饼的含水率也可以实现干化能量的显著降低。图 10-6 表明了进泥含水率低对干化工艺的影响。

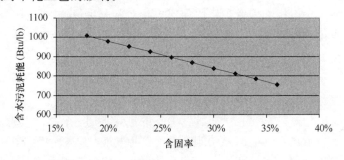

图 10-6　干化到含固率 90％时污泥的热能需求

干化设施需要大量热能和电能。除了热源，干化设施需要泵或鼓风机来实现热和污泥的传质循环，另外还需要驱动设备、搅拌设备、输送和其他辅助设备。热干化系统不同，相同处理能力条件下的耗能也不同（如，直接干化系统可能比间接干化系统耗能更多）。一般而言，直接干化系统的电负荷约为蒸发 1kg 水分消耗能量 0.01～0.5kJ。盘式干化设施负荷低于上述负荷，流化床干化设施负荷高于上述负荷。上述电负荷相当于增加了系统的能量需求，该能量相当于水分蒸发所需热量的 2.5％～16％。

第 11 章 能 源 管 理

11.1 能源管理计划概述

11.1.1 能源管理计划

除了人员费用，在净水或污水处理设施预算中电或能源一般占据最大或第二大的费用。大多数净水/污水处理厂管理人员和监事会很少或不控制人员成本，但通常控制与水厂的设备和设施紧密相关的能源消耗。因此，净水/污水处理厂管理者应对通过能源管理实现成本控制给予高度重视。

减少能源消耗的第一步是进行净水厂/污水处理厂的临时能源调查，从而确定是否存在能源浪费或短缺的问题，或哪里存在这些问题，包括关灯、调节空调温度以及操作上进行微小，以及对净水厂/污水处理厂的运行进行更全面的调查。通常，对引起二次处理能耗、固体废物管理能耗、水泵能耗以及其他能耗减少的工艺改变进行鉴定、评价和实施。然而，如果没有持续的能耗调查及管理，通过工艺改变措施获得的效果将随时间而消失。这是因为净水厂/污水处理厂通常会回归到被认为正常、安全或简单的方式运行。同时，在许多地区，净水厂/污水处理厂运行或设备的选型过程中没有把能耗作为重要的因素。因此，一直以来在行业的设计过程中不包括净水/污水厂的能源效率。

目前，已经出版了大量减少净水厂/污水处理厂能源消耗的建议资料，其中很多能投入实际生产。但需要一套能源管理程序来实现持续的节能。

能源管理不像看起来那么复杂。当必须进行能源管理时，可通过如下的简单步骤来建立一套程序：

（1）了解能源消耗；

（2）提供节能培训；

（3）收集数据；

（4）分析数据；

（5）了解数据提供的信息；

（6）建立计划；

（7）执行计划；

（8）建立时间表，持续回访和升级计划。

由于总是存在提高效率的机会，决不能认为已建立的计划是完美的或已经结束。

一套能源管理程序包括 4 个基本的步骤。前两步与能源调查或审计有关。用于确定当前运行操作、能源使用位置、能源使用方式。进一步的决策需要这些数据。第三步是设立项目目标，确定是否需要用于新增/更换仪表、设备或获得专业支持等额外的费用。最后一步是执行计划。下面介绍电能管理程序建立的详细步骤。

许多定义或模型适用于建立综合的、有效的能源管理计划/程序。一个计划应包含如下特征：

（1）有力的管理支持（领导能力和分配资源）；

（2）整个能源管理程序的认同（理事会至操作人员）；

（3）能源使用的分项计量和预算分配；

（4）在工艺和设备的设计中包括对能源的认知和考虑；

（5）通过操作上的微调来控制能源的需求与消耗。

对特定水厂来说，能源管理计划应具有以下特征：

（1）能源政策——建立对能源效率的支持政策；

（2）目标和指标——建立可量化的目标；

（3）项目管理——在管理责任中包括能源效率；

（4）设施特征——工艺和能源消耗的监控（参考本章"2.4.4　数据趋势"）

（5）设备和工艺特征——设备和处理系统能源消耗的监控；

（6）最佳措施——对水厂的所有操作获得和采用最佳的能源措施；

（7）持续改进——持续重复考察已建立的计划，保持主动而不是被动模式。

这些方法基于威斯康星（Madison，Wisconsin）的一个工业能源效率项目建立和实施，因而是一种实用的能源管理方法。

11.1.2　能源意识——了解能源使用

处理厂的员工需要对在厂内是如何使用能源建立基本的认识，包括了解电如何工作以及必须遵守的安全程序。大多数州要求操作员掌握电的知识，并获得认证，但不要求掌握或了解能源如何使用。能源使用知识作为一种有价值的工具，可以帮助操作人员建立预算控制，进而使处理厂成为社会环境管理的领导者。成为能源效率领跑者的处理厂在满足所有出水水质达标的同时消耗最少的能源，从而可以促使其他处理厂提高能源效率。另外，重视能源消耗后，水厂可以作为领导者指导社区内其他处理厂，向其展示通过提高能源效率获得的价值。

处理厂员工必须读懂每月电费账单上的信息，而不仅仅看到"到期金额"那一行。操作、经营与管理人员需要熟悉并掌握账单上的所有信息。为了明白能源消耗，处理厂员工必须掌握一些名词，如千瓦时（kWh）、千瓦（kW）、峰值和非峰值等。（电费账单的详细介绍见本章的 2.1.1 节和第 2 章）。

11.1.3　可获得的能源计算机模拟

能源计算机模拟作为水环境研究基金会（WERF）污水和固体废物运行需求的组成部分，目前在审查和鉴定中。目前的计算机模拟程序可用于开发和比较设计概念。整合能源消耗与相关费用仅仅是开始，通过 WERF 的项目成果将鉴定它们的可用性。

11.1.4　追踪能源消耗和费用

在处理厂追踪能源消耗和费用具有重要的意义。可将这项任务分配给处理厂能源管理的支持者来完成。能源追踪的结果可以作为工具，定期监督、评价和鉴定每个处理单元过程中单耗是固定的还是变化的。该工作每月应做一次。如果是变化的，有必要确定是否每个单元的电力消耗是否变化，如果每个单元电耗数量发生变化，或没有对能源消耗的时间进行监控和控制，应根据峰值电价收费而不是非峰值电价。

另外，根据每月监控获得的数据可用于比较每月的电耗值与供电局的收费。换句话说，可以将每月的检查结果与收到的电费单进行比较，如果比较结果不一致，可要求供电局核实电耗与收费的数值。

11.1.5 交流能源意识的价值

使决策者明白和掌握能源效率隐藏的价值是任何项目成功的必要条件。为了达到这一目的，必须与决策者就水厂的评价进行交流，评价内容包括节能的可能性、为了节能而需要的改造费用以及大概的投资回报周期。需要的评价应包括：

（1）对经鉴定的可能性进行简单的描述；

（2）改造建议对财务的影响评价；

（3）介绍节能需要的条件；

（4）进一步介绍改造如何实现节能；

（5）改造的基准投资回收期。

对规模相近的水厂实施的改造案例或者方案相似的水厂应用案例进行交流，都是很受欢迎的。为了阐明节能效果，在案例中应包括实现的节能情况或目前的能源消耗情况。

在管理层面的沟通也很有必要，管理者需要与运行人员和行政管理人员沟通。管理层应当向员工传达节能的价值及其对全厂综合财务的重要性。日常的现场运行人员最为了解现有系统的工作方式和实施节能改造的最佳位置或单元。应鼓励员工并使他们认识到其对工厂的价值。

11.2 节能设计

11.2.1 能耗最小化

处理厂需要建立节能目标。目标的数值随员工（特别是管理者）对能耗知识和掌握程度而变化。建立目标的第一步是必须明确目前的能源消耗水平（建立基线能耗），然后评估和确定目标（建立基准点）。这应该从所有员工了解处理厂的能耗开始。

首先，从概念上将处理厂分成系统，进而分成处理单元，最终分割成不同的设备。许多方法最初集中在设备上，通过鉴别最大效率的电机来描述和解决问题。然而，这种方法对"处理厂"效率是不正确的。处理厂效率是一个整体分析，首先评价每个系统，然后是每个工艺，最后是每台机器。处理厂效率可识别各部分效率存在的相互影响及水平，从而取得全厂可以达到的数值。该过程对节能数据的确定可取得最佳效果。同时，操作员可获得处理厂中每个处理系统的基线能耗，然后对这些数据进行处理，进而确定全厂能耗的基准点和目标。

基线能耗和基准点在本书中多处出现，分别介绍了它们的定义、确定方法以及在比较能耗数值和确定目标时的正确使用方法。基线能耗一般指每个特定单元的当前能耗。基准点代表在设备或单元处理过程中所能够获得的最佳值。

每月的电费单是一个有用的工具，提供了重要的数据，可用于了解和监视能耗状况，使设备在节能的方式下运行。第一个必要措施是将电费单交给负责设备的运行人员。进一步要采取的措施是给所有操作人员提供说明，告诉其如何正确理解和使用电费单上的规律性数据，从而评价处理厂的能耗。

员工必须熟悉和掌握峰值和非峰值需求功率（千瓦），峰值和非峰值能耗（千瓦小时），以及峰值和非峰值的时间段。操作人员需要规律地（每15min）监控和记录需求功率，能够查阅这些数据，进一步理解设备运行对能耗数值的影响，何时使用能源及其费用。明白和掌握这些后，员工就有了辅助工具来理解操作上的变化如何影响能耗及费用。

11.2.2 接受节能重要性的设计方法

拥有设计规程的大部分州没有任何关于节能的参考资料。但设计者需要遵从这些文件，因为设计文件必须满足规程要求才能获得管理机构的批准，而且管理机构拥有预建工厂所在区域的管辖权。然而，设计者应该重视节能，并将其重要性结合到新的设计中。

与设计程序有关的是需要制定一个计划方案或至少是包含比选方案的文件。计划或文件一般包括利用成本效益分析去决定最终的实施方案，但没有在决策过程结合节能的审查与评估。生命周期成本分析结合了设计系统的节能评价，可用于选择实施的选项。

设备选择应当满足当前的日需求，同时也应满足在节能方式下和在项目设计工况下的需求。因此，首先需要考虑修改设计方法，使节能的重要性得到认可。当前标准设计方法需要进行包括节能方面的调整，使所有的设计是节能的。其次（至少对大型工厂）是将节能作为工程服务的评价指标之一，用来评价工程师的设计文件。第三个方法也是一种自律的方法，要求每个设计者自己审查提出的改进措施，测试提出的设计系统能否有效地满足运行需求，而且在项目整个生命周期保持节能。设计者应该询问：提出的结构在规模上是否足够灵活，在起始工况和设计工况下是否足够高效。

设备选型也非常重要。选择的设备的处理性能通过现场数据确定，但设计者必须评估确定改造措施开始运行并满足设计条件时的节能设备组合。设备选型的认真审查是非常重要的，许多工厂从来没有达到设计工况，造成改造后仍然不断浪费能源。

11.2.3 节能培训

在水厂执行节能措施可减少 20%～30% 的能耗。因此，不管水厂的规模大小，对水厂员工进行节能方面的培训是必不可少的。

为了指导节能培训，威斯康星 Focus on Energy 出版了《水和废水节能手册》。美国环境保护局（U. S. EPA）最近出版了一本节能手册《保障可持续的未来：废水和水处理设施的能源管理手册》，也可在网上获取（http：//www. epa. gov/waterinfrastructure/pdfs/guidebook _ si _ energymanagement. pdf）。有些大学也有关于节能的专业课程。该领域培训课程正在扩展，反映了已实施改造的处理厂对节能的重视。

生命周期成本分析是一种成本分析方法，用以分析在整个使用期限中一个系统、一台设备或产品的成本。利用生命周期成本可定义在一个系统或产品生命周期中的组成要素，并给每个组成部分设定公式。在评估过程中有必要使用公式，公式中包括设备或工艺运行过程中的价值或能耗。

生命周期成本分析的目标是在设备、工艺或产品的整个生命周期中为使用可利用的资源选择成本效益最高的方法。该过程可用于评估系统随时间的特性，包括执行指定工作的能耗。

生命周期成本分析案例可参考美国能源部 13123 号总统行政令，下载网址为 http：//www1/eere. energy. gov/femp/pdfs/lcc _ guide _ rev2. pdf。另一个生命周期成本分析方法可在水力研究所（Parsippany，New Jersey）2001 年出版的《泵生命周期成本：水泵系统生命周期成本分析手册》中获得。

11.2.4 收集数据

首先准备电能管理计划，对污水处理设施中所有用电设备开展能耗调查。由于可以进行不同详细程度的调查，因此应根据处理厂的需要决定调查水平：水平 1-了解，水平 2-审核，水平 3-运行模拟。设计者应采用最能满足处理厂需要的调查水平。收集的调查数据包括：

（1）设备的名称；

（2）铭牌信息，例如发动机功率和每分钟的转速；

（3）发动机是否有恒定荷载，连续运行还是间歇运行，恒速还是变速，或者有可变荷载；

（4）其他关于加热、通风设备、空调设备、室外照明、消毒系统、实验设备等因素的相关数据。

这一步中的大部分数据可以从很多污水处理设施的维护管理系统获得。

数据收集包括列出水和污水处理用电设备的详细名单，列出所有大于 745W（1hp）的发动机和其他大于 1kW 的设备上的铭牌参数。在水和污水处理设施的调查中，通常最好从每个电机控制中心（MCCs）开始，并和控制中心的列表一样把每一个设备按顺序逐项列出。所有在 MCCs 上的电表和就地控制面板（如功率表、安培表和设备小时表）都应逐项列出。

驱动单元的相关设计参数（如泵或风机的大小），以及电机功率都可以在污水处理设施档案中找到。这样就可以判断泵或风机是否和流量表、压力计、电表或其他设备相匹配。

应当从运行记录和账单上进行数据收集。包含运行时间的运行记录可以用来确定水和污水处理设施设备使用的频率，并可对能耗情况进行历史比较。也应该收集当地的电力或天然气供应单位的用电记录，当地的电力单位可以提供过去 12 个月中的每一个收费期的电力使用和负荷的总结记录。

一个称职的电工应该核查每个主要设备的电机功率。相关的读数包括电流表、电压表、功率表，以及大型电机在设备满荷载或部分荷载时的功率因数读数。流量表和压力表应和不同的电力仪表一起记录，并确认机器设备所有仪表读数的准确性。

数据收集是一项长期的任务，必须检查运行日志以确定运行人员记录了能耗管理信息。例如至少每周一次的电表总额读数、运行时间读数、电流表读数。如果信息不在运行日志表上，必须列出没有记录的各种表的读数。在多数情况下，应建立一个输入能源管理数据的新日志表，最好把要收集的新数据按一定顺序组织输入。如可以按照发动机控制中心的顺序输入（如果能获得按小时的表读数）。可以按天、按周、按月收集数据，其中按周收集数据最好，因为它消除了日变化的误差影响并且能从中尽早发现潜在问题。除了电力读数和小时表读数，收集的数据包括进水流量、回流活性污泥流量、鼓风机风量以及污水的悬浮固体和生化需氧量（BOD）等分析数据。当 BOD 数据不能像其他信息那样及时反馈时，获得好氧系统电耗同实际污水处理厂负荷的比值也有一定意义。

选择要记录的数据并精确地记录它们是数据收集的主要困难。因此，应采用自动数据采集方法提高数据采集的效率。在设计阶段所有改造的仪表安装应配备监测、记录和报告能耗的监测记录软件。

1. 处理单元分别计量

绝大多数能源调查和审计的困难在于确认每个设备的耗电量。这使得预测每个处理过程单元的能耗变得更加复杂。因此，有必要让经培训合格的个人或公司负责在每个需评估的设备上安装一个监测电表。这个监测设备最好是有记录功能的电表。建议监测至少一周或一个月的设备功率读数，以获得设备功率图的代表性结果。如果不能做到这样，那么负责调查的人必须用最好的评估工具来预测每个单元的电量，因为业主提供的是每月电耗单中的普通数据，是整个设备的总耗而不是每个单元的能耗。通过对设备单独监测可以比通过业主的每月总电耗单预测处理单元的电耗更为准确。

2. 确定设施的基线能耗

确认一个设施在运行时的能耗是很重要的，基线能耗就是设备运行时处理废物所消耗的能量值，这是实现节能的基线值。首先应建立基线值，然后调查设备节能的可能性并预测节约量（消耗和成本）。

3. 确定设施电耗基准点

基准点是一个必须为每个设施所定的一个值。这个值应反映满足出水标准时设施的处理单元的最小电耗。一旦确立了这个值，就应当成为这个设备的能量节约目标。基准点数据在许多地方都可以获得，包括《水和废水能量最佳利用指南》(http：//www. werf. org/AM/Template. cfm? Section＝Home&TEMPLATE＝/CM/ContentDisplay. cfm&CONTENTID＝8541)（表3，威斯康星污水处理厂最佳操作基准点和最高性能四分位数）和太平洋天然气电力公司(旧金山，加利福尼亚)的《城市污水处理厂污水二级处理和紫外消毒单元的能耗基准》(http：//www. ceel. org/ind/mot-sys/ww/pge2. pdf)。

4. 数据趋势图

利用收集到的数据可以制作很多表格，一种分析方法就是通过趋势图来观察收集到的信息的连续性。趋势图形象地展示了负荷（BOD、总悬浮固体、mgal/d、kW、kWh）和其他重要参数的变化情况，还可以通过分析进一步获得其他的趋势图（kWh/Mgal、kWh/磅 BOD）以观察设备每天、每周的能耗变化情况。趋势图会让人一目了然地发现参数是否有所变化，并显示与其他设施运行的对比情况。

11. 2. 5　分析数据

当收集到原始数据后，要对其进行合理分析，电能管理的第一步就是运用历史信息做一个电耗预算。利用收集的数据，过去监测期的使用电量和污水处理设施电表上的使用记录进行对比。应用预算概念来类比，电表可被认为是计量收入，而单个使用设备的用电量是开支。一旦经充分测试查明这些电能在哪里使用，就可以决定在哪里和怎样用电才能控制减少电耗。这种预算方法应当持续地比较一周的预测量和实际使用情况。

当所有的设备都没有安装电表时，还有许多其他方法可以估计实际的电力使用情况，对于定速设备来说，最简单的是为设备画一个运行时间计时表和电力图。对泵和变荷载设备，就不常用运行时间计时表了，因此，必须采用其他估算方法。

1. 泵系统

泵系统（见第4章）的能量消耗和它们所在系统的过泵出流量有关。评价泵系统的主要目标是把泵作为一个系统而不是作为一个单独的设备。因此，需要收集系统中所有可获得的数据（泵、发动机、发电机、管道配置、性能需求）。然后设计者用收集到的信息利用第 3 章的电力发动和转换、第 4 章的泵、第 5 章的可变控制、第 8 章的厌氧系统、第 9 章的鼓风机和第 10 章的固体处理来评价"系统"进而识别系统的哪一部分是最节省能源的，然后将其作为模型使得整个系统更加节能，同时处理系统性能必须满足处理过程的需要。

2. 好氧处理

好氧设备（第 8 章中提到）通常是污水处理厂中最大的（通常 50%～70%）能源消耗项目。估计好氧设备的能耗是存在一定困难的。因为它随着好氧系统的 BOD 负荷以及底物与微生物比值（F/M）的变化而变化，这个流程的能耗是变化的（见第 8 章中的详细讨论）。好氧系统能耗还需和好氧系统设计相关的其他约束条件进行核对比较。节能参数必须满足混合需要的最小气流速度和满足好氧系统中单个空气扩散器的空气流速要求。必须根据规范要求对气流流速进行校核以提供一个合适的气体流速。由于好氧系统的能力范围应该是启动日低流量条件下的最小需气量和满足设计日（未来 20 年内的峰值流量）条件的气量，处理设施按上述步骤审查评估后，就可以确定出一个气体流量范围。系统应该具有有效的（如满足出水要求）和高效的（如用最小的千瓦时/单位负荷）满足现在和将来条件的能力和灵活性。单位负荷参数可以采用千瓦时/百万加仑和千瓦时/每磅 COD。这些参数值可从威斯康星的《水及废水能量的最佳应用指南》（表 3，威斯康星污水处理厂最佳操作基准点和最高性能四分位数），太平洋天然气电力公司（旧金山，加利福尼亚）的《城市污水处理厂污水二级处理和紫外消毒单元的能耗基准》，以及从电力研究所的出版物中（帕洛阿尔托，加利福尼亚）获得。

3. 固体处理单元

用于污泥（第 10 章介绍）压缩、脱水、消化的设备通常因为与处理的污泥量有关而间歇运行。通常，固体处理系统的设备包括许多用于驱动、传输和泵送的小型电机。一般应记录固体处理系统的运行时间并总结系统的通电情况。

11.2.6 建立能源管理计划

1. 实施计划

能源管理计划可以采用很多不同的形式，一个全面有效的能源管理计划应该包括 1.1 节（标题为"能源管理计划"）中大众化的和按用户要求定制的特点。尽管如此，计划最重要的部分还是它的实施阶段。通过能源的使用、审计、调查和研究可以准确地找出高能耗区域。实施计划可以包括建议投资的具体细节，但是需提供所投资设备使用的连续监测报告，以及发现能耗上升后的措施。对新技术的长期监管和评估以及持续不断地更新计划可以使能源效率不断提高。

2. 改进运行方法

（1）减少高峰电力需求

如第 2 章讨论的，一个污水处理厂典型的电费单包括四个主要部分：用户费用、需量电费、能源费用和燃料附加费。本章的主要内容是与削减高峰电力负荷相关的需量电费。其他 3 个部分已在第 2 章中介绍。

需量就是使用电能的量，例如 10 个 100W 的灯在同一时间亮着需要 1000W 的电力供给能力或需求。点一个小时，灯泡会用掉 3.5MJ（1kWh）的电能。

需量电费是用户支付给电力公司用于公用维护发电站、传输设备、变电设备以满足最大需量的费用。最大需量是一段时间内用户的各种电气设备同时施加于电力公司所属设施的功率需求。需量电费是基于电力公司在电量结构中的设置的比例，它是测出的电量和用电结构比率的乘积。

需量读数是在账单期间某个时间段（通常是 15min、30min 或 60min）的最高电功率需求，功率读数由"kW"或"kVA"计量。以"kVA"为基础的账单，所有的用电均被计量和计费，包括无功功率在内。而用"kW"计量的账单只包括有功功率。无功功率是为电动机或变压器等电感性负载运行需要而产生磁场的功率。采用千瓦计量可能会因为低功率因数征收附加税。以"kW"和"kVA"计量的区别与第 2 章定义的功率因数有关。低功率因数意味着"kW"、"kVA"和耗散功率之间存在巨大差别。应当将保持可能的最高功率因数作为目标，以保持高用电效率。需量较小的用户通常按千瓦收费，需量大的用户按千伏安收费。本讨论中将用 kW，因为它是废水处理系统中最常用的。

需量电费是这样设计的：用户支付满足他们最大需量的发电站、传输设备、变压设备的固定投资费用的合理份额。普通单户家庭电表不记录千瓦负荷，只记录"kWh"消耗。尽管如此，电力公司可能要求电热居民客户计量负荷需求。按惯例，越是影响电力公司的负荷基础，以需量为基础的费用就越多。

电力公司以用户在负荷监测期间消耗的最高负荷作为需量电费的基础。在任何时候，用电越多，电力公司在产生、传输、分配电力的设备上的投资就越多。获得合理回报的一个方法就是在所有用户中平摊上述费用。这个方法不公平，因为那些用电设备稳定的用户会倒贴那些不稳定的用户。尽管高峰负荷通常持续时间较短（如污水处理设施的负荷），但是处理峰值负荷的能力必须具备。

如同许多人设想的那样，需量不是指瞬时需量。启动一个大的发动机不会影响需量电费中的峰值需量。需量是某一时间段内的平均功率需求。最通常的负荷时间是 15min 和 30min。但有些电力公司用 60min 或其他时长。需量登记通常记录了平均每 15～30min 的电力消耗。当第一个时间段结束时，设备重新启动并开始第二个时间段。电力公司审查每个账单期的需量记录。在大多数情况下，记录的最大需量用来计算需量电费。一些费用条款规定以 6～12 个月中的最大需量为基础收取需量电费，即便当月峰值需量低于之前的峰值需量。当电力公司在满足系统需量存在困难时通常会设计具有上述特殊条款的费率构成，以有效控制高峰负荷时的成本效益。在有些情况下，特殊条款只以之前峰值需量的一定比例计算本月的峰值需量，在有些情况下，峰值需量是在峰值和非峰值时段测量的。

对每个电力公司而言，需量电费的收取方法和比例计算各不相同，因此，用户必须在削减峰值需量计划开始之前就了解清楚。通常，电力公司都会解释计费方法并可能会对削减需量电费提出建议。电力公司通常可以根据需要提供某个时间段的需量记录。分析记录可以识别峰值需量发生的时段。峰值期间的运行情况调查通常可以找出可以推迟到非峰值时段的活动。例如，对备用泵和鼓风机在峰值负荷期进行测试会使费用增加，而在非峰值期间对高能耗的电力设备进行测试就会节省支出。另一个方法就是在用电峰值期使用备用电源或采用蓄水池储存雨水以避开电力高峰。

图 11-1 所示为威斯康星污水处理厂能耗和峰值需量的月变化图。该图的峰值需量发生范围是 810～884kW，能耗在 440000～590000kWh。电耗和需量值均随时间变化，并且趋势不完全相同，电耗和峰值需量既不在同一范围也不在同一时间发生。前几年的电耗图

和图 11-1 相似，可以用来确认污水处理厂的运行方式并确定最小需量和电耗目标。

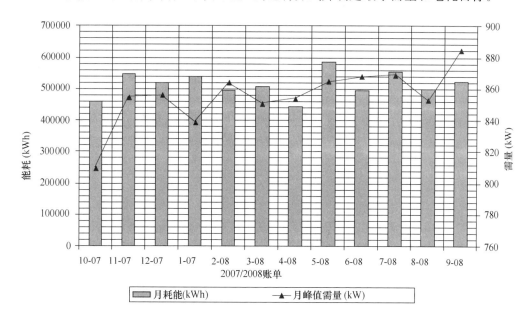

图 11-1　La Crosse 污水处理厂能耗和峰值需量的月变化图

在峰值占主要因素的账单中，设备经常同时开始和停止，而不是连续运行，账单中的需量电费很容易超过总收费的 50%。典型的污水处理设施中，需量电费大概占总电费的 25%。

如前所述，电力公司使用模型确定需量/电耗和成本时，经常审核和更新费率构成是非常重要的。例如，电力公司可以在某个费用计划中试验把 60% 的附加费增加到 80% 至 100% 的效果。因此，应该定期检查不同地方费用改变的效果。

由于考虑了峰值需量而使得最初设计的电力负荷过大，因此，本文所述的削减峰值电力负荷的三种方法应在彻底调查现有设施的基础上实施。

（2）水量调节

1）废水

调节池为水厂电力系统容量负荷的变化提供了调节办法。根据特定水厂日常负荷量的变化值设置调节池大小，调节池容量通常低于污水处理厂总负荷的 35%。调节池可以设置在现场或污水厂初始端，可以是离线或在线状态。离线池由多种材料组成，并且是最常用的。部分污水厂在设计初期就考虑到服务社区的不断扩大而预留了足够设计能力，对这些系统中原有的池子进行较小改进后，就能作为水量调节池使用。这种情况也会在水厂的扩建或升级改造中发生，升级或更新中就可以将无用的池子作为调节池，从而实现最低的投资支出。

为避免发酵或沉降应该进行曝气搅拌。通常曝气和搅拌需要的能耗较低，但在考虑流量调节时必须将其考虑在内。

调节池也可以减小暴雨影响，雨水影响通常并不大，取决于径流量和排水管道的入渗量。排水管道的维修加固与本文所采用的峰值削减方法需要进行综合分析，通常调节池也可以有效降低日峰值处理负荷和需气量，从而降低曝气能耗。在某些实际案例中，曝气能耗的节约远大于水泵节电，因为较低的日最大需气量增加了氧转移效率，从而减小 BOD 峰值时的需量电费。

调节进水流量存在一定困难，一些大城市曾经尝试使用废弃的截流设施储存污水峰值流量，而不会有堵塞进入居民地下室的风险。另一些城市则利用雨水井或部分收集系统作为临时储存污水设施。但是，这种方法需要谨慎地评估，以防止管道堵塞使污水进入地下室。一些污水厂设了离线调节池，以应对抵达的洪峰，像这样的系统必须认真设计，以防止节约的费用与增加的水泵成本相抵消。正常情况下，污水进入处理厂时就必须立即进行调节处理。Porter（2007）描述了一个处理能力为 38ML/d（10mgd）污水处理厂的进水流量调节的案例。

2）给水

水量调节可以通过储水池和定时操作泵站的运行应用于给水和配水中。水量调节有利于采用分时电价的电力系统。在分时电价下，一天中的某个时段电费是较高的。在高电费时段开始之前用泵充满储水池是减少电费的一个方法。避开峰值需量时段运行泵站可以减少增加需量电费的风险。尽管如此，必须根据实际需要决定供水。

3）优先减载

优先减载是通过关掉或者卸载对系统或运行关系不大的负荷以减少峰值需量的。可以通过手动方式或自动控制进行优先减载。

例如，污泥的排放，如果不是对处理过程有决定性意义，可以在非高峰段或夜间运行时完成，此时峰值需量电费或附加费用较少。除此之外，机械曝气设备或鼓风曝气机可以定期开启而不是把他们一直开着或同时运行。

把各种负荷按优先顺序排列，把不重要的负荷挑出来，叫做优先减载或负荷管理。负荷管理就是调度或控制电力设备以减小峰值电力负荷的方法。这节介绍的满足这个目标的两种技术包括污水处理设备的优化运行、调度以及建立一系列行动方案以应对发生超过预先设定容量的情况。

一旦污水处理设施运行调度已经最优化后，应建立继续减少电力以接近实际需求的行动计划。负荷管理通常采用自动控制以避免操作错误，提供更强的报警作用，并使运行人员有更充足的时间做其他工作。当然，自动控制也不是必须的，自动化负荷管理（或是能源管理）系统涉及范围较广。本文只介绍了一些主要的系统类型及其作用。发展趋势不仅是朝着自动化负荷管理，并且也控制调度污水处理设施的运行。自动化系统可以是独立的系统，可以从市场许多制造商中获得，也可以与污水处理设施工艺控制系统结合。系统随着制造商或模型的不同而各具特点，在购买或定制设备时应考虑本章中讨论的因素。

上述系统的反馈信号可以通过两种不同的方法进行测量，测量电流的独立变流器和测量电压的电压互感器可安装在主要服务场所，对于基于千伏安的费率结构，可通过下公式（11-1）、公式（11-2）计算千伏安（kVA）：

$$kVA = \frac{\sqrt{3} \times 电压 \times 电流}{1000} \tag{11-1}$$

对于基于千瓦的费率结构，功率因数必须通过功率因数传感器测定，计算公式如式（11-2）所示。

$$kW = \frac{\sqrt{3} \times 电压 \times 电流 \times 功率因数}{1000} \tag{11-2}$$

第二种方法最常用，费用最低也最精确，该方法只需要电力公司提供其测量系统的输入脉冲信号，该脉冲信号经过适当放大后能够直接连接负荷管理系统，输入的信号直接代表了电力公司测量的千伏安或千瓦读数。

除了理解负荷管理系统的基本功能外，了解形成负荷管理系统的步骤也很重要，下述步骤是形成负荷管理系统的基本过程：

①根据设备数量确定电力负荷，并根据其重要性和功能分类。

②建立电力需求目标和需求水平，进而触发正确的措施。

③通过比较实际在线电流和上述第2项设置的电力目标值，提供相应的方案。

④若达到设定的触发阈值，采取相应的一系列措施。

⑤设定负荷断开时间。

只有当上述步骤完成后，自动负荷管理系统的设置和计算才算完成。需要注意，负荷管理系统只有在设施具有需求测定功能及负荷可控的情况下才能投入运行。

自动负荷管理系统的高效运行涉及到很多计算。最好利用表格类型的软件包来定制用户的数据报表，这样可以在数据报表中用不同费率从而得到全面的负荷管理系统的数据。

为了在优先减载或负荷管理系统建立列联表，表中将不同设备按照折旧速度顺序排列，当负荷达到临界点时，关闭折旧最快的设备。

最大运行时间、最小运行时间、最小恢复时间及先后顺序等数据均来源于特定污水处理厂的设计和运行经验，这些数据不是计算得来的，而是由下列问题的答案所决定：

①哪个单元的设备是系统中最不重要的？

②哪个单元的设备是系统中最重要的？

③在不会对污水处理设施的运行产生不利影响的前提下，单元装置的最大和最小运行时间是多少？

④污水处理设施没有什么设备就不能运行？这种设备不能与负荷管理系统相连接。

设计或者机器铭牌上的马力或千瓦时数据，对于确定运行时的总千瓦时很重要。

11.2.7 需求方管理

需求方管理是处理厂控制其设备负荷进入电网的方法。首先，处理厂需要了解厂内负荷及其运行时间的需求。这个信息通常通过电力公司的客户经理获得。许多能源公司在它们的网站上都会提供服务区域的需量信息。客户只需要通过他的供电商获得一个口令得到这些信息，这些信息可能只比实时值滞后几个小时。这些信息提供了每隔15min的需量值，从而帮助用户确定按月收费的需量值。获得的信息可以是数据库或趋势图。获得相关信息后还需要分析确认是持续的消耗还是变化的消耗。调查和研究的第一个值就是记录的高峰负荷。利用这个信息，设计者或操作者应调查当天的那个时段发生高电耗值的原因。有时，高峰值是由于下雨导致的高入流量产生的。但也可能是由于有机负荷增加引起更多的鼓风机投入运行，或是设备系统测试，或橡胶膜扩散器的测试。此外，也可能是高浓度污染物排放到接收站并立刻进入了处理设施造成的。因此，有以下几个必要：

（1）评估电力公司提供的负荷值及其相应的趋势图；

（2）评估负荷值以确认高峰负荷何时发生；

（3）确认导致峰值需量的原因并决定是否可以通过比较容易的措施避免其发生。

11.2.8 交流能源管理计划

对于公众和选举产出的委员会来说，交流节能的需求非常有意义，因为这样有利于获得高效节能计划的资金支持。同时，保持和当地官员和公众的交流，还可以获得他们对节能方案的持续支持。交流有两个途径：倾听是交流中很重要的部分，来自职员、当选官员、群众的建议也会促进节能工作。美国环境保护局能源之星网站（命名为"提高高级管理者的能源管理"）也提供了非常有价值的信息（http：//www.energystar.gov/index.cfm?c＝industry.bus_industry_elevating）。

那些开展高效节能工作的处理设施发现，鼓励员工节约能源并对提出节能建议的员工提供物质奖励，是达到并保持节能目标的有效方法。另外，应接触当地的电力和天然气单位，了解他们正在推进并投资的那些提高能效的项目。

11.3 可再生资源利用

11.3.1 沼气

运用厌氧消化技术的污水处理厂在降低污水污染物浓度的过程中会产生大量沼气。生物厌氧消化过程中产生的沼气中含有大约60%的甲烷，可以广泛应用于火力发电、蒸汽发电、动力发电、涡轮发电、动力水泵及燃料电池领域。

很少有污水处理厂留意到将垃圾填埋场的沼气管道运输给燃料电动机和涡轮发电机作为燃料的益处。最近的趋势是将食物残渣与消化生物固体联合厌氧消化。

利用沼气的有效途径是热电联产。所有的沼气进入发动机或涡轮并燃烧，反过来又带动电力发电机。电力直接用在处理厂的现场。回收的多余热力可以用来加热厌氧消化装置，也可以提供给周围居民或者电厂周边的其他用途。

有关沼气生产利用的细节，详见美国环境保护局的热电联产的合作网站 http：//www.epa.gov/chp/。

11.3.2 风能

风能为自来水厂和污水厂提供了一条利用可再生能源的可行途径。风能可以部分供给现场需求的电力，这使得所有可再生能源电价以批发价定价。（详见美国能源部的节能和可再生能源、风能、水力发电技术项目网站 http：//www1.eere.energy.gov/windandhydro/.）

风能源的利用往往需要1年甚至更多时间的现场监测，以提供足够的投资依据。在前面提到的美国能源部网站中，可以用风力图去评价一个风能项目潜在的经济性。一般来说，评价值应大于或等于3才可以。

大型风机涡轮供货时间取决于世界市场的供货能力，有高达36个月的交货时间。必须考虑地基要求、土地租期、公众对视觉效果和噪声的反应、对鸟类的影响等。关于风能项目的概况详见亚特兰大公用事业管理部门可再生能源网站 http：//www.acua.com/acua/content.aspx?id=488&ekmensel=c580fa7b_20_88_btnlink）。

11.3.3 太阳能

太阳能是自来水厂和污水厂中常用到的可再生能源。太阳能的利用率很高，太阳能板产生的热水可供住宅取暖或为厌氧设备加温。太阳能光电板产生的电力可供厂区120V生活照明使用，经变压器处理后可达到 460V。

太阳能已经是偏远山区照明动力电的主要来源，详情访问美国能源部的节能和可再生能源太阳能技术项目网站 http://www1.eere.energy.gov/solar/。

11.3.4　生物能

生物质是指有一定热值的废木材（或其他产品）。木材被加热的过程中释放出低英制热量单位的能量，可以用于产生低压蒸汽的锅炉。2002 年水环境协会生物能技术委员会出版了名为《生物气体及其他转化技术》的白皮书，书中总结了生物能转换的多种选择。

11.3.5　水力涡轮机

水力涡轮机常应用于安装了减压或压力控制阀门的供水设备，以控制供水线或分配线的压力。在这种情况下，水力涡轮机被安装在减压阀的上游，并保持在线上，减压阀可在涡轮机离线时保护系统。当供电电网在水力涡轮机附近时才能实现经济安装，因为安装支线到最近电网的成本会抵消涡轮机带来的益处，使得项目变得不够经济。

总之，污水处理厂的水头和流量并不足以产生上千瓦的电，这些少量的电能可能适合于维持一个远程取样站的运行，但对水厂的电耗来说没有明显的减少。值得注意的一个例外案例是美国加利福尼亚圣地亚哥的洛马角污水处理厂，它的流量是大约 379ML/d（100mgd）并且只有 30m（100ft）的水头差。（访问 http://www.sandiego.gov/mwwd/graphics/hydroplant.jpg 获得更多信息）。

11.3.6　燃料电池

燃料电池通过氢和氧的结合产生电能，副产物是水和热量。燃料转化成能量是通过电化学过程而不是燃烧，因此它是清洁、安静、高效的。废热可以用来给家庭或办公室提供热水或取暖。具备可靠性、多种燃料的适应性、安装的灵活性、持久性、可扩展性和维护方便等优点。（访问 http://www.fuelcells.org/获得更多信息）。

燃料电池的种类很多，还有许多正在开发。它们大多数在 5kW 到 1000 多 kW 之间，包括磷酸、质子交换膜和熔融磷酸盐。

燃料电池需要氢才能运行，然而，用氢直接作为燃料来源通常是不实际的。它必须从富氢提取物中获得，如汽油、丙烷或天然气。污水处理厂的厌氧污泥消化能产生富含甲烷的沼气，是制作燃料电池的一种极佳来源。

由于相对较高的费用，燃料电池目前的应用还比较局限。（例如，一个燃料电池每千瓦电需要 4800 美元甚至更多）。美国能源部建立了固态能量转换联盟，它的目标是开发一个固态燃料电池模块，耗费少于每千瓦 400 美元。

（访问 http://www.fossil.energy.gov/programs/powersystems/fuelcells/fuelcells seca.html 获得更多信息）。

11.4　现场发动机和电力应用

如果流量调节和峰值电力需求削减都不能实现，就应该考虑现场发动机或者发电机了。

按美国环保局要求，绝大多数的水和污水处理厂需要拥有机械或电力发电紧急电源。当来自发电厂的正常供电中断时，这个紧急电源就会启动，从而保证处理过程正常进行。这个紧急电源可以是机械发电设备（风力、水力等），也可以是第二套电力供应系统或者现场发电系统。电力公司通常供给多余的电量作为备用电源的用电，因此，通常较为经济的做法就是进行现场发电。此外，现场发电还可以考虑波峰、波谷不同时段的电力需求。目前有 4 种不同的现场发电系统设计和应用方案：

(1) 发动机驱动装置；

(2) 发电系统—传统传输方式；

(3) 发电系统—同步传输方式；

(4) 发电系统—与供电单位平行的方式。

当采用此种方式时，应当将发动机或发电装置的运行及维护成本考虑在内，并与由于采取削峰措施而节约的电量进行比较。

11.4.1　发动机驱动泵

发动机驱动泵的方法是很容易实施的。如果按照美国环保局的要求需要发动机驱动泵作为备用电源，那么发动机驱动泵的投资就不应包含在用于峰值需量削减的投资回收分析中。在这个方法中，假设水厂和污水厂每天 24h 人工操作，因此没有必要在峰值电力需求时段增加额外劳动力来运行发动机驱动泵。

双驱动系统可以提高运行的可靠性。一个电机和一个直角驱动器可以交替驱动一台泵。当电力高峰期到来，就可以打开发动机供泵使用，从而降低电力波峰时段的成本。

在分析削减电力峰值需量的需求后，泵可以在电力峰值期间手动或者自动打开。如果电力波峰时段可以预测，那么泵就可以与峰值需量的出现实现同步运转。备用泵必须每周加载运转。

下文描述的方法比发动机驱动泵的应用更为广泛，因为发动机驱动泵缺乏用电的灵活性，而且不能利用备用电源。

11.4.2　发电系统—传统大小同其他方式

本节描述一种发电系统，也是为了达到相同的目标：即降低电力波峰段需求。根据应用方法的不同，达到这个目标的成本和节约量也不同。考虑成本的同时，也应该考虑方法对于特定系统的便利性。本方法提供了可在系统中选择任意负载的灵活性，而不是前述方法中的只有一个发动机连接的方案。

当考虑到本方法时，发电系统应设计成能够提供持续峰值功率供给。由于与备用设备相比连续运行时间较长，有必要对发电机组进行降额设计。

传统的电力输送方法会造成供电中断。建议设置死区时间，保证来自断电负载的电磁力完全衰减。同相监测器对于避免供电中断是可行的。本方法是本章提及的 3 种方法中最安全和最简单的方法。

11.4.3　发电系统—同步传输方式

本方法中，电网系统和发电系统是同步的，允许发电过程中以并行方式操作。产生的电根据电网的需量要求传输给水和污水厂的配电系统。

本方法的优点是在峰值调节期间可以不必关闭负载，这样就不会引起工艺的中断。同步输送方式可保持污水泵在输送期间持续运转，实现闭路转换传输，并不会使泵系统处于离线状态。当系统不允许停止时可以考虑应用此系统。

11.4.4　发电系统—与供电单位平行的方式

此方法与同步输送方法相似。此方案的优势在于，如果城区或村镇既拥有水或污水处理厂同时又运行着供电单位，那么通过对发电系统进行相应的运行管理，就可以实现电网覆盖范围内的峰值需量削减。但这需要获得相关供电单位的许可。

在炎热的夏季，当所有空调开始运转，城市供电单位进行拉闸限电时（因为来自用户的电力需求过大），发电系统打开，与供电单位电网平行运行，电力可输送给电网中稍低一些的需量。

效益能够从平行系统的设备设施的投入成本与实现较低需量所取得的收益对比计算得出。

11.5　现场发电站

可应用于水和污水厂的自助发电装置的选择很多，主要包括以下 3 种形式：

（1）采用应急备用发电机削减峰值；

（2）建立与天然气联合发电的装置；

（3）利用厌氧消化产生的沼气、污泥及污水处理过程中的其他副产物作为发电机的燃料。

11.5.1　采用应急备份发电机削减峰值

大多数水和污水厂都备有发电装置以应对紧急情况。考虑到各个地区的电价结构，削减峰值是可以使能耗成本显著降低，并且是投入最小的办法。

峰值削减是指在用电最大峰值期间，通过自助发电来满足峰值时段的用电需求。自助发电装置可以用于满足峰值期间的全部或部分电耗需求，从而降低购电量。

一般情况下，应急发电机是已经在厂内安装并且可以正常运行的，但还需要以下几部分额外投入：

（1）发电机的燃料成本；

（2）批准发电机在高输出量的状态下运行的环境许可证；

（3）设备运行频率增加后，操作人员的工作时间要相应调整，以及需要进行相关培训。

然而，这一降低能耗费用的方法并不总是可行。一方面，当地政府可能不会支持用户在高电费期间自己发电，或者采取其他高税收政策来弥补其在电费收入中的损失。另一方面，在大气污染管制地区，使用柴油作为动力燃料的备用发电机是不允许在非紧急情况下运行的。所以在采取这一措施前，应先向大气污染管制地区的相关部门申请许可证书。除此之外，污水处理厂可以研究另外以下两种情况。

11.5.2　分布式发电

分布式能源指的是发电功率在 $3 \sim 10000kW$ 的安装在用电装置附近的小型发电单元，最简单的形式是安装在用电负荷中心的电网上。这与大型发电厂不同，大型发电厂一般都建在靠近能源而远离人群的地区。

1992 年美国颁布的能源法案要求各州之间输电线路的所有者把所有发电设施接入其线路，这其中也包含了分布式能源发电站点。分布式能源发电可以补给大型发电厂，而且在使用者附近建立分布式能源发电设施可以有效减少电力传输和分配系统的负荷。此外，可再生能源（消化池沼气、堆填区沼气、风能、光能、地热）亦可作为分布式能源应用（参见加州能源委员会的《加州分布式能源技术指南》）。

对于使用者而言，分布式能源降低了能耗费用，提升了供电的稳定性及电能品质，保证了偏远区域用电。分布式能源在许多地方都可以建立，以下的章节将主要介绍在水厂和污水厂建造及应用分布式能源。

11.5.3 联合热电厂的建立

另一种方法是，建立一所或多所热电联产设施为水厂和污水厂供电，仅在紧急状态或非峰值阶段从当地供电部门购买电能。这需要从以下几个方面对其进行经济评价：

(1) 满足水厂和污水厂用电需求的热电厂的用地规模、发电能力及相关的投资成本；

(3) 可获得的融资、利率及期限；

(3) 运行及维护费用（包括人工成本、设备、维修、相应的维修补贴等）；

(4) 水厂和污水厂从热电厂获得热能的可行性，及由此节省的热能购买费用；

(5) 将多余的电能卖给当地供电部门或其他用电者所获得的收益。

评估建立热电厂，除衡量其经济效益外，还需要考虑工程设计标准及外形设计。对该类项目的评估需要熟悉热电厂技术和相关项目的经济学分析。

11.5.4 对沼气、污泥及其他污水处理过程中的副产物的利用

对热电联产设施，采用沼气、污泥及其他污水处理过程中的副产物作为发电能源，可明显降低购买燃料的成本。需要考虑以下几项经济指标：

(1) 投资成本；

(2) 融资条件；

(3) 获得燃料的可能性及相关费用；

(4) 能源效率及当地政府为可再生能源提供的补贴；

(5) 运行及维护成本；

(6) 热能产品的价格；

(7) 出售过剩电能可获得的收益。

11.5.5 可行性评估

水厂或污水厂节能方案的评估，需要分析与特定水厂或污水厂相关的不同因素。这些因素相互关联，不能单独考虑。节能项目的最佳方案应充分考虑环境因素、经济因素、投入产出比及其他约束因素。

1. 项目目标排序

在着手实施项目前，水厂或污水厂应先分析各个目标要求的优先次序，主要包括以下几点：

(1) 水厂或污水厂用电的峰、平、谷时段；

(2) 利用污水处理过程中的副产物；

(3) 通过降低能源购买量或出售过剩电能，将经济效益最大化；

(4) 建立示范工程，展示新技术及利用污水处理副产物的可行性。

2. 设备因素

在一个已经规划好的自助发电项目中，发电设备的安放位置需要考虑以下几个因素：

(1) 靠近燃料源；

(2) 用电设备的布局；

(3) 水厂或污水厂运行的效率及干扰；

（4）自助发电设施周边商业区及住宅区的布局；

（5）与供电部门输电线的距离；

（6）可利用的空间。

除此之外，项目选址还需考虑的其他因素：

（1）环境因素——如果水厂或污水厂地处住宅区附近，发电设施的噪声、气味及可能造成的其他污染需要列入考虑因素。

（2）经济因素——当有多个选址地点可供选择时，投入产出比是主要决定因素。比如水厂或污水厂建设热电联产设施时，在其他因素相同的情况下，设施位置可以建在用电设备附近，也可建在电力输送线路附近时，投资成本是决定因素。

3. 设计因素

设计过程涉及两个主要部分：选择合适的系统规模和运行模式，并确定主要动力类型。

多种因素影响设计方案的确定，其中最重要的因素是确定水厂或污水厂对于热能和电能需求，应以单位时间内用量的形式来计算。

净水厂或污水处理厂的功率需求可为热电联产设施的设计提供重要参数，包括：净水厂或污水处理厂的最小功率需求、平均功率需求及峰值功率需求，对非传统能源（污泥、沼气）的优化使用。

在设计发电站点规模时，还需要根据发电设施的燃料的可得性、投资成本、能量转换效率等因素进行选择。

此外，发电项目方案（包括设施规模和类型）的评估需要考虑技术及经济条件，运行操作、环境的可实施性。

4. 经济因素

从经济角度对项目进行评估，主要考虑以下几个因素：

（1）污水处理厂目前功率要求及计划功率要求；

（2）当前及未来的购电费用；

（3）剩余电能可带来的收益；

（4）燃料成本及其可得性；

（5）土地购买或租赁的成本；

（6）建设成本，包括初步设计、工程设计、工程条件、设备、施工、建设监理和各种设计的费用；

（7）成本的节省，例如建设该项目可减少对沼气排放处理的需求，同时沼气用于发电从而减少能源成本；

（8）运行及维护成本（本厂或外包）；

（9）将污泥用作燃料，从而减少污泥处置费用；

（10）设备更换费用；

（11）可获得的税收优惠；

（12）财务成本，包括该项目是否需要支付债务利息；

（13）项目的股权比例，项目参与者的风险及收益。

以上所有提到的影响因素需要被量化，并以表格形式模拟项目的预期业绩（如10年或更长，取决于项目的实施时间、融资周期、燃料的可得性等）。项目评估可以在以下基础上进行评估：

(1) 贴现现金流的长期价值；

(2) 项目可为设备拥有者及其他参与者带来的回报率；

(3) 希望达到的其他目标，比如环境、科研；

(4) 项目开发者提出的其他标准。

5. 运行因素

规划热电厂要考虑运行过程中的相关需求，包括：

(1) 运行人员的数量及工种；

(2) 运行人员工作时间及相应的培训；

(3) 设备维护的周期；

(4) 燃料的加工过程。

6. 环境因素

当计划建立一个发电项目时，也要考虑各种环境因素。不同地区对环境的要求不同。因此，需要向各地的环境管理机构及其他地方当局征询意见，从而确定更适用于项目的环境策略。

在美国，有关环境的要求非常多，以下几点较普遍：

(1) 通用规则

美国环境保护局制定了环境保护的联邦指导方针，并由各州自己实施。这些实施办法形成了一系列管理、审批新建设施的流程，例如发电设施建设。其中最重要的是环境影响报告书，新建设施前必须提交。环境影响报告书是一份包含项目设计及其建成后对环境产生的影响的综合性报告。其中涉及对环境的影响包括：

① 空气质量，包括有机排放物、无机排放物、气味等；

② 噪声；

③ 水质，包括化学成分、温度；

④ 人口密度，包括对交通的影响、停车、公共社区服务；

⑤ 文化、历史、景区等其他当地特征。

实际上，项目被批准前，对环境将产生的任何影响都应报告并评估。环境评估报告除要接受监管机构的评估，还要通过公众的审核。

(2) 环境污染

大气排放受到美国环境保护局、州空气资源委员会及大气污染管制区的监管。美国环保局对各个州及大气控制区域提出最低空气质量要求，再由各州各自制定实施方案，各州也可以制定高于联邦法律要求的更严格的空气质量标准，当地的大气污染管制区相关部门负责监管这些各州制定的方案的实施。

以下是由环保局和大气污染控制区管理部门根据建设新能源设施的审查程序，对新建设施（如电厂）的部分许可要求：

① 项目建设的授权许可

大气污染控制区管理部门通常会要求开发商提交初步设计方案和相关设备规格，包括预计的排放污染物数量及种类、混合燃料等。同是，还会要求提出最佳可得污染控制技术方案以减轻对环境产生的不利影响。

② 防止环境明显恶化

超过一定规模或大气排放量的项目还需接受有关防止环境明显恶化的额外审查,以确保污染物来源对空气质量没有明显的负面影响。这就要求项目开发者考虑多种具体因素,对大气排放进行模拟,以证明该项目不会对该区域的空气质量产生有害影响。另外一点需要考虑的是,所有新型能源要参考最佳可得污染控制技术方案。

(3)运行许可

设施建成后需要进行大气排放测试,以确保该设施符合排放限定标准。之后将颁发运行许可证书,授权设备所有者在规定期间可在一定的限定条件下运行设备。此外,设备所有者需定期对排放的大气污染物进行检测,确保设备正常运行。

根据各地的监管制度,有时需要环境及其他多种许可证,例如建筑许可证。但是,在发电设施可行性的审核中,大气污染物排放限制往往是最主要的许可证。

但是,将危险废弃物(如利用填埋沼气)作为燃料资源的情况下,项目的实施还需要有其他许可证书,例如健康风险评估。影响项目可行性评估的关键环境因素必须在其资源、技术、性能及其他方面进行评估。

11.6　融资方案

开发商可以融资开发、建设、运营发电厂。以下是融资的多种方式:

(1)建设贷款——建设期间的短期融资,可与其他利率更低的贷款进行再融资。

(2)流动资金贷款——在项目的发展、建设、运营期间提供周转资金的短期融资。

(3)定期贷款——有特定目的的固定期限贷款,如建设贷款的再融资。

不同的融资结构依赖于融资目标和项目开发商承担的风险和权益大小而定。融资结构的基本形式包括收益债券、传统银行融资、租赁融资、私营化、共同所有和/或开发。融资结构的推出主要由承担的风险、获得的权益以及分配给相关参加者和融资者的收益而决定。

11.6.1　项目融资

项目融资是为资本密集型建设项目进行融资的一种办法,其中项目的资产、合同、营业收入及现金流量由贷款人独立评价。对项目融资的诉讼主要集中在无追索权的债务,换句话说,如果项目的开发者能够证明现金流可以支持预期的开支,包括运营、维护及债息等,那么当出现项目现金流低于预期的情况时项目开发者则不需要承担债息相关责任。此外,由于项目融资只依赖于项目财务的可行性,因此开发者的负债能力将不受影响。

任何一项或多项上述融资结构都可用于项目融资,关键是该项目应具有独立的经济结构。

11.6.2　收益债券

大多数的净水厂或污水处理厂是由市政当局或一些特定区域所有并运行,因此,免税债券是建设电厂的主要融资途径。如果净水厂或污水处理厂归私人所有,那么项目开发者则可以通过发行工业发展债券或工业收益债券来融资,这两种债券可以免税,也可以纳税。用于建设污染控制设施所发行的工业收益债券是免税的,如污水处理厂及为其供电的发电厂。

收益债券发行后，发电厂的收益源将主要用于偿还债券。建立债券契约规定专项资金、财务管理及报告要求等相关内容，以保护债券持有人的投资利益。具体的利率及周期根据债务人的财务状况及金融市场状况而定。

11.6.3　传统银行融资

如果不能使用公债的方式进行融资，可以选择商业银行贷款。商业银行贷款的形式包括有担保和无担保两种，并可能涉及一个或多个贷款人。

根据项目开发者的资信状况、项目的资金实力、金融市场的状况，可以采用专门的术语进行描述。主要涉及以下几种：

（1）利率，不论是固定的还是变化的，在一段时期内的利率是特定的。

（2）贷款人对借款有完全追索权，即：无论项目的现金流是否达到预期水平，借款人最终仍需要还本付息。

（3）贷款人独立承担项目风险及收益。

为获得贷款资格，项目开发者将可能被要求贡献一定比例的股权，证明整个项目财务的可靠性，同时还需进行证券债券质押以保证贷款人的利益。

11.6.4　租赁融资

租赁融资一般应用于大型设备采购或项目，其中最关键的是租赁物的所有权。租赁的主要类型可归类为以下几种。

1. 直接租赁融资

由出租人出资购买租赁资产，承租人承担该资产的风险及其收益。直接租赁融资有以下几个特征：

（1）租期结束时，租赁资产的所有权转交给承租人；

（2）承租人优先购置权。租期结束时承租人可以低于市场的价格购买该资产；

（3）租赁期限应等于或超过租赁资产理论使用年限的75%；

（4）租赁付款的现值，包括：任何不可取消条款中提到的最小付款额，大于或等于租赁资产的90%的价值，并扣除其他投资及出租人享有的优惠税收。

2. 杠杆租赁

杠杆租赁类似于直接租赁，包含至少3个关键部分：承租人、出租人、长期出资人。杠杆租赁间有许多不同，但有以下3个共同点：

（1）由出租人向贷款人（如银行）偿还贷款，同时拥有该项目所有权。贷款以设备的第一留置权、租约的转让及转让所得款项作为担保。贷款人提供重要资金，对出租人无追索权。

（2）出租人的净投资额在租赁初期逐步减少，在租赁后期逐步增加。

（3）投资及其他出租人享有的信贷优惠是租赁现金流的组成部分。

3. 经营租赁

经营租赁是一种无需贷款人出资的融资方式，即表外融资，因为经营租赁的付款是租金的重要部分，且相关的租约义务不会记录在出租人的资产负债表内，所以出租人的借贷能力不会减少。运营租赁适用于不符合资本标准或非直接融资方式的项目。

（1）租赁期结束时，租赁资产的所有权不得转移给承租人；

（2）租约不包含优惠承购权；

（3）租约的期限不超过租赁资产使用年限的 75%；

（4）租赁的付款低于租赁资产市场值的 90% 扣除其他投资及出租人享受的税收优惠。

4. 有条件销售租赁

有条件销售租赁是一种分期贷款融资的方式，设备所有权转给承租人时可享有低于市场价格的优惠承购权。租赁资产所产生的风险及收益归承租人所有。有条件租赁需列入融资租赁的会计程序。如：租赁责任应录入承租人的资产负债表。

5. 参与权益证券

参与权益证券是公共融资的一种，它具有免税收益债券的形式，租赁融资的结构。基本上，融资财产的所有权属于证券的持有人，并在证券的有效期内分期偿还。证券支付由融资设施所产生的收益作为担保。

6. 免税租赁

免税租赁即公共设施建设和其他限定的收益型公共设施建设的直接租赁融资。所取得的收益免租赁税。当债务免税同时，税金抵免也不可享受。所以，在评估免税债券带来的收益时，应考虑放弃税收优惠所增加的成本。

7. 售后回租

在售后回租中，资产所有人将财产出售给第三方（即：出租人），第三方再直接将财产回租给原所有人（即：承租人）。回租可以是资本租赁，也可以是经营租赁。若为资本回租，就可采用项目融资。

8. 租赁融资注意事项

项目租赁结构有很多变化，例如，某项目租赁融资要求场地所有者需获得临时性建设资金。当项目完成时，出租人以约定价格购买该项目，项目收益用于偿还租赁付款。一般情况下，租赁条款中会包含用于保护出租人投资的要求，如建立专项资金以为设施大修及更新换代提供资金支持。根据协议，超额的收益可能需要与场地所有者或其他参与者分享。

对于每个参与者而言，由于相互关系及责任的区别，租赁融资的优势有所差异，可归纳为以下几点优势：

（1）资产租赁中，免税将由承租者转移给出租者；

（2）杠杆租赁中，出租人无债务追索权；

（3）经营租赁不计入资产负债表；

（4）相对于传统的银行融资，利息较低；

（5）对合营企业，融资结构更灵活；

（6）固定资金流；

（7）可获得 100% 的融资。

缺点包括：

（1）在经营租赁中，当租赁期结束时设备的使用年限还有很长，会带来后续付款的损失；

（2）当租赁可减免税款时，成本升高；

（3）项目的高级固定义务。

9. 能源服务承包

能源服务承包是备选方案，当采用节能项目、可再生能源项目或其他设备改进项目，造成投资成本提高时，可采用该方案。

能源服务承包可使政府部门在进行基础建设和设备升级时，减少经营支出，并对资本预算有积极作用。通过执行节能方案，可节省经营成本，减少浪费。项目所获得的资金支持不受税收增加、合约、项目所获预付款的影响。更多的信息可以查询能源服务联盟（ESC）的网址 http：//www.eneryservicescoalition.org./。

市政当局可采用能源服务承包的方式与能源服务公司（ESCO）合作。能源服务公司成为项目的开发者，需要承担项目相关的技术工作及风险。根据美国华盛顿的国际能源服务协会的相关规定，能源服务公司主要提供以下服务：

（1）节能项目的开发、设计、融资；

（2）项目所涉及的节能设施的建设及维护；

（3）监测并确认项目的节能状况；

（4）承诺项目的节能量并承担相应风险。

所提供的这些服务将计入项目的成本，通过节约的经费支付。根据工程协议能源服务公司会跟踪监测能源节省量。国际能源服务协会提供更多关于能源绩效合同方面的有关信息，同时在该协会的网站可查询能源服务公司。另外，还可在 http://www.naseco.org 查询其他相关信息。

当地的能源服务承包法案应针对特定需求进行检验。按能源服务联盟的要求，能源服务承包合同应包含以下信息：

（1）确定在具体情况下能源服务承包方案是否有优势；

（2）通过资格证书选择能源服务公司；

（3）与能源服务公司制定关于衡量节能情况的协议；

（4）协商执行节能项目的长期合作方案；

（5）考查节能量，获得收益。

10. 公共事业服务合同

政府部门在实施节能方案或可再生能源方案时，可与供电部门建立合作关系，并达成相关协议，即公共事业能源服务合同（UESC）。

根据公共事业能源服务合同，公共事业项目一般会通过融资来支持项目的成本，在偿还期限内以通过节能方案获得的节省来偿还。这样，政府部门可在没有初始资本投资的情况下开展节能项目。

根据美国能源部的联邦能源管理计划，超过45个电力及天然气公用事业已为联邦实施的节能节水升级改造项目提供了融资。

11. 拨款/减免款项

国家能源办公室、能源公用事业、联邦机构会提供一定拨款和减免款项以鼓励再生能源的应用及其他相关的节能项目。这些信息可以在可再生能源及节能国家奖励的数据库（http：//www.dsireusa.org/）查询。该数据库提供了国家、地方、公用事业、国家提供奖励的综合信息。

11.6.5　私营化

私营化即发电设施的开发、所有权、运营、维护及出售所生产电力的所得均归开发者所有。例如，由于建设发电项目的风险及成本都很高，水厂或污水厂不愿开发该项目，而其他的开发者有足够的资金及技术，并建设了与该水厂或污水厂匹配的发电设施。该实施的运营由开发者与水厂或污水厂共同负责，同时开发者将从中获取经济回报。

11.6.6　共有化

在水厂或污水厂独立开发所有和私营化之外，还有多种项目结构可以采用，这主要取决于各项目参与者预期的金融风险及回报。主要协商内容包括：

（1）污水处理厂为项目提供有经济价值的消化沼气作为燃料；

（2）项目场地的经济价值（租金）；

（3）设备的所有权。

协商合同应包含以下内容：

（1）具体的服务承诺，例如：

① 热能数量及质量；

② 电能数量及质量；

③ 提供服务的时间控制；

④ 线路连接的规定。

（2）如何回报项目的参与者，如：

1）联合开发项目的开发风险、经营风险、成本、向污水处理厂供能的收入，都应根据协议来分配；

2）污水处理厂所有者及联合开发者根据协议来共同分担开发成本、风险、收益。

11.6.7　节能共享

节能共享是一种常见的机制，可以由能源管理公司提供，也可由热电设备生产厂商提供。在该机制下，能源管理公司在对节能项目进行融资、实施时，对能源用户不会产生风险。能源管理公司通过节能共享的形式偿还，即建设节能项目的投资成本由公共事业能耗投入的减少来抵消。

该机制也有许多差异，主要包括：

（1）每年需要支付给能源管理公司一定的管理费用；

（2）能源管理公司在能源节省方面的共享可能会受到用电的峰值、谷值、数量及年份的影响；

（3）节能共享的期限会受到项目是否有改造计划的影响。

对于发电项目而言，在厂主没有项目前期费用的条件下，大型设备制造商可以提供发电单元或整个发电厂。制造厂商的债务可以通过节省的电力成本来偿还。

11. 7　能源需求概况

在着手做项目之前，水厂或污水厂所有者应该对水厂或污水厂项目的能源需求、现状、设备类型（按工艺功能和动力需求分类）及燃料来源有总体了解。如前所述，通过电费单，业主应当开始注意能耗情况。此外，能源情况的调查应该优先于任何重大项目的规划，以确保水厂或污水厂在满足出水要求条件下实现节能。有时，能源情况调查可以鉴别出节能的关键点，并提供额外的处理能力。当然，这需要具体情况具体分析，但也许你的净水厂或污水处理厂正符合条件。

此外，通过各种渠道，可以得到用 kWh/mgal 和 kWh/磅 BOD 表示的能耗数值。污水处理厂运营者可以通过这些值来比较消耗量，以帮助他们评价污水处理厂是否节能。鼓励净水厂或污水处理厂运营者进行能耗比较（而不是成本），并以此评估设施的效率水平。这非常重要，因为能源成本是持续增长的；因此，测算和比较的依据应该是单位能耗而不是总成本。

附录 A 英制单位与公制单位之间的转换公式

atm×101.3＝kPa

Btu×1.055＝kJ

Btu/cuft×37.26＝kJ/m³

Btu/gal×278.7＝kJ/m³

Btu/hr×0.2931＝W

Btu/lb×2.326＝kJ/kg

cfm×(4.719×10⁻⁴)＝m³/s

cfm/ft×1.549＝L/m · s

cfs×(2.832×10⁻²)＝m³/s

cu ft×(2.832×10⁻²)＝m³/kg

(F-32) 0.5556＝℃

gpm×(6.308×10⁻⁵)＝m³/s

gpm×5.451＝m³/d

hp×745.7＝W

hp-hr×2.685＝MJ

hp/milgal×0.1970＝W/m³

in×(2.540×10⁻²)＝m

inHg×3.377＝kPa

kWh＝3600MJ

kWh/d×41.67＝W

kWh/lb×(7.936×10⁻³)＝MJ/kg

kWh/mil.gal×951.1＝J/m³

gal×(3.785×10⁻³)＝m³

gal×3.785＝L

gph×(1.051×10⁻⁶)＝m³/s

gpm×(6.308×10⁻⁵)＝m³/s

in×25.40＝mm

in×(2.540×10⁻²)＝m

ft×0.3048＝m

ft-lb×1.356＝N · m

ft-lb/sec×1.355＝W

ft/sec×0.3048＝m/s

gal×(3.785×10⁻³)＝m³

lb×0.4536＝kg

lb/cuft×16.02＝kg/m³

lb/d×5.250＝mg/s

lb/lb×1000＝g/kg

mgd×(4.383×10⁻²)＝m³/s

mgd×(3.785×10³)＝m³/s

mile×1.609＝km

psi×6895＝Pa

scfm×(4.719×10⁻⁴)＝m³/s

sqft×(9.290×10⁻²)＝m²

附录 B 污水处理中的电能消耗

| | 污水处理厂滴滤系统所需电能 | | | | | 表 B.1 |

	电能消耗（kWh/d[a]）（标注的除外）					
项目	4-ML/d	20-ML/d	40-ML/d	75-ML/d	190-ML/d	380-ML/d
	1-mgd[b]	5-mgd	10-mgd	20-mgd	50-mgd	100-mgd
污水泵	171	716	1402	2559	6030	11818
整流网	2	2	2	3	6	11
曝气除砂	49	87	134	250	600	1200
初沉池	15	78	155	310	776	1551
滴滤池[c]	352	1319	2528	4686	11551	22826
二沉池	15	78	155	310	776	1551
浓缩滤池	6	15	25	37	75	138
溶气气浮	na	na	1805	2918	6257	11819
好氧消化	1000	2000	na	na	na	na
厌氧消化	na	na	1100	2100	5000	11000
带式压滤机	na	192	384	579	1164	2139
氯消毒	1	5	27	53	133	266
建筑照明	200	400	800	1200	2000	3000
总计	1811	4892	8517	15005	34368	67319
平均流速，mgd	1	5	10	20	50	100
单位用电	**1811**	**978**	**852**	**750**	**687**	**673**
能量回收（沼气燃烧）	Na	Na	2800	5600	14000	28000
净消耗	1811	4892	5717	9405	20368	39319
单位净消耗 (kWh/mil. gal[e])	1811	978	572	470	407	393
紫外消毒	1233	614	1229	2458	6144	12288
重力浓缩池	Na[d]	na	288	434	873	1604

[a] kWh/d×41.67＝W
[b] mgd×（4.383×10⁻²）＝m³/s
[c] 有回流泵
[d] Not applicable
[e] kWh/mil. gal×951.1＝J/m³

| | 活性污泥污水处理厂所需电能表 | | | | | 表 B.2 |

	电能消耗（kWh/d[a]）（标注的除外）					
项目	4-ML/d	20-ML/d	40-ML/d	75-ML/d	190-ML/d	380-ML/d
	1-mgd[b]	5-mgd	10-mgd	20-mgd	50-mgd	100-mgd
污水泵	171	716	1402	2559	6030	11818
整流栅	2	2	2	3	6	11
曝气除砂	49	87	134	250	600	1200
初沉池	15	78	155	310	776	1551
曝气池	532	2660	5320	10640	26600	53200
回流污泥泵	45	213	423	724	1627	3131
二沉池	15	78	155	310	776	1551
浓缩滤池	6	15	25	37	75	138
溶气气浮	na[c]	na	1805	2918	6257	11819
好氧消化	1200	2400	na	na	na	na
厌氧消化	na	na	1400	2700	6500	13000

项目	电能消耗（kWh/dª）（标注的除外）					
	4-ML/d	20-ML/d	40-ML/d	75-ML/d	190-ML/d	380-ML/d
	1-mgdᵇ	5-mgd	10-mgd	20-mgd	50-mgd	100-mgd
带式压滤机	na	192	384	579	1164	2139
氯消毒	1	5	27	53	133	266
建筑照明	200	400	800	1200	2000	3000
总计	2236	1369	1203	1114	1051	10286
平均流速，mgd	1	5	10	20	50	100
单位用电	2236	1369	1203	1114	1051	10286
能量回收（沼气燃烧）	na	na	3500	7000	17500	35000
净消耗	2236	6848	8532	15283	35044	67824
单位净消耗 [kWh/(mil. gal)ᵈ]	2236	1369	853	764	701	678
紫外消毒	92	461	922	1843	4608	9216
重力浓缩池	naᶜ	na	288	434	873	1604

ªkWh/d×41.67＝W　　ᵇmgd×（4.383×10⁻²）＝m³/s

ᶜNot applicable　　ᵈkWh/mil. gal×951.1＝J/m³

污水深度处理厂（无硝化过程）电能消耗　　　表 B.3

项目	电能消耗（kWh/dª）（标注的除外）					
	4-ML/d	20-ML/d	40-ML/d	75-ML/d	190-ML/d	380-ML/d
	1-mgdᵇ	5-mgd	10-mgd	20-mgd	50-mgd	100-mgd
污水泵	171	716	1402	2559	6030	11818
整流栅	2	2	2	3	6	11
曝气除砂	49	87	134	250	600	1200
初沉池	15	78	155	310	776	1551
曝气池	532	2660	5320	10640	26600	53200
回流污泥泵	45	213	423	724	627	3131
二沉池	15	78	155	310	776	1551
化学添加剂	80	290	552	954	2187	4159
滤池供水泵	143	445	822	1645	3440	6712
滤池	137	247	385	709	1679	3295
浓缩滤池	6	15	25	37	75	138
溶气气浮	naᶜ	na	2022	3268	7008	13237
好氧消化	1200	2400	na	na	na	na
厌氧消化	na	na	1400	2700	6500	13000
带式压滤机	na	228	457	689	1385	2545
氯消毒	1	5	27	53	133	266
建筑照明	200	400	800	1200	2000	3000
总计	2596	7864	14081	26051	60822	118814
平均流速，mgd	1	5	10	20	50	100
单位用电	2596	1573	1408	1303	1216	1188
能量回收（沼气燃烧）	Na	Na	3500	7000	17500	35000
净消耗	2596	7864	10581	19051	43322	83814
单位净消耗 kWh/(mil. gal)ᵈ	**2596**	**1573**	**1058**	**953**	**866**	**838**
紫外消毒	77	384	768	1536	3840	7680
重力浓缩池	naᶜ	na	343	517	1039	1909

ªkWh/d×41.67＝W　　ᵇmgd×（4.383×10⁻²）＝m³/s

ᶜNot applicable　　ᵈkWh/mil. gal×951.1＝J/m³

附录 B 污水处理中的电能消耗

项目	电能消耗（kWh/dᵃ）（标注的除外）					
	4-ML/d	20-ML/d	40-ML/d	75-ML/d	190-ML/d	380-ML/d
	1-mgdᵇ	5-mgd	10-mgd	20-mgd	50-mgd	100-mgd
污水泵	171	716	1402	2559	6030	11818
格栅	2	2	2	3	6	11
曝气除砂	49	87	134	250	600	1200
初沉池	15	78	155	310	776	1551
生物硝化池	346	1724	3446	6818	16936	33800
曝气池	532	2660	5320	10640	26600	53200
回流污泥泵	54	256	508	869	1952	3757
二沉池	15	78	155	310	776	1551
化学添加剂	80	290	552	954	2187	4159
滤池供水泵	143	445	822	1645	3440	6712
滤池	137	247	385	709	1679	3295
浓缩滤池	6	15	25	37	75	138
溶气气浮	naᶜ	na	2022	3268	7008	13237
好氧消化	1200	2400	na	na	na	na
厌氧消化	na	na	1700	3200	7800	15600
带式压滤机	na	228	457	689	1385	2545
氯消毒	1	5	27	53	133	266
建筑照明	200	400	800	1200	2000	3000
总计	2951	9631	17912	33514	79383	155540
平均流速，mgd	1	5	10	20	50	100
单位用电	2951	1926	1791	1676	1588	1558
能量回收(沼气燃烧)	na	na	3500	7000	17500	35000
净消耗	2951	9631	14412	26514	61883	120840
单位净消耗 [kWh/(mil. gal)ᵈ]	2951	1926	1441	1326	1238	1208
紫外消毒	77	384	768	1536	3840	7680
重力浓缩池	naᶜ	na	343	517	1039	1909

ᵃ kWh/d×41.67＝W

ᵇ mgd×(4.383×10⁻²)＝m³/s

ᶜ Not applicable

ᵈ kWh/mil. gal×951.1＝J/m³

附录C 电气基础

电流是电荷在原子间的定向移动形成的。由于能量随着电荷转移，电荷对能量做有用功。因此，电流是一种由原子的不平衡状态导致的能量。如果电荷几乎不转移，电流以静止状态存在。如果电荷流回原子，在移动期间以交流电的形式存在。电流可以通过不同的方式产生，但是需要一些其他形式的能量，且其他形式的能量肯定转化为电能了。通常采用磁场法（直流、交流发电机）、化学法（电池）和光伏电池法（光感元件和太阳电池板）。人工发电最主要的方式是通过磁场发电。化石燃料、水力发电、地热能源、核能源、风能、潮汐能被用来开发机械能来生产电。

电路呈现出至少4个要素：电压（V），电流或电流强度（A），电阻（Ω）和功率（W）。电压、电流和电阻符合欧姆定律：

$$E = IR \tag{C-1}$$

式中　E——电压，伏特（V）；

　　　I——电流，安培（A）；

　　　R——电阻，欧姆（Ω）。

欧姆定律不适用交流电路。交流电路相当于电感线圈和电容。电路中的要素和功率也存在一些简单的关系：

$$P = EI \tag{C-2}$$

式中　P——功率，瓦特（W）。

净水厂和污水厂的设备通常采用380V三相交流电。这样的话，等式要修改为包含功率因子和一个因数（三次方根）来确定功率。功率和功率因子会详细在第3章讨论。

C.1 交流电压

交流电压由自身的效率或者相对于直流电压产生的功率求出。由于每个交流电压从零增加到最大，然后降低到零，交流电压不断呈周期性变化、相位颠倒，永远没有一个恒定值。因此，需要测定一个有效值。当电压变换到峰值的时候，例如90°，得到一个已知峰值或波峰值。交流电的有效电压或工作电压是0.707倍的峰值电压。用这个有效电压（0.707倍的交流电峰值电压）等效于1直流电压。有效电压也称均方根电压。所有标准的设备所标示出的都是有效电压或均方根电压（举例来说，标称电压120V常规交流电，其峰值电压应为170V）。

C.2 电压降

电压就是电荷的压力，亦称电位差。在任意的串联电路中，外加总电压完全被电路使用，没有压力回到发电机。所有的电荷离开发电机都会返回，但是电压完全消耗在电路中。如果用电流表在电路各处读数，你会发现各处电流的读数都是一样的。电压在一段电路中的消耗或者下降直接和这段电路的电阻成正比。

由于铜的高电传导效率和相对于其他珍贵金属低廉的价格，铜被广泛的应用于电的导体。由于导体中存在电阻，所有电路都会在导体中产生电压降。电阻的数值与电线的长度成正比，与电线的截面积成反比。

由于不合适的电线尺寸、接触不良的接头、简陋的开关触点造成的阻抗，导致线路的电压下降、热的积累和功率的损失。例如，在一个简单的电路中，一个需要 100V，5A 的设备，电路的阻抗是 1Ω，则电路需要 105V 的电压来支持设备，因为在 5A 的线路中需要 5V 的电压来克服 1Ω 的电阻造成的阻抗。另外，联立公式 C-1 和 C-2 组成的等式，如下：

$$P = I^2 R \qquad\qquad\qquad (C\text{-}3)$$

在这个例子中，功率的损失是 25W（$5^2 \times 1$）。25W 的功率损失是能量以热的形式消耗于克服电线的长度造成的阻抗。

不管什么形式的阻抗，当电流通过的时候都会发热。当电路发热和冷却的时候线路会松弛，导致金属接点或开关接头延伸或收缩，反复造成使用磨损。松弛的接点、用旧的接头或者其他不良的导体所产生的阻抗可以通过对接头或开关进行红外热成像或简单的电压测量查出来。红外热成像仪或者摄影机可以通过高温产生明亮的图像。与之前的讨论一样，电阻导致了电压降低。经常用一个普通的电压表通过跨接在连接器或开关上，可以显示出电阻是继续增大还是已经超过限度。

参 考 文 献

第 1 章

California Energy Commission (1990) The Second Report to the Legislature on Programs Funded Through Senate Bill 880; PL 400-89-006; Sacramento, California.

California Energy Commission (2004) SB 5X Water Agency Generation Retrofit Program - Final Report; Prepared by HDR Engineering, Folsom, CA:.

U.S. Department of Energy (2000) M&V Guidelines—Measurement and Verification for Federal Energy Projects; Version 2.2, DOE/GO-102000-0960; U.S. Department of Energy, Office of Energy Efficiency and Renewable Energy, Federal Energy Management Program. Efficiency Valuation Organization (2007) International Performance Measurement and Verification Protocol, Concepts and Options for Determining Energy and Water Savings, Vol. 1, April; EVO 10000-1.2007. http://www.evo-world.org (accessed Feb 2008).

Intergovernmental Panel on Climate Change (2006) 2006 IPCC Guidelines for National Greenhouse Gas Inventories. http://www.ipcc-nggip.iges.or.jp/public/2006gl/index.htm (accessed Feb 2009).

Monteith, H. D.; Sahely, H. R.; MacLean, H. L.; Bagley, D. M. (2005) A Rational Procedure for Estimation of Greenhouse-Gas Emissions from Municipal Wastewater Treatment Plants. *Water Environ. Res.,* **77** (4).

Ostapczuk, R. (2007) Gloversville-Johnstown Joint Wastewater Treatment Facility Energy Conservation Program Case Study. *Proceedings of the 80th Annual Water Environment Federation Technical Exhibition and Conference* [CD-ROM]; San Diego, California, Oct 13–17; Water Environment Federation: Alexandria, Virginia.

U.S. Environmental Protection Agency (2008) *Ensuring a Sustainable Future: An Energy Management Guidebook for Wastewater and Water Utilities;* GS-10F-0337M; U.S. Environmental Protection Agency, Office of Wastewater Management. http://www.epa.gov/waterinfrastructure/pdfs/guidebook_si_energymanagement.pdf (accessed Feb 2009).

Water Environment Federation (2006) Resolution on Climate Change, Adopted in Dallas, Texas, on October 20, 2006. http://www.wef.org/GovernmentAffairs/Policy-PositionStatements/ClimateChange.htm (accessed Feb 2009).

World Resources Institute (2006) Hot Climate, Cool Commerce: A Service Sector Guide to Greenhouse Gas Management; World Resources Institute: Washington, D.C.

第 3 章

Institute of Electrical and Electronics Engineers (2004) *Standard Test Procedure for Polyphase Induction Motors and Generators*; IEEE 112-2004; IEEE Press: Los Alamitos, California.

National Electrical Manufacturers Association (2006) *American National Standard for Electrical Power Systems and Equipment—Voltage Ratings (60 Hertz)*; ANSI/IEEE C84.1; National Electrical Manufacturers Association: Rosslyn, Virginia.

National Electrical Manufacturers Association and American National Standards Institute (2006) *Motors and Generators*; ANSI/NEMA MG-1-2006; National Electrical Manufacturers Association: Rosslyn, Virginia.

National Electrical Manufacturers Association (2002) *Guide for Determining Energy Efficiency for Distribution Transformers*; NEMA TP-1; National Electrical Manufacturers Association: Rosslyn, Virginia.

Water Pollution Control Federation (1984) *Prime Movers: Engines, Motors, Turbines, Pumps, Blowers & Generators*; Manual of Practice No. OM-5; Water Pollution Control Federation: Washington, D.C.

第 4 章

American Society of Civil Engineers (1992) *Pressure Pipeline Design for Water and Wastewater*; American Society of Civil Engineers, Committee on Pipeline Planning: New York.

Jones, G. M.; Sanks, R. L.; Tchobanoglous, G.; Bosserman, B. E., II, Eds. (2008) *Pumping Station Design*, 3rd ed.; Butterworth-Heinemann: Woburn, Massachusetts.

Ormsbee, L. E.; Walski, T. M. (1989) Developing System Head Curves for Water Distribution Pumping. *J. Am. Water Works Assoc.*, **81** (7), 63.

Pincince, A. B. (1970) Wet-Well Volume for Fixed Speed Pumps. *J. Water Pollut. Control Fed.*, **42** (3), 126.

Walski, T. M. (1984) *Analysis of Water Distribution Systems*; Krieger Publishing: Malabar, Florida.

Walski, T. M.; Chase, D. V.; Savic, D. A.; Grayman, W. M.; Beckwith, S.; Koelle, E. (2003) *Advanced Water Distribution Modeling and Management*; Haestad Press: Waterbury, Connecticut.

Walski, T. M. (2005) The Tortoise and The Tare. *Water Environ. Technol.*, **17** (6), 57–61.

Yin, M. T.; Andrews, J. F.; Stenstrom, M. K. (1996) Optimum Simulation and Control of Fixed-Speed Pumping Stations. *J. Environ. Eng.*, **122** (3), 205.

第5章

Bartos, F. (2000) Medium Voltage AC Drives Shed Custom Image. *Control Eng.* [Online], Feb 1, 2000; http://www.controleng.com/article/CA191379.html? industry=Discrete+Control&industryid=22073&spacedesc=communityFeatures &q=Medium+Voltage+AC+Drives+Shed+Custom+Image (accessed Dec 2008).

Carlson, R. (2000) The Correct Method of Calculating Energy Savings to Justify Adjustable-Frequency Drives on Pumps. *IEEE Transactions on Industry Applications,* Vol. 36, No. 6, November/December.

Europump, Hydraulic Institute, and U.S. Department of Energy, Industrial Technologies Program (2004) *Variable Speed Pumping, A Guide to Successful Application;* www1.eere.energy.gov/industry/bestpractices/pdfs/variable_speed_ pumping.pdf (accessed Jan 2009).Evans, I. (2002) Harmonic Mitigation for AC Variable Frequency Pump Drives. *World Pumps* [Online], Dec 2002; http:// www.worldpumps.com (accessed Jan 2009)

Fink, D. G; Beaty, W. H. (1987) p 20–28, Standard Handbook for Electrical Engineers, 12th Edition, McGraw-Hill Inc.

Institute of Electrical and Electronics Engineers (1992); IEEE-std 519-1992 *Recommended Practices and Requirements for Harmonic Control in Electric Power Systems;* IEEE Press: New York.

Karassik, I.; Messina, J.; Cooper, P.; Heald, C. (2008) *Pump Handbook,* 4th ed.; McGraw-Hill: New York.

National Electrical Manufacturers Association (2001) *Application Guide for AC Adjustable Speed Drive Systems;* NEMA Standard Publication; National Electrical Manufacturers Association: Rosslyn, Virginia.

National Electrical Manufacturers Association (2007) *Specification for Motors and Generators;* MG-1, Section IV, Part 31 (Rev. 1 2007); National Electrical Manufacturers Association: Rosslyn, Virginia.

National Fire Protection Association (2008) *National Electrical Code;* NFPA-70; National Fire Protection Association: Quincy, Massachusetts.

Pacific Gas and Electric Company (2003) *Municipal Water Treatment Plant Baseline Energy Study;* PG&E New Construction Energy Management Program; SBW Consulting: Bellevue, Washington.

Peeran, S. M. (2008) VFDs and Motors: Making the Right Match. *Consult.-Specifying Eng.* [Online], July 1, 2008; http://www.csemag.com/article/CA6578954.html (accessed Jan 2009).

Phillips, C. A. (1999) *Variable Speed Drive Fundamentals,* 3rd ed.; Fairmont Press: Lilburn, Georgia.

Pump Systems Matter and Hydraulic Institute (2008) *Optimizing Pump Systems: A*

Guide for Improved Energy Efficiency, Reliability, & Profitability; Pump Systems Matter: Parsippany, New Jersey:

Threvatan, V. (2006) *A Guide to the Automation Body of Knowledge,* 2nd ed.; ISA Press: Research Triangle Park, North Carolina.

U.S. Department of Energy, Industrial Technologies Program (2006) *Improving Pumping System Performance: A Sourcebook for Industry,* 2nd ed.; U.S. Department of Energy, Office of Energy Efficiency and Renewable Energy: Washington, D.C.

U.S. Department of Energy, Industrial Technologies Program (2000) *Energy Management for Motor Driven Systems;* Rev. 2.; U.S. Department of Energy, Office of Energy Efficiency and Renewable Energy: Washington, D.C.

Weber, W.J.; Cuzner, R.M.; Ruckstadter, E.J.; Smith, J. (2002) Engineering Fundamentals of Multi-MW Variable Frequency Drives—How They Work, Basic Types, and Application Considerations; *Proceedings of the 31st Turbomachinery Symposium;* Houston, Texas, Sep. 9-12; Texas A&M University: College Station, Texas.

第 6 章

American Water Works Association (2003) Water Loss Control Committee Report: Applying Worldwide BMPs in Water Loss Control. *J. Am. Water Works Assoc.,* **95** (8), 65.

American Water Works Association Research Foundation (2008) *Risk and Benefits of Energy Management for Drinking Water Utilities;* American Water Works Association Research Foundation: Denver, Colorado.

American Water Works Association Research Foundation (2003) *Improvement of Ozonation Process through Use of Static Mixers.* American Water Works Association Research Foundation: Denver, Colorado.

American Water Works Association Research Foundation (2001) *Practical Aspects of UV Disinfection;* American Water Works Association Research Foundation: Denver, Colorado.

American Water Works Association Research Foundation; New York State Energy Research and Development Authority (2007) *Optimization of UV Disinfection;* American Water Works Association Research Foundation: Denver, Colorado.

California Energy Commission (2005) *California's Water-Energy Relationship;* CEC-700-2005-011-SF; California Energy Commission: Sacramento, California.

Clark, T. (1987) Reducing Power Costs for Pumping Water. *Opflow,* **13** (10).

Daffer, A. R. (1984) Conserving Energy in Water Systems. *J. Am. Water Works Assoc.,* December, 34–37.

Energy Center of Wisconsin (2003) *Energy Use at Wisconsin's Drinking Water Facilities;* ECW Report No. 222-1; Energy Center of Wisconsin: Madison, Wisconsin.

Electric Power Research Institute (2002) *Water & Sustainability: U.S. Electricity Consumption for Water Supply & Treatment—The Next Half Century;* Product ID #1006787; Electric Power Research Institute: Palo Alto, California.

Electric Power Research Institute (1999) *A Total Energy & Water Quality Management System;* Product ID #TR-113528; Electric Power Research Institute: Palo Alto, California.

Electric Power Research Institute (1996) *Water and Wastewater Industries: Characteristics and Energy Management Opportunities;* Product ID #CR-106491; Electric Power Research Institute: Palo Alto, California.

Electric Power Research Institute (1994) *Energy Audit Manual for Water/Wastewater Facilities;* CEC Report CR-104300; Electric Power Research Institute: Palo Alto, California.

Jacobs, J.; Kerestes, T. A.; Riddle, W. F. (2003) *Best Practice for Energy Management;* American Water Works Association Research Foundation and American Water Works Association: Denver, Colorado.

Kavanaugh, M. C., and Trussell, R. R. (1980) "Design of aeration towers to strip volatile contaminants from drinking water" *Journal American Waterworks Association,* Research and Technology, Vol. 72, No. 12., pp. 684 - 692.

Lalezary, S.; Pirbazari, M.; McGuire, M. J.; Krasner, S. W. (1984) Air Stripping of Taste and Odor Compounds from Water. *J. Am. Water Works Assoc.,* March, 83–87.

Layne, J.; Eckenberg, W. G. (1983) Denver Foothills Project: Energy Efficiency in Action. *J. Am. Water Works Assoc.,* October, 487–491.

Rackness, K.L. (2005) *Ozone in Drinking Water Treatment - Process Design, Operation, and Optimization.* AWWA TD461.R35, Denver, CO.

Rackness, K. L.; Russell, R.; Gifford, G.; Zegers, R.; Hunter, G. (2000) Ozone Control at Las Vegas to Obtain On-peak, Off-peak Energy Savings. Proceedings of the Pan American Group Conference, October 2000. International Ozone Association, Orlando, Florida.

Rackness, K. L.; DeMers, L. D. (1998) *Ozone Facility Optimization Research Results and Case Studies;* AwwaRF and EPRI, California Energy Commission (CEC), St. Louis, Missouri.

Roth, D. K.; Cornwell, D. A.; Russell, J.; Gross, M.; Malmrose, P.; Wancho, L. (2008) Implementing Residuals Management: Cost Implications for Coagulation and Softening Plants. *J. Am. Water Works Assoc.,* March, 81–93.

Trivedi, R.; Van Cott, W.; Stevenson, R.; Cogswell, T. M.; Toledo, T. P. (1995) Streamlines Treatment Operations. *J. Am. Water Works Assoc.,* August, 34–42.

U.S. Environmental Protection Agency (2006) *Ultraviolet Disinfection Guidance Manual for the Final Long Term 2 Enhanced Surface Water Treatment Rule*; EPA-815-R-06-007; U.S. Environmental Protection Agency: Washington, D.C.

U.S. Environmental Protection Agency (2008) *Ensuring a Sustainable Future: An Energy Management Guidebook for Wastewater and Water Utilities*; U.S. Environmental Protection Agency: Washington, D.C.

U.S. Department of the Interior, Bureau of Reclamation (2001) *Membrane Concentrate Disposal: Practice and Regulations*; U.S. Department of the Interior, Bureau of Reclamation: Washington, D.C.

第 7 章

American Water Works Association Research Foundation (2001) *Practical Aspects of UV Disinfection*; American Water Works Association Research Foundation: Denver, Colorado.

Casson, L.; Bess, J., Jr. (2003) *Conversion to On-Site Sodium Hypochlorite Generation: Water and Wastewater Applications*; Lewis Publishers: Boca Raton, Florida.

Electric Power Research Institute (1996) *Improving Operation of Aeration Systems Using DO Probes*; Electric Power Research Institute: Palo Alto, California.

Malcolm Pirnie (2006) *Municipal Wastewater Treatment Plant Energy Evaluation Summary Report*; New York State Energy Research and Development Authority: Albany, New York.

Metcalf & Eddy (2004) *Pumping Systems Training Manual*; McGraw-Hill: New York.

Metcalf & Eddy (2007) *Water Reuse: Issues, Technologies and Applications*; McGraw-Hill: New York.

National Fire Protection Association (2008) *Standard for Fire Protection in Wastewater Treatment and Collection Facilities*; NFPA-820; National Fire Protection Association: Quincy, Massachusetts.

URS Corporation (2004) *Evaluation of Ultraviolet (UV) Radiation Disinfection Technologies for Wastewater Treatment Plant Effluent*; New York State Energy and Research Development Authority: Albany, New York.

U.S. Environmental Protection Agency (1978) *Energy Conservation in Municipal Wastewater Treatment*; MDC-32; Washington, D.C.

U.S. Environmental Protection Agency (1979) *Process Design Manual for Sludge Treatment and Disposal*; EPA-625-1-79; Washington, D.C.

U.S. Environmental Protection Agency (2006) *Ultraviolet Disinfection Guidance Manual for the Final Long Term 2 Enhanced Surface Water Treatment Rule*; EPA-

815-R-06-007; Washington, D.C.

U.S. Environmental Protection Agency (1989) *Design Manual: Fine Pore Aeration Systems;* EPA-625/1-89/023; Washington, D.C.

Water Environment Federation; American Society of Civil Engineers (2009) *Design of Municipal Wastewater Treatment Plants,* 5th ed.; Manual of Practice No. 8, ASCE Manual of Practice and Report on Engineering No. 76; Water Environment Federation: Alexandria, Virginia.

Water Pollution Control Federation (1983) *Nutrient Control;* Manual of Practice No. FD-7; Water Pollution Control Federation: Washington, D.C.

第 8 章

American Society of Civil Engineers (2007) *Measurement of Oxygen Transfer in Clean Water;* ASCE Standard No. ASCE/EWRI 2-06; American Society of Civil Engineers: New York.

Chann, R. C. (2008) Personal communication with Randall C. Chann of Environmental Dynamics, Inc., Columbia, Missouri (www.wastewater.com).

DeCarolis, J.; Adham, S.; Pearce, W. R.; Hirani, Z.; Lacy, S.; Stephenson, R. (2008) The Bottom Line - Experts Evaluate the Costs of Municipal Membrane Bioreactors. *Water Environ. Technol.,* **20** (1), 55.

Gujer, W.; Jenkins, D. (1974) A Nitrification Model for Contact Stabilization Activated Sludge Process. *Water Res.,* **9** (5), 5.

Hoover, S. R.; Porges, N. (1952) Assimilation of Dairy Wastes by Activated Sludge. II. The Equation of Synthesis and Rate of Oxygen Utilization. *Sew. Ind. Wastes,* **24**, 306.

International Water Association (2006) *Instrumentation, Control and Automation in Wastewater Systems;* International Water Association: London, United Kingdom.

Kennedy, T. J.; Boe, O. K. (1985) Efficient Aeration Operating Practices. Paper presented at the 58th Annual Conference of the Water Pollution Control Federation, October 6-10. Kansas City, Missouri.

Mahendraker, V.; Mavinic, D.S.; Rabinowitz, B.; Hall, K. J. (2005) The Impact of Influent Nutrient Ratios and Biochemical Reactions on Oxygen Transfer in an EBPR Process—A Theoretical Explanation. *Biotechnol. Bioeng.,* **91**(1), 22–42

Mahendraker, V.; Mavinic, D.S.; Rabinowitz, B. (2005) Comparison of Oxygen Transfer Parameters from Four Testing Methods in Three Activated Sludge Processes. *Water Qual. Res. J. Can.,* **40** (2), 164–176.

Metcalf & Eddy (2003) *Wastewater Engineering, Treatment and Reuse ,* 4th ed.; McGraw-Hill: New York.

Mueller, J. A.; Boyle, W. C.; Popel, H. J. (2002) Aeration: *Principles and Practices;* CRC Press: Boca Raton, Florida.

Redmon, D. T.; Boyle, W. C.; Ewing, L. (1983) Oxygen Transfer Efficiency Measurements in Mixed Liquor Using Off-Gas Techniques. *J. Water Pollut. Control Fed.,* **55** (11).

Rosso, D.; Larson, L. E.; Stenstrom, M. K. (2008) Aeration of Large-Scale Municipal Wastewater Treatment Systems: State-of-the Art. *Water Sci. Technol.,* **57**, 973.

U.S. Environmental Protection Agency (2000) *Decentralized Systems-Technology Fact Sheet, Aerobic Treatment;* EPA 832-F-00-031; Office of Water: Washington, D.C.

U.S. Environmental Protection Agency (1989) *Fine Pore Aeration Systems;* EPA/625/l-89/023; Washington, D.C.

Water Pollution Control Federation (1988) *Aeration;* Manual of Practice No. FD-13; Water Pollution Control Federation: Alexandria, Virginia; Manuals and Reports on Engineering Practice No. 68; American Society of Civil Engineers: New York.

Water Environment Federation; American Society of Civil Engineers (2009) *Design of Municipal Wastewater Treatment Plants,* 5th ed.; Manual of Practice No. 8; ASCE Manuals and Reports on Engineering Practice No. 76; Water Environment Federation: Alexandria, Virginia.

第 9 章

Compressed Air and Gas Institute (1973) *Compressed Air and Gas Handbook;* Compressed Air and Gas Institute: Cleveland, Ohio.

Dresser Roots (2004) *Product Data Book;* Dresser Inc., Dresser Roots: Connersville, Indiana.

Gartmann, H., Ed. (1970) *De Laval Engineering Handbook;* McGraw-Hill: New York.

Cantwell, J. (2007) Value of Energy Savings at Small Facilities. *Proceedings of the 80th Annual Water Environment Federation Technical Exhibition and Conference;* San Diego, California, Oct 13-17; Water Environment Federation: Alexandria, Virginia.

Moore, R. L. (1989) *Control of Centrifugal Compressors;* Instrument Society of America: Research Triangle Park, North Carolina.

U.S. Environmental Protection Agency (1985) *Summary Report, Fine Pore (Fine Bubble) Aeration Systems;* U.S. Environmental Protection Agency, Water Engineering Research Laboratory: Cincinnati, Ohio.

U.S. Environmental Protection Agency (1989) *Design Manual Fine Pore Aeration Systems*; EPA/625/1-89/023; U.S. Environmental Protection Agency, Office of Research and Development: Cincinnati, Ohio.

第 10 章

Burrowes, P.; Bauer, T. (2004) Energy Considerations with Thermal Processing of Biosolids. *Proceedings of the Bioenergy Workshop—Permitting, Safety, Plant Operations, Unit Process Optimization, Energy Recovery and Product Development*; Cincinnati, Ohio, Aug 11–12; Water Environment Federation: Alexandria, Virginia.

Huchel, J.; Van Dixhorn, L.; Podwell, T. (2006) Anaerobic Digesters Heated by Direct Steam Injection: Experience and Lessons Learned. *Proceedings of the 79th Annual Water Environment Federation Technical Exhibition and Conference*; Dallas, Texas, Oct 18–22; Water Environment Federation: Alexandria, Virginia; pp 407–414.

Kelly, H.; Warren, R. (1995) What's in a Name?—Flexibility. *Water Environ. Technol*, **7** (7), 46.

Krugel, S., Parrella, A., Ellquist, K., Hamel, K. (2006) Five Years of Successful Operation: A Report on North America's First New Temperature Phased Anaerobic Digestion System at the Western Lake Superior Sanitary District (WLSSD). *Proceedings of the 79th Annual Water Environment Federation Technical Exhibition and Conference*; Dallas, Texas, Oct 18–22; Water Environment Federation: Alexandria, Virginia; pp 357–373.

Lewis, F.M.; Lundberg, L.A.; Haug, R.T. (1989) Design, Upgrading and Operation of Multiple Hearth and Fluidized Bed Incinerators to Meet the EPA 503 and Other Proposed New Regulations. Paper presented at Sludge Composting, Incineration and Land Application: Burning Issues and Down-to-Earth Answers; Virginia Water Pollution Control Association: Richmond, Virginia.

Schoenenberger, M.; Shaw, J.; Redmon, D. (2003) Digester Aeration Design at High Solids Concentrations. Paper presented at the 37th Annual Wisconsin Wastewater Operators Association Conference, Wisconsin Dells, Wisconsin.

Sieger, R. B.; Maroney, P. M. (1977) Incineration-Pyrolysis of Wastewater Treatment Plant Sludges; U.S. Environmental Protection Agency *Design Seminar for Sludge Treatment and Disposal*; U.S.Environmental Protection Agency: Washington, D.C.

U.S. Environmental Protection Agency (2009) *Code of Federal Regulations*; 40 CFR Part 503; U.S. Environmental Protection Agency: Washington, D.C.

U.S. Environmental Protection Agency (1979) *Process Design Manual, Sludge Treatment and Disposal*; U.S. Environmental Protection Agency, Municipal Environmental Research Laboratory: Cincinnati, Ohio.

Walsh, M. J.; Pincince, A. B.; Niessen, W. R. (1990) Energy-Efficient Municipal Sludge Incineration. Water Environ. Technol., 2 (10), 36.

Willis, J.; Schafer, P.; Switzenbaum, M. (2005) The State of the Practice of Class-A Anaerobic Digestion: Update for 2005. *Proceedings of 78th Annual Water Environment Federation Technical Exhibition and Conference;* Washington, D.C., Oct 29–Nov. 2; Water Environment Federation: Alexandria, Virginia; pp 886–903.

Willis, J.; Schafer, P. (2006) Advances in Thermophilic Anaerobic Digestion. *Proceedings of the 79th Annual Water Environment Federation Technical Exhibition and Conference;* Dallas, Texas, Oct 18–22; Water Environment Federation: Alexandria, Virginia; pp 5378–5392.

Wong, V.; Bagley, D. M.; MacLean, H. L.; Monteith, H. (2005) WERF: Comparison of Full-Scale Biogas Energy Recovery Alternatives. *Proceedings of the 78th Annual Water Environment Federation Technical Exhibition and Conference;* Washington, D.C, Oct 29–Nov. 2; Water Environment Federation: Alexandria, Virginia; pp 6480–6494.

第 11 章

California Energy Commission, California Distributed Energy Resource Guide. http://www.energy.ca.gov/distgen/ (accessed February 2009).

Energy Services Coalition Home Page. http://www.energyservicescoalition.org (accessed February 2009).

National Association of Energy Service Companies Home Page. http://www.naesco.org (accessed February 2009).

Peterson, J. W. (2008) Personal communication with Jerald W. Peterson, Project Development Consultant, Johnson Controls, Inc.

Porter, R. (2007) Gwinnett County Department of Water Resources, Minimizing Power Costs by taking advantage of Real Time Power Pricing, Justification of Storage and Treatment Capacity to Minimize Energy Costs. *Proceedings of the 80th Annual Water Environment Federation Technical Exhibition and Conference;* San Diego, California, Oct 13–17; Water Environment Federation: Alexandria, Virginia; pp 8703–8720.

U.S. Environmental Protection Agency (1992) Energy Policy Act (EPAct) of 1992. http://www.epa.gov/radiation/yucca/enpa92.html (accessed February 2009).